생명의 여정

생물은 어떻게 자연세계를 형성해 왔을까
Living on Earth: Life, Consciousness and
the Making of the Natural World

피터 고프리스미스 Peter Godfrey-Smith
이송찬 옮김

이음

LIVING ON EARTH: Life Consciousness and the Making of the Natural World
by Peter Godfrey-Smith
Copyright © Peter Godfrey-Smith, 2024.
All rights reserved.

This Korean edition was published by leekim publishing house in 2025
by arrangement with Wiley Agency, LLC(UK).

이 책은 Wiley Agency(UK)를 통한 저작권자와의 독점계약으로 도서출판 이김에서
출간되었습니다. 저작권법에 의해 한국 내에서 보호를 받는 저작물이므로 무단전재와 복제를
금합니다.

생명의 여정
생물은 어떻게 자연세계를 형성해 왔을까

초판 1쇄 펴냄	2025년 10월 1일
지은이	피터 고프리스미스
옮긴이	이송찬
편집	김미선
펴낸곳	도서출판 이김
등록	2015년 12월 2일 (제2021-000353호)
주소	서울시 마포구 방울내로 70, 301호 (망원동)
ISBN	979-11-89680-58-9 (03470)

값 22,000원
잘못된 책은 구입한 곳에서 바꿔 드립니다.

피터 고프리스미스의 에센셜 트릴로지 완결편인 이 책은 생명으로, 정신으로, 의식으로까지 가득한 자연 세계에 대한 포괄적이고 신중하며 용기 있는 탐구를 보여준다. 그는 먼 과거에서 멀고 먼 미래까지, 심해에서 기술의 최전선까지 현기증 날 정도로 다양한 주제들을 품격 있고 겸손하며 지혜롭게 다룬다. 그가 그려 내는 그림은 자연 세계와 우리의 연속성을 재확인해 주며, 지금 우리가 직면한 선택의 시급함을 절감하게 한다.
아닐 세스 서식스 대학교 의식과학센터 센터장, 『내가 된다는 것』 저자

『생명의 여정』에서 피터 고프리스미스는 다시 한 번 자연 세계에 대한 생생하고 설득력 있는 묘사, 예상치 못하게 흥미로운 과학적 결과들, 그리고 예외적으로 명확하고 접근하기 쉬우면서도 깊이 있고 심오한 철학적 논증들을 결합해 냈다. 이 책은 다른 동물들과 우리의 관계에 관한 긴급한 윤리적 문제들에 대해 명쾌하고 사려 깊은 논의를 제공한다.
앨리슨 고프닉 캘리포니아 대학교 버클리 캠퍼스 교수, 『정원사 부모와 목수 부모』 저자

피터 고프리스미스는 과학을 단순히 검토하는 것이 아니라 탐구한다. 그의 손을 거치면 항상 생명의 본질에 대한 풍부한 새로운 통찰을 얻게 된다.
마이클 가자니가 캘리포니아 대학교 산타바바라 캠퍼스 심리학과 교수, 『뇌는 윤리적인가』 저자

선도적인 생물철학자이자 헌신적인 자연 세계 관찰자인 피터 고프리스미스는 이론적 통찰과 자연의 경이로운 역사에 대한 독특한 조합을 제공한다. 그의 책은 낡은 문제들을 바라보는 새로운 방식으로 넘쳐나며, 그 방식들을 소개받는 것은 언제나 즐겁다.
데이비드 파피노 런던 킹스칼리지 철학과 교수

피터 고프리스미스는 책 제목에 '기적'이라는 단어를 사용하지 않지만, 기적을 이야기하지 않는 페이지는 거의 없다. 이 책은 생명의 경이로운 창조성, 즉 끊임없이 새로운 형태를 진화시킬 뿐 아니라, 그것을 품고 있는 행성을 계속해서 재창조하는 능력에 대해 이야기한다.
필립 볼 전 《네이처》 편집위원, 『원소』, 『자연의 패턴』, 『마음의 과학』 저자

『생명의 여정』은 여러 면에서 도덕 철학의 저작이다. 나는 이 책이 윤리적 모범, 즉 우리가 비인간 생명체를 다룰 때 채택해야 할 태도의 모델로서 가장 잘 읽힌다고 생각한다. 그의 감미롭고 경이로운 언어는 우리가 부여받았으나 너무나 심하게 배신한 보물들에 걸맞다.
베카 로스펠드 도서평론가, 《워싱턴 포스트》

안내들까 곤돌자들에
롤 숯 있게 이뮬아곰
내 곡을 들아

차례

1. 스탠 바이 미
   길 위에서 / 이 책에 대하여   11

1부. 벗질

2. 생명이 깃든 지구   27
   사진과 풍경 / 기원 / 순환과 매장 / 얼룩들의 사자 / 가이아 / 생물

3. 숲   71
   지금 숲에 대해 말해야 할 것 / 숲이 기억을 지키다 /
   우리가 사라지고 난 뒤 / 숲은 나머지의 풍경 / 생명의 원리 / 숭고의 파토스 /
   또 다른 상실 / 낮게

4. 오로페이스   117
   낙원 / 바다의 색, 그리고 소음 / 가시와 생기 / 녹채 / 바닷새 /
   산호, 새들의 섬, 그리고 소음
   담론 속의 오로페이스

2부. 우리는 누구인가

5. 인간이라는 존재   155
   또 다른 풍경 / 공원 / 이사호를 따라 보기 / 사포, 긴 숨, 상실된 /
   물가기와 사장 / 예 우리인가?

6. 의지

감정과 충동의 삶 / 인간의 정신 / 아이의 의지 / 정신적 기능들

201

3부. 지구에서 사는 것

7. 그는 생명들

윤리적 생태 / 사랑과 죽음 / 실천동물

247

8. 아내의 지역

자연과 자유로운 / 사자의 포호와 기술 변화 / 신체 /
우리를 대신하여

283

9. 해시간

맞봄 / 아이포기 / 동기간 / 행복 정신 /
우리는 타이에서 된 것이 공간으로 풍부 시작

329

미국

357

각자의 말

412

총간이의 말

415

찾아보기

422

보이지 않았고 정수하고, 지표면 위의 흙이 쌓이고, 몇 세기 동안에
풍경에서 사라지지 바렸던 땅이, 내 사냥감이 이들 다시 나에게
돌아왔다—내 뺨위에 풀잎이 뭉게뭉게 떠올랐을 때에 나의게 주어진
평화이라—것자 잃어버린—그들이 이—햇빛 공기들 내게
들어오어라—것자 잃어버리지 않고:

...

내 아들들을 잃어버려 판지 있지 않고서 잃어버린 땅이다;
잘 풍수적이다, 그나의 대지에, 그나가 잘겠다 내가—내게 말한다;
그나가 붉은 눈부신 자신에 대지에게 뿌리깊이의 강하다고:
평야에 빠져, 앉아있 땅들을 진정함 듣고 있고 햇빛들을 바라보고,
깊은 울을 읽었다.
국은 자들은 중간의 생각에 장기에, 나도 산꽃이 이나가 땅이었는
것이다

— 월트 휘트먼, 『잔디 앞』, 출판정에서, 1865

1. 샤크 베이

길 위에서

우리는 샤크 베이를 벗어나기 위해 다시 차에 올라탔다. 샤크 베이는 호주 대륙의 서쪽 끝에 위치해 있는 만으로, 대륙이 인도양 너머의 아프리카를 향해 뻗어 나간 끝자락이다. 이 맑고 짠기가 짙은 얕은 물속을 얼핏 보면 수백 개의 거대한 버섯들이 떠 있는 듯한 풍경이 보인다. 머리 부분의 지름은 약 30센티미터쯤이며, 이들은 서로 얽혀 다양한 형태와 틈새로 이루어진 불규칙한 풍경을 이룬다. 그것은 가끔씩 물 밖으로 드러나고, 또 가끔씩은 잠겨 있다.

이 버섯 모양의 덩어리들은 미생물, 특히 무수히 많은 남세균으로 이루어져 있다. 이들은 작고 특별할 것 없어 보이지만 지구의 역사에서 핵심적 존재다. 정확히는 그들이 만들어 낸 산물이 지구를 변화시킨 핵심적 역할을 했다. 그것은 곧, 생명이다.

남세균Cyanobacteria, 곧 시아노박테리아는 아주 오래된 생물 집단이다. 약 30억 년 전, 이들이나 이들의 조상쯤 되는 생물들은 특별한 형태의 광합성을 발명했다. 다른 형태의 광합성과 마찬가지로, 이 과정은 태양 에너지를 이용해 생체 물질을 만들어 내는데, 이 경우에는 부산물로 산소 기체가 방출되었다. 우리와 같은 동물이 숨 쉬는 바로 그 산소다.

우리가 이 만에 서서 건조한 서호주의 공기 속에서 산소를 들이마실 수 있는 것도 이들과 같은 생명체들 덕분이다. 남세균은 이산화탄소를 흡수하고, 빛의 힘으로 물 분자를 분해하며, 생체 물질을 만들었다. 그리고 아주 조금씩 산소 기체를 토해내며 그렇게 대기를 서서히 변화시켰다. 이에 따라 지구가 변화했고, 마침내 동물 생명의 유기적 엔진(근육과 신경계, 뇌)이 움직일 수 있는 환경을 가능케 했다.

샤크 베이의 남세균 군집은 수천 년에 걸쳐 형성되었다. 이 버섯 모양의 구조물은 스트로마톨라이트stromatolite라고 하며, 이곳은 세계에서 가장 큰 살아 있는 스트로마톨라이트 군락지다. 꼬리를 흔들며 그 복잡한 틈새를 헤엄치고 다니는 작은 물고기들 역시 우리처럼 이 작은 고대의 세포들이 만들어 낸 기체의 혜택을 입고 있다.

☙

우리는 붉은빛 땅 사이로 뻗은 도로를 따라 달렸다. 그 땅은 마치 녹슨 것처럼 보였다. 실제로 녹슨 게 맞다. 토양과 암석에서 보이는 붉은빛은 대개 산소와 철이 반응한 결과물인 산화철, 즉 녹 때문이다. 남세균이 산소를 내뿜기 시작한 초기에는 산소가 대기 중에 축적되지 않았다. 대부분의 산소는 철을 포함해 산소를 받아들일 준비가 된 다양한 원소들이 있는 암석과 반응했다. 붉은 사막은 이렇게 생명에 의해 칠해졌고 지금도 덧그려지고 있다. 차창 밖으로 스쳐지나가는 이 붉은 땅 또한 나중에 등장한 산소 생산자들에 의해 만들어졌을 가능성이 크지만, 남세균이 이 과정을 시작했다.

땅이 끝내 붉은색으로 한 층 덮이고 나서야 산소는 기체 상태로 대기 중에 머무르기 시작했다. 서호주 북쪽으로 더 올라가면 녹슨 듯한 붉은 주황색이 아닌 그보다 훨씬 더 짙어서 피처럼 붉은빛을 띠는 땅을 만나게 된다. (우리 피가 빨간 것도 역시 산소와 철의 결합 때문이다.)

남세균은 숲의 씨앗이 되기도 했다. 나무를 비롯한 녹색 식물들이 그 작은 유기체의 후손을 길들여 품고 있기 때문이다. 숲의 잎사귀를 이루는 세포들은 남세균을 집어삼킨 뒤 그들과 함께 햇빛과 물, 공기로 살아 있는 물질을 만들었던 조류$_{algae}$의 후손이다. 조류가 마침내 양치류, 소나무, 참나무, 풀을 탄생시킨 다세포 협력을 시작했을 때도 여전히 그들 안에는 남세균의 흔적이 남아 있었다. 이제 지구라는 캔버스는 생장하며 산소를 내뿜는 식물들로 인해 온통 녹색으로 칠해졌다.

✣

　지구의 녹지화가 시작될 무렵, 동물들은 첫 보금자리인 바다를 떠나 녹색이라곤 이끼만 무성하던 육지로 올라왔다. 곤충, 노래기, 거미가 속한 절지동물arthropods이 먼저 이동을 시작했고, 척추동물과 그 외의 동물들이 그 뒤를 따랐다. 첫 동물이 육지에 도착한 무렵과 비슷한 시기에 식물은 습지를 비롯한 물과 뭍의 경계 지대에서부터 육지로 나아갔다. 식물이 먼저 뿌리를 내려 태양광 패널이 달린 탑 역할을 했고, 태양 에너지가 살아 있는 물질로 향하는 흐름을 더욱 강력하게 만들었다. 이들 식물과 동물이 등장하면서, 지구에는 새로운 표면인 흙soil이 생겨났다.

　마침내 나무는 영장류와 새를 비롯한 동물들의 보금자리가 되었다. 긴 시간이 흐르고 몇몇 영장류가 나무에서 내려와 광활한 사바나에 자리잡기 시작했다. 이들은 더 큰 무리를 이루었고, 말하고 춤추고 건설하는 무리, 곧 사회를 형성했다. 그들은 기술과 사회 구조를 발전시키고 생각과 예측을 바탕으로 하는 공동 계획에 착수했다. 그리고 마침내 그들은 이전에 어떤 동물도 해내지 못한 방식으로 세계를 다시 설계해 나갔다.

　우리 차가 달리는 동안, 연료 탱크에서 나온 가솔린이 공기 중의 산소와 반응하며 불이 붙는다. 이 연료는 수백만 년 전 고요한 물속에 가라앉은 플랑크톤과 온갖 해양 생물들의 퇴적물로부터 만들어진 것이다. 차체를 이루는 강철은 먼 용광로에서 다른 연료를 태위 만든 엄청난 열로 만들어 낸 철과 탄소를 결합해 만든 물질이다.

이 과정을 빠르게 되짚어 보자. 남세균이 대기 중으로 산소를 내뿜기 시작한다. 산소는 먼저 바다에서, 나중에는 육지에서 동물 생명을 이끈다. 남세균의 후손들은 식물의 일부가 된다. 육지에서는 이글거리는 태양빛 아래에서 에너지 흐름이 더욱 강렬해지면서 식물과 새로운 동물들이 복잡하게 얽히며 공진화한다. 그리고 우리의 진화 계통에서 처음에는 눈에 띄지 않던 한 포유류가 사회를 형성하고 기술을 발전시키며 새로운 방식으로 변화하기 시작한다. 이 흐름은 오래전 땅속에 묻혔던 탄소를 굳이 꺼내, 생명이 만들어 낸 산소로 태우며 고속도로를 따라 북쪽으로 차를 모는 과정에서 마침내 대기 자체의 변화까지 낳는다.

이 책에 대하여

생명의 역사에는 새로운 몸과 정신, 새로운 삶의 방식을 가진 새로운 유기체들이 끊임없이 등장해 왔다. 동시에 새로운 행위들과 그로 인한 영향들, 즉 생명이 세상을 재구성해 가는 새로운 방식들이 함께 이어졌다. 생명의 역사는 단순히 무대 위에 새로운 생명체들이 차례로 등장하는 이야기가 아니다. 새로 등장한 존재들은 무대 자체를 바꿔 놓는다.

이 책은 두 가지 주제, 즉 행위action의 역사와 생명체가 지구를 바꿔 온 역사를 깊이 파고들려는 시도에서 출발했다. 이 책의 목표는 생명의 역사를 다른 렌즈와 다른 각도에서, 즉 유기체를 진화의 산물이 아닌 원인으로 간주하고 그 역사를 파고드는 데 있다. 이 관점은 우리에게 '존재의 역사'가 아닌 '행위의 역사'라는 대안적 생명사를 제시한다. 하지만 이 둘은 완전히 별개의 역사라기보다는 하나의 역사를 보는 다른 관점일 뿐이다. 두 측면은 함께 얽혀 있다. 동물과 다른 유기체들의 행위 자체가 지구 생명사의 일부이기 때문이다.

이 렌즈를 통해 바라보면 동물과 정신, 그리고 우리가 이 세상에서 갖는 위치에 대한 많은 관점이 달라진다. 그 결과 중 하나는 생명체들이 하는 일로 인해 끊임없이 변화하는 역동적인 지구의 모습이다. 산소를 다시 생각해 보자. 우리가 들이마시는 공기, 즉 산소 농도가 높은 공기는 어떤 면에서 우리 지구와 같은 행성에서는 자연스럽지 않다. 산소는 반응성이 강하고 적극적이어서 주변의 어떤 것과도 쉽게 반응하려 한다. 스쿠버 다이빙에서 산소를 보강한 공기인 나이트록스$_{nitrox}$를 사용할 때는, 호흡하는 기체 속 산소 농도에 따라 안전한 최대 수심이 정해져 있다. 그 수심을 넘어서면, 산소 자체에 중독될 수 있다. 깊이 내려갈수록 압력에 의해 산소가 농축되기 때문이다. 보통의 산소 분자O_2는 반응성은 있지만 독성은 없다. 하지만 산소 기체는 그 자신 및 다른 모든 것과의 충돌을 통해 끊임없이 '활성 산소$_{oxygen\ radicals}$'라는 변종 형태를 만들어 내며, 이것들은 철거용 전동 쇠공처럼 마구 날뛴다. 따라서 보강된 공기로 다이빙하는 것이 종종 유용하지만, 특정 수심을 넘어서려면 탱크의 산소 농도는 비교적 더 낮아야 한다. 심지어 보통 공기 중의 산소량조차도 충분히 깊이 들어가면 독성을 띠게 된다. 나이트록스 다이빙 강습을 받을 때의 교재에는 시적인 느낌으로 이렇게 쓰여 있었다. "산소는 용서가 없는 기체다."

우리가 의지해 살아가는 산소가 풍부한 대기는 생명체가 만들어 낸 것이다. 하지만 이는 일반적인 의미의 "생명life" 활동의 결과가 아니다. 지금 우리의 대기는 특정한 역사적 경로를 따른 결과다.

생명을 원인으로 보는 관점에서 우리 행성을 바라보기 시작하면 많은 것들이 다르게 보인다. 특히 이 책의 1부에서는 이러한 관점을 깊이 파고들며, 새로운 형태의 엔지니어링과 변형이 어떻게 축적되었는지, 그리고 이 과정에서 행위의 역할과 그것을 이끄는 정신을 묘사한다.

이야기에 정신이 나타날 때마다 철학적 수수께끼들이 뒤따른다. 익숙한 수수께끼 중 하나는 고전적인 정신-육체 문제mind-body problem, 심신 문제다. 어떻게 감각 경험이나 의식이 자연 속에 존재할 수 있는가? 그 옆에는 약간 다른 질문이 따라붙는다. 정신은 여기서 **무엇을 하고 있는가**? 세상에서 일어나는 모든 일의 총체 속에서 그것들의 자리는 어디인가?

그 두 번째 질문에 대한 답의 시작은, 정신이 지각과 사고, 계획, 의도를 통해 행위를 이끈다는 것이다. 행위는 유기체의 이익에 기여하며, 의도 여부와 상관없이 세계를 변형시킬 수도 있다. 인간의 의도적인 행위는 자연을 변형시켜 온 유기체들의 오랜 전통을 잇고 또 확장하는 것이며, 지구의 역사에는 그러한 재구성이 다양한 형태로 계속해서 나타났다. 이 역사는 단세포 유기체에서 시작하여, 동물과 그 행위의 초기 진화를 거쳐 육지로의 이동과 함께 전환기를 맞고, 사회적 삶과 협력, 문화의 발달로까지 이어진다. 동물은 인식과 행위가 만나는 연결점nexus이다. 또한 기억 속에 남겨진 과거의 흔적을 통해 과거와 현재가 만나는 연결점이기도 하다. 결과적으로 행위는 행위자의 생애를 넘어서는 결과를 낳으며, 정신이 더 정교해짐에 따라 동물 행위의 영향 범위도 바뀐다. 사회적 조직과 기술적 복잡성을 갖춘 인간의 행위는 특히 더 강력한 형태이다.

 정신, 특히 인간의 정신을 세계를 변화시키는 주체의 계보 속에 놓고, 그 주체들을 지구 역사의 한 부분으로 다루려는 생각은 이 책의 씨앗이 되었고 거기에서 중심 줄기가 형성되었다. 그 줄기가 뻗어 나가면서 다른 주제들이 가지처럼 갈라져 나왔다. 아이디어가 발전해 나가는 주된 흐름을 따라 도달한 어떤 지점에서는 특정 주제나 질문을 이전과 전혀 다르게 조망할 수 있는 관점이 열리기도 했다.

 이 주제 중에는 오래된 정신-육체 문제도 포함된다. 이 책은 시리즈의 세 번째 책이다. 앞선 두 권인 『아더 마인즈』와 『후생동물』에서 이 수수께끼를 일부 다루었다. 『아더 마인즈』는 동물 생명 역사의 한 특정 지점, 즉 한쪽은 우리로 이어지고 다른 쪽은 수많은 다른 무척추동물과 문어로 이어지는 계통수의 아주 오래된 분기점을 중심으로 구성되었다. 이 책에서는 우리와 그들의 삶을 비교하는 방식으로 정신이 어떻게 생겨났는지를 탐구했다. 두 번째 책인 『후생동물』은 더 넓은 범위의 동물을 살펴보며 감각 경험felt experience의 진화에 대한 더 충실한 설명을 제시했다. 세 번째 책인 『생명의 여정』은 내가 말했듯이 이야기의 다른 측면, 즉 결과가 아닌 원인으로서의 정신에 주로 초점을 맞추었다(그리고 독자가 앞의 두 권 중 하나를 읽었다고 가정하고 이 책을 쓴 것은 아니다). 하지만 우리가 인간, 곧 이 이야기 속에서 우리 종이 차지하는 자리에 이르면, 정신-육체 관계로 돌아가 그 문제를 더 깊이 탐구할 수 있게 된다.

나는 우리가 정신과 육체를 뚜렷하게 구분하는 '이원론적dualist' 관점에서는 거의 벗어났다고 생각하고, 적어도 이 책에서는 그렇게 가정할 것이다. 정신을 어떤 유령 같은 부가물이 아니라 생물학적 현상으로 이해해야 하는 이유에 대해서는 더 이상 길게 다루지 않겠다. 하지만 **우리** 인간의 감각 경험에 대해서는 할 말이 많다. 인간의 특수한 감각 경험인 의식 경험conscious experience은 동물 생명이 지닌 오래되고 보편적인 특징들과 우리 종이 겪은 고유한 진화 과정, 그중에서도 특히 언어와 문화의 발달이 결합된 산물이다. 감각 경험 또는 의식 경험은 아마도 동물계에 널리 퍼져 있을 것이며, 의식의 기원에 대한 이야기의 한 축은 신경계가 어떻게 감각 경험을 가능하게 만들었는지와 관련이 있다. 또 다른 한 축은 우리가 알기로는 인간에게만 일어나는 것과 관련이 있다. 그것은 인간만이 걸어온 유별난 진화의 경로, 특히 문화 속에 깊이 잠겨 살아가는 우리의 특성이 더 오래된 현상인 동물적 감각 경험과 만나면서 생겨났다. 이처럼 오래된 것과 새로운 것의 결합을 통해 우리는 인간의 의식 경험이라는 눈부시게 뒤얽힌 결과에 이르게 된다.

༄

우리 인간은 진화와 지구의 형성이라는 이 긴 일련의 사건들 속에서 자기 인식과 예측, 한 걸음 물러서서 성찰하는 능력이 있는 정신을 갖게 되었다. 전체를 조망하면 가끔은 우리가 걷잡을 수 없는 과정의 한가운데에 있음을 발견한다. 한 지역의 산불 연기가 생각지도 못하게 먼 곳들에까지 영향을 미치기에, 세상이 더 좁고 답답하게 느껴진다. 이 힘을 어떻게 행사해야 할지 아직 잘 모르는 시기에 세계의 너무 많은 부분이 인간의 영향력 아래 놓인 것 같다. 지구에서 야생 자연이 점유하는 부분과 전체 속에서 그것의 위치는 점점 축소되고 밀려나고 있다.

이 책의 마지막 부분에서는, 우리가 직면한 몇 가지 선택들을 어떻게 다루어야 할지, 혹은 더 나은 방식이 무엇일지를 함께 생각해 보고자 한다. 핵심 주제는 농업과 실험에서의 비인간 동물과의 관계, 그리고 멸종, 기후 변화, 서식지 보전 같은 환경 및 야생 자연을 둘러싼 정책적 선택이다. 우리는 우리 시대의 고유한 도전, 즉 '인류세Anthropocene'로 시선을 돌릴 것이다.

이 장들의 목표는 '생물학화된 윤리'나 생물학적 도덕률을 제시하는 것이 아니다. 과학적 관점을 통해 곧바로 어떤 도덕 원칙이나 정책을 읽어내고 싶은 유혹을 받을 수 있다. 하지만 나는 우리 자신과 지구, 다른 동물들에 대해 명확하고 정확한 관점을 갖게 된다고 해서 우리가 **무엇을 해야 하는지** 혹은 이성이 있는 존재라면 마땅히 해야 할 것이 무엇인지가 갑자기 명확해진다고는 생각하지 않는다. 내가 여기서 전개하는 관점은 우리가 처한 상황에 본질적인 선택의 자유가 있음을 인정한다. 그럼에도 이 책에서 그려낸 우리를 포함한 지구의 생명에 대한 시각은 우리가 선택을 내리는 데 도움을 줄 수 있다. 우리는 그 그림을 바탕으로 숙고하고 나아갈 방향을 선택할 수 있다.

이 책을 관통하는 광범위하고 철학적이며, 어떤 면에서는 설명조차 쉽지 않은 주제가 또 하나 있다. 그래서 나는 이 주제를 마지막으로 미루어 두었다. 앞서 말했듯, 이 책은 지구 전체를 하나의 시스템으로 보고 그 안에서 정신과 주관성이 어떤 역할을 하는지 고민하는 데 도움을 주고자 한다. 나는 이 맥락에서 **생태적** 관점을 옹호하고자 한다. 이 표현이 별로 대단할 것 없는 이야기처럼 들릴지도 모르겠다. '생태적'이라는 말에는 여러 가지 의미가 있는데, 생명 세계 안에서 존재들이 서로 연결되어 하나의 전체적인 체계를 이룬다는 관념을 가리킬 때가 많다. 좋은 말이며, 나 역시 그러한 의미를 전달하려 한다. 하지만, 나는 거기에서 더 나아가고 싶다. 나는 지구에서 살아가는 주체인 우리가 한 시스템의 일부로서 이곳에 존재하고 있다는 생각을 받아들이고, 그 태도를 옹호하고자 한다. 우리는 저마다 서로 다른 관점을 가지고 전체를 바라보지만 **모두가 함께** 단일한 시스템 안에 속해 있으며, 각자의 방식으로 그 세계의 모습과 변형에 기여하고 있다.

이것이 여전히 매우 추상적으로 들릴 것을 안다. 그렇다면 이 문제를 또 어떻게 **달리** 생각해 볼 수 있을까? 이 관점은 무엇과 대조를 이루는가? 이 책에서 동물의 정신mind과 지각perception, 행위action에 대한 생각들을 파고들면서 내가 옹호하는 생태학적 사고방식에서 벗어나는 관점들을 마주치게 될 것이다. 특히 인간을 비롯한 동물의 지각에 관해 글을 쓸 때, 최근에는 각 동물을 일종의 사적인 세계 안에 가두는 관점으로 향하는 경향이 있었다. 아마도 우리가 지각하고 다루는 것은 공유된 현실이라기보다는, 늘 우리의 뇌가 구축한 세계의 사적인 모델일 것이다. 비록 그것이 의도한 것은 아닐지라도, 이러한 관점들에서는 공유된 공적 세계가 사라져 버리는 경향이 있다. 이는 실수이지만, 근거가 없거나 무의미한 실수는 아니다. 정신은 변형을 이끄는 주체이며 그 변형의 대상은 공적이고 공유된 세계이다. 이것이 이 책의 핵심 주제다. 하지만 정신은 또한 사적이고 특수하며, 각자의 역사와 상황이 만들어 내는 반복 불가능한 기벽quirks이 머무는 영역이기도 하다. 관점은 사적이다. 생각도 사적이다. 그러나 우리가 마주하고 그 위에서 행위를 가하는 세계는 그렇지 않다.

마찬가지로 철학을 비롯한 여러 분야에는 의식이 세계를 만든다는, 즉 우리 각자가 자신만의 현실을 만든다는 오래된 주장이 있다. 하지만 그렇지 않다. 우리는 공유된 현실 속을 살아간다. 현실은 행위를 비롯한 생명의 활동에 의해 끊임없이 변형되고 만들어지며, 의식 또한 그 과정에 참여한다. 우리 모두는 자신만의 현실을 만들기보다는 행위를 통해 우리 공동의 현실을 함께 만들어 나가는 존재다.

이 모든 것이 앞으로 이어질 장들에서 우리가 마주하게 될 질문이자 주제들이다. 물론 그 밖에도 의사소통과 문화, 아름다움과 평가, 삶과 죽음 같은 주제들이 남아 있다. 이 중 일부는 책의 중심 줄기를 따라가며 마주하게 될 것이고, 몇몇은 그 줄기에서 곁가지처럼 뻗어 나갈 것이다.

줄기와 가지라니, 정말 나무를 닮은 은유다. 실제로 나무는 이 책의 주된 배경이기도 하다. 이 책은 많은 페이지에 걸쳐 숲을 거닐고, 때때로 바다와 산호초로 돌아가기도 한다. 이 책을 지탱하는 많은 생각은 실제로 그런 공간 속에서 이루어졌다. 이 책의 여정은 육지와 나무들 사이를 지나며 이루어지고, 그 모든 것이 시작된 바다로 되돌아가기도 한다.

1부.
변형

TRANSFORMATION

2. 생명이 깃든 지구

시간과 공간

몇 년 전, 한 대학에서 열린 동물 진화사 세미나에 참석해 공룡 과학자의 강연을 들은 적이 있다. 그는 익숙한 방식으로 큰 그림을 제시하며 이야기를 시작했다. 그 이야기에 따르면, 인간의 삶은 기나긴 시간 속 아주 작은 조각이자 미미한 부스러기에 불과하다. 만약 지구의 역사를 1년으로 압축한다면 우리 종은 마지막 날 마지막 한 시간이 끝나기 30분 전쯤에야 등장한다.

나는 잠시 딴생각에 빠졌다. 지구를 기준으로 한 이 사고 실험을 우주를 기준으로 하거나 더 넓은 규모에서 해 볼 수 있을 것 같았다. 그리고 이때의 '우리'는 인간, 즉 호모 사피엔스*Homo sapiens*일 수도 있고, 어쩌면 그보다 더 넓은 범위인 동물, 혹은 모든 생명으로 설정할 수도 있다.

이 논의를 우리 종으로 한정한다면 우리는 말 그대로 역사의 맨 마지막에 헐레벌떡 등장한 존재다. 이는 지구의 시간표로 보아도 사실이며, 우주의 시간표에서는 더욱 그렇다. 하지만 '우리'를 생명 전체, 곧 살아 있는 모든 존재로 생각해 보면 어떨까. 그렇게 보면 생명은 지구의 역사에서, 심지어 우주의 역사에서도 보잘것 없는 부스러기라고 볼 수는 없게 된다. 우리가 알기로 우주의 나이는 140억 년보다 살짝 짧으므로, 지구에 생명이 존재해 온 약 37억 년은 우주 전체 시간의 4분의 1을 넘어선다.

이처럼 아주 넓은 의미의 '우리'는 꽤 오랫동안 존재해 왔다. 살아 있는 조직체는 우주에서 가장 오래 지속된 특징 중 하나다. 우리가 아는 한, 생명은 아주 작은 공간적 영역에만 존재해 왔다. 설령 다른 행성에 생명이 있다 하더라도 생명이 차지하는 공간은 우주 전체로 보면 지극히 일부에 불과할 것이다. 하지만 생명의 영역이 작다고 해서 그들을 광대한 죽음의 시간 끝에 허둥지둥 나타난 존재로 볼 수는 없다. 오히려 생명은 이 세상의 오랜 세입자다.

박테리아까지 포함하는 '우리'와, '우리의'라는 감각을 사용하여 사물 속 우리의 위치를 파악하는 이 폭넓은 개념이 아마도 모두에게 와닿지는 않을 것이다. 그렇다면 동물로만 한정해서 생각해 보면 어떨까? 동물의 생명만 따져도 역사에서 없어도 된다고 여길 만큼은 아니다. 동물의 역사는 약 6억 5천만 년으로 추정하는데, 이는 우리가 알고 있는 전체 시간의 약 5퍼센트에 해당한다. 하지만 나는 그보다는 더 넓은 관점, 즉 생명 전체로 생각하고 싶다.

생명체가 우주의 전체 시간 속에서 오랜 세입자라는 점을 고려하면, 지구의 역사에서 우리가 차지하는 부분은 훨씬 더 커진다. 지구의 나이는 약 45억 년이다. 따라서 생명은 지구가 존재해 온 시간의 대부분에 해당할 만큼 긴 시간 동안 존재해 왔다.

이런 의미에서 생명은 지구 이야기의 중요한 일부다. 그리고 우리가 지구의 역사에서 어떤 **역할**을 하고, 어떤 동력이 되며, 전체에서 어떤 변수로 작용하는지를 생각하면 그 중요성은 더욱 커진다.

기원

생명이 어떻게 시작되었는지는 여전히 명확하게 알려지지 않았다. 내가 아는 한, 그 장소와 방식 같은 구체적인 세부 사항에 대해서는 큰 진전이나 합의가 이루어지지 않았다. 하지만 어떤 종류의 일들이 일어났어야 했는지는 알고 있기 때문에 이야기의 전반적인 윤곽은 잡혀 있다.

살아 있는 유기체는 질서의 주머니이자 스스로를 유지하고 영속시키며, 그렇게 하지 않으면 존재하기 어려운 조직을 계속해서 다시 만들어 내는 화학 과정의 집합체다. 이러한 것이 생겨나기 위해서는 에너지와 다른 자원들이 필요하다. 또한 이 과정들은 주변으로 흩어져 사라지지 않도록 한정된 공간에 갇혀 있어야만 한다.

이 과정이 시작되었을 법한 한 가지 환경은 해저 열수구 주변이다. 그곳에서는 지구 내부로부터 에너지와 물질이 자연적인 흐름을 따라 솟아나오고, 암석의 많은 구멍들은 반응이 불완전하게 갇힐 수 있는 구획을 제공한다. 이러한 순환하는 활동의 얽힘들로부터, 외부에서 제공되는 것이 아닌 거칠고 불완전하지만 스스로 만들어 낸 경계들이 생겨나기 시작했을 것이다. 그 결과로 점점 더 세포 같아진 무언가가 나타나게 되었다.

이렇게 세포와 유사한 질서의 주머니들 중 더 안정적인 것들은 살아남았을 것이고, 상호작용하는 화학물질들의 작은 표본을 담은 새로운 주머니들을 마치 딸처럼 싹틔웠을지도 모른다. 싹 터 나온 딸 시스템들은 멀리 떠내려가거나 덩어리로 뭉칠 수도 있었다. 각 주머니들은 화학 반응의 순환을 통해 자신을 유지하며 스스로를 영속시키고, 때때로 같은 종류의 새로운 시스템을 만들어 냈다.

어쩌면 이 이야기는 심해 열수구와 관련이 없을지도 모른다. 찰스 다윈Charles Darwin은 생명이 시작된 장소로 따뜻한 연못을 상상했고, 그레이엄 케언스-스미스Graham Cairns-Smith는 축축한 점토 환경을 제안했다. 모든 시나리오에서 물은 어떤 식으로든 관여한다. 마른 땅에서는 일어날 수 없다는 뜻이다. 이 가설들 전반에서 다음과 같은 비슷비슷한 큰 그림을 볼 수 있다. 질서의 주머니들이 먼저 에너지원을 활용하고, 어떤 초기 수단을 통해 반응을 구획화한다. 이 과정을 통해 혼란스럽고 무질서한 바닷속에서 증식하며 스스로를 유지하는 세포 같은 존재가 태어난다.

모든 사람이 이 일련의 사건들이 이런 형태를 띤다고 생각하지는 않는다. 지난 몇 페이지에 걸친 스케치에서 나는 두 진영으로 나뉜 논쟁 가운데 한쪽의 편을 들었다. 나는 생명의 '물질대사metabolism' 측면, 곧 화학 반응이 순환되고, 에너지를 사용하며, 세포로 구분되는 것을 생명의 기초와 기원으로 다뤘다. 나머지 틀은 무엇이 생명의 기원인지 대한 다른 관점에서 출발한다. 리처드 도킨스Richard Dawkins의 1976년 저서 『이기적 유전자』에 따르면 생명은 복제, 즉 스스로의 사본을 만드는 어떤 분자가 생겨나면서 시작된다. 이 복제하는 분자들은 퍼져나가고, 수가 많아지며, 주변 환경에 영향을 미침으로써 복제 확률을 바꾸기도 한다. 다른 것들에 비해 이 일에 더 뛰어난 것들이 있었고, 이런 초기 다윈주의적 경쟁을 통해 세포를 형성하고 물질대사 과정을 통제할 수 있게 되고, 서서히 더 많은 세계를 자신들의 통제하에 두게 된다. 이 시나리오의 한 형태는 'RNA 세계RNA world' 가설이다. 오늘날 모든 세포에서 발견되는 RNA가 복제와 통제를 담당한 최초의 분자였고, DNA와 나머지 모든 것은 나중에 등장했다는 것이다.

생명의 기원 시나리오를 비교했기 때문에 '물질대사 우선' 시나리오와 '복제자 우선' 시나리오 사이의 선택 문제로 보일 수 있다. 그런데 우리에게는 복제되는 분자와 에너지를 사용하는 물질대사 과정, 두 가지 모두 필요하다. 세부적인 과정은 여러 다른 방식으로 진행될 수 있다. 나는 비전문가의 입장에서 항상 '물질대사 우선' 접근법에 끌렸고, '복제자 우선' 관점은 과학사학자 이블린 폭스 켈러Evelyn Fox Keller가 "유전자의 세기"라고 부른 20세기의 집착에서 비롯되었으리라는 의심을 품어 왔다. 하지만 복제자 기반 관점이 유전자 중심적 사고방식의 반영이라고 해도 그것이 옳지 않다는 결론으로 이어져서는 안 된다. 물질대사, 즉 에너지를 사용하는 화학적 순환은 복제를 중심으로 발달했을 수도 있다. 물질대사 시스템이 먼저 나타난 뒤 RNA나 DNA 같은 분자를 만들어 냈고, 이 분자들이 세포의 '기억 장치'처럼 작동하면서 자신의 조직 구조를 시간이 흘러도 존속시킬 수 있었다는 시나리오가 틀렸을 수도 있다는 말이다.

    달리 생각하면 어쩌면 그 두 활동은 처음부터 함께 묶여 있었을지도 모른다. 어찌되었든 우리는 물질대사와 복제, 이 두 가지 특징이 함께 묶인 꾸러미를 얻게 되었다. 우리가 '생명'이라 부르는 것은 보통 에너지를 사용해 질서를 유지하는 것과 낡은 생명체에서 새로운 생명체를 만들어 내는 이 두 가지 현상을 모두 포함한다. 여전히 이 두 활동은 분리될 수 있다. 예컨대, 바이러스는 다른 생명체의 물질대사를 활용해 번식하는 유전 물질의 꾸러미이며, 스스로는 어떠한 물질대사 활동도 하지 않는다. 그렇다면 바이러스는 살아 있을까? 바이러스는 생명체의 보편적인 조건 중 일부만 갖추고 있으며, 이것이 그들을 **살아 있다**고 하기에 충분한지는 논쟁할 대상이 아니다. 생명을 날카롭고 명확한 범주로 보는 아이디어는 점진적 단계와 회색 지대의 사례들을 받아들이는 관점으로 대체되었다.

생명의 역사를 깊이 관통하는 것으로 보이는 또 다른 특징은 감각과 감각한 것에 대한 반응이다. 확실히 알려지지는 않았지만, 감각은 비교적 단순한 생명체에도 있고, 생명체들 전반에 걸쳐 매우 흔하기 때문에 아마도 아주 오래되었을 것이다. 이 장의 시작 부분에서 언급했던 공룡 강연과 생명을 세계의 오랜 특징으로 보는 아이디어를 다시 떠올려 보자. 초기 생명을 스스로 움직일 수 없는 곰팡이나 점액질 같은 것으로 생각한다면, 그들이 살아 온 시간에는 그리 주목할 필요가 없을 것이다. 하지만 감각과 반응이 아주 오래된 것이라면 상황이 달라진다. 그 모든 시간 동안 누군가가 줄곧 아주 조금씩, 자기 외부를 내다보고 있었던 것이다.

더 나아가, 아마도 그보다 필연적이고 보편적인 특징이 있다. 바로 자신의 주변 환경에 **영향**을 미치고, 변화를 일으키는 것이다. 처음에는 영양분을 소비하고 폐기물을 배출하는 수준이었을지도 모른다. 하지만 생명은 처음부터 주변을 있는 그대로 내버려두는 법이 없었다.

초기 생명체의 본질은 질서의 주머니, 즉 자연적으로는 존재할 수 없는 패턴의 주머니를 형성하는 데 있었다. 그로부터 자아selves가, 다시 말해 나와 타자를 구분짓는 경계가 생겨난다. 생명의 기원은 곧 자연에 나타난 새로운 구분이었다. 이 구분을 통해 일종의 상보성complementarity, 즉 상호 보완적인 역할이 나타났다. 스스로를 유지하는 질서의 주머니인 유기체가 존재했고, 그 유기체가 의존하는 동시에 변형시키는 환경이 있다.*

생명과 자아의 시작을 말할 때, 단순하게는 명확한 경계를 지닌 질서의 주머니의 모습으로 그려볼 수 있다. 그 경계를 넘나들 수 있어야 하므로 문이나 통로가 반드시 있어야 하는데, 우리는 그 구분이 매우 뚜렷하다고 상상할 것이다. 하지만 때로는, 아니 어쩌면 언제나, 그렇게 뚜렷한 선으로 그린 그림은 옳지 않다. 그 경계는 실은 더 모호하다.

이 모호한 경계를 볼 수 있는 장소는 산호초다. 산호는 해파리나 말미잘의 친척뻘인 동물이다. 이 동물들은 엄청난 수가 모여 거대한 군체를 이루어 산호초 안에 서식한다. 폴립polyp이라 불리는 이 산호 동물의 내부에는 종종 태양 에너지를 흡수하는 공생체symbionts가 살고 있다. 또한 폴립 자체는 바위 같은 외부의 몸 또는 지지대를 만드는데, 이것이 바로 산호초의 단단한 부분을 이룬다. 본질적으로 바위를 만드는 이 작업은 섬세한 화학적 균형을 필요로 한다. 이 과정의 일부는 산호의 세포 안에서 일어나지만, 다른 일부는 바로 바깥, 즉 보통 동물의 경계라고 여겨지는 곳을 살짝 벗어난 일종의 통제된 공간에서 일어난다. 생명 활동은 종종 이런 식으로 반쯤 변형되거나 통제된 지대로 뻗어 나간다.

---

* 처음에 나는 '상보성'이라는 단어를 사용하는 것을 망설였다. 양자역학의 선구자 중 한 명인 닐스 보어(Niels Bohr)의 물리학과 철학에서 이 단어가 사용된 역사가 있기 때문이다. 보어에게 상보성이란 하나의 물체가 가진 속성들 중 동시에 측정하거나 관찰할 수 없는 것들을 의미하는데, 이는 내가 사용한 의미와는 다르다. 그럼에도 여기서 사용하기에는 이 단어가 최선이다. 보어에게 상보성이란 한 물체의 두 속성 간의 관계이지만, 여기서의 상보성은 유기체와 환경, 나와 타자처럼 서로 얽혀 있는 존재들 간의 관계를 의미한다.

순환과 매장

나는 집 마당에 앉아 있다. 검은 셔츠를 입으니 태양별에 구워지는 듯한 느낌이 든다. 그러다 보니 에너지에 대해 최선을 다해 생각하게 된다.

태양으로부터 엄청난 양의 에너지가 지구로 들어온다. 대부분은 다시 복사되어 나가지만 일부는 흡수되어 이 행성에 머문다. 이 에너지는 형태에 따라 하는 일이 다르다. 단순히 흩뿌려지는 열로는 많은 일을 할 수 없다. 에너지는 어떻게 더 유용한 형태, 즉 우리의 삶에 동력을 제공하는 형태로 바뀔까?

광합성 과정에서 태양 복사 에너지는 화학 에너지로 변환된다. 이는 몇 가지 다른 방식으로 이루어질 수 있다. 모든 방식에서 공통적으로 빛은 어떤 종류의 분자에 의해 흡수되는데, 이 분자는 빛 에너지를 이용해 자신의 전자(원자핵 주위를 도는 전하를 띤 입자)를 들뜨게 만든다. 충분한 빛이 들어오면 전자가 분자에서 분자로 이동하는 연쇄 반응이 일어난다. 이러한 연쇄 반응을 통해 다양한 세포 내 활동이 가능해지는데, 대표적인 예가 바로 양성자 펌프다.

연쇄 반응이 계속되려면 쏟아지는 빛에 의해 '전자 전달계$_{electron\ transport\ chain}$'로 보내지는 전자가 반드시 보충되어야 한다. 오늘날 식물에서 볼 수 있는 주요 광합성 방식에서는 물을 그 구성 요소인 수소와 산소로 분해하고 이 과정에서 수소 원자로부터 전자를 추출함으로써 이 문제를 해결한다. 빛과 이산화탄소, 물에서 시작하여,

마침내 유용하고 운반이 쉬우며 통제할 수 있는 화학 에너지를 얻게 된 것이다. 그 과정에서 산소 기체가 부산물로 남게 되는데, 이 야기의 이 지점에서는 아직 부산물일 뿐이다.

물을 분해하여 산소를 만드는 형태의 광합성을 발명하기 위해 다른 단순한 유기체들로부터 온 두 개의 분자 기계가 하나의 조합으로 합쳐졌다. (이들은 광계photosystems 1과 광계 2라고 불린다. 이들은 더 오래된 과거의 하나의 발명에서 기원했다가 이후에 갈라지고 다시 합쳐졌다.) 이 기술은 단 한 번만 진화한 것으로 보인다.

모든 광합성이 이렇게 이루어지지는 않는다. 지금도 지구 곳곳의 그늘진 경계 지대와 변두리 지역에는 다른 방식으로 광합성을 수행하는 단세포 생물들이 흩어져 살아가고 있다. 녹색활주세균green gliding bacteria, 자색황세균purple sulfur bacteria 같이 기이한 생활 방식에 걸맞은 이름을 가진 유기체들이다. 이들은 물 대신 다른 물질을 전자 공급원으로 사용한다. 이는 모든 광합성이 '산소 발생형oxygenic'이 아님을, 즉 모든 광합성이 산소 기체를 만들어 내지는 않음을 의미한다. 이 특별한 방식의 광합성은 앞선 장의 샤크 베이에서 다룬 그 중대한 사건 속에서 남세균(또는 그들의 가까운 조상)에 의해 발명되었다.

시간이 흐르고 수십 년 동안 연구가 진행되면서 이 특정한 반응은 점점 더 중요해졌다. 지구 역사에서 그것이 차지하는 위상은 더 명확해지고, 그것을 묘사하는 표현은 더 단호해졌다. 초기 생명을 연구하는 하버드 대학의 생물학자 앤드루 놀Andrew Knoll은 산소 발생형 광합성에 필요한 장치들을 하나로 합친 것은 생태학적 관점에서 '생명 역사의 중심 사건'으로 여겨질 수 있다고 말한다. 그 사건이 없었다면 생명은 저 심해 열수구 같은 화학적으로 특별한 환경에만 존재하는, 지구를 바꾸는 존재가 아닌 그저 변두리 거주자로 남았을 것이다. 자신의 경력 대부분을 광합성 연구에 바친(스스로도 그렇게 인정하는) 제임스 바버James Barber는 물 분자를 분리하는 그토록 어려운 단계가 그야말로 "지구의 운명을 결정한 가장 근원적인 반응"이라고 말한다.

이 책을 쓰면서 이전에는 자세히 들여다본 적 없는 분야들을 읽고 배워야 했다. 이 분야도 그중 하나였다. 집필을 마칠 즈음에는, 모든 나뭇잎 속에 무수히 존재하는 광합성의 작은 컨베이어 벨트와 터빈의 구조를 밝혀내는 데 평생을 바친 이들이 느끼는 경외심에 물들었다. 이는 생명이 무엇을 이루어냈는지에 대한 경외이자, 그 결과가 불러온 엄청난 파장에 대한 경외다. 생명이 없는 행성, 혹은 광합성조차 없는 행성에서는 에너지가 끊임없이 쏟아져 들어오지만, 그것을 화학 에너지로 전환할 방법이 없기 때문에 곧바로 열로 복사되어 흩어진다. 박테리아와 식물에 있는 빛을 수확하는 분자들은 들어오는 많은 광자photon로부터 에너지를 흡수하고 축적하여 화학 에너지로의 전환을 가능케 함으로써 행성 전체의 에너지 흐름을 새로운 차원으로 이끈다. 에너지가 변환되어 저장되기에, 살아 있는 행성이 품고 있는 에너지의 총량은 죽은 행성보다 더 크다. 이 에너지는 생명 활동뿐 아니라 지질학적 순환 과정에도 양분을 공급한다. 생명이 태양을 저장하기 시작하자, 모든 것이 영향을 받았다.

∽

광합성 과정에서 산소 기체의 역할은 없다. 물 분자의 더 '유용한' 부분들이 분리되어 반응에 투입될 때 뒤에 남겨질 뿐이다. 광합성을 하는 생명체는 물론 많은 생명체의 다양한 반응에 필요한 산소가 처음에는 부산물로 생성된 것이다.

지구상의 산소의 역사는 여러 단계를 거쳐 왔다. 남세균은 조용히 산소를 생산하기 시작했다. 한동안은 별일이 없었다. 산소는 1장의 붉은 사막에서 본 것처럼 암석에 흡수되는 등 다양한 방식으로 사용되었다. 그러면서 산소는 서서히 축적되기 시작했다. 이후, 남세균은 다른 유기체의 안에서 공생하는 파트너가 되었고, 마침내 식물 속에 자리잡았다. 이 고대의 삼킴engulfing은 일부 박테리아가 다른 세포에 삼켜져 미토콘드리아가 된 사건과 유사하다. 이것들은 우리와 식물 안에 있는 발전소이며, 광합성의 생물학적 이면인 호흡, 즉 산소의 도움으로 연료를 태우는 행위를 돕는다. 이 과정에서 동물(그리고 균류와 몇몇 다른 생물)은 어떤 한 박테리아의 흔적인 미토콘드리아를, 식물과 조류는 두 종의 흔적을 지니고 있다.

산소가 축적되기 시작한 초기 단계에는 대부분의 시기 동안 대기 중 산소 농도가 몇 퍼센트에 불과했다(일시적으로 농도가 요동쳤을 가능성은 있다). 이 수치는 우리 같은 동물, 그리고 아마도 거의 모든 동물이 필요로 하는 수준에는 턱없이 부족하다. 하지만 약 24억 년 전에 시작된 이 변화는 지금 '산소 대폭발The Great Oxygenation'이라고 이름 붙여질 만큼 중요했다. 산소 농도는 훨씬 나중에, 아마도 약 5억 4천만 년 전 무렵인 캄브리아기 초기에 다시 상승했다. 산소의 농도는 계속해서 간헐적으로 증가했고, 마침내 근육과 뇌를 가진 우리와 같은 생명이 존재할 수 있는 화학적 환경에 도달했다. 지구를 산소로 뒤덮은 이 현상은 지질학적 측면에서도 이전과 다른 결과를 낳았으며, 이 행성의 화학적 상태와 지질을 변화시켰다. 산소의 반응성, 혹은 생명 자체의 화학 작용이 관여한 과정을 통해 남동석azurite이나 공작석malachite 등 반쯤 보석으로 여겨지는 광물들을 포함해 새로운 종류의 광물, 이른바 광물 종mineral species이 나타났다.

산소의 초기 역사를 정리했으니, 이제 탄소가 전면에 나올 차례다. 산소와 탄소가 함께 추는 춤은 매우 중요하고, 나 역시 그 관계를 완전히는 아니더라도 어느 정도 이해하기까지 오랜 시간이 걸렸다. 그래서 이 부분은 조금 느긋하게, 천천히 짚어가며 살펴보려 한다.

원소의 세계에서 주연은 둘이다. 마치 건축 재료처럼 다재다능하게 다양한 복잡한 분자를 만들어 내는 탄소와 높은 반응성으로 중요한 역할을 하는 산소가 그들이다. 이 원소들은 두 가지 핵심적인 기체를 만드는데, 바로 산소기체 O_2와 이산화탄소 기체 CO_2다.

우리가 다루는 것은 서로 다른 규모에서 작동하는 여러 과정의 조합이다. 여기에는 빠른 과정과 느린 과정, 생물학적 과정과 지질학적 과정이 복잡하게 얽혀 있다. 게다가 인간의 행위처럼 새로운 요인들이 이미 진행 중인 수많은 과정들의 균형을 흔들고, 변화를 유도하며, 방향을 바꿔 놓는다.

우리는 식물이 이산화탄소를 들이마시고 산소를 내뿜으며 우리는 매일같이 이 작용에 의존한다고 배운다. 열대우림은 지구의 허파라고들 말한다. 또는 숲과 바다를 통틀어 지구의 허파라고도 한다. 하지만 식물은 두 가지 방식으로 '호흡'한다. 식물은 성장할 때는 이산화탄소를 흡수한다. 동시에 생명 과정을 계속 유지하기 위해 동물처럼 호흡하기도 하는데 이 과정에서는 산소를 사용한다. 식물은 성장하는 동안에는 사용하는 양보다 더 많은 산소를 생산한다. 식물의 성장은, 대기에 산소를 더하고 살아 있는 물질에 탄소를 저장하는, 조금은 균형을 벗어난 과정이다. 하지만 다 자라 안정 상태에 이른 숲 전체에서는 식물의 성장뿐 아니라 그들의 지속적인 생존 활동, 미생물과 균류에 의한 분해, 그리고 숲속 모든 동물의 활동이 함께 일어난다. 이 모든 과정에서는 산소가 소비된다. 그러므로 숲은 거대한 산소 생산자이자, 동시에 거대한 소비자인 것이다. 다 자란 숲에서는 산소가 드나드는 과정이 거의 **균형을 이룬다**. 식물의 분해가 일어나지 않을 때만 제외하고 말이다. 만약 나무가 다 자란 뒤 분해되기 전에 땅에 묻히고 압력을 받으면 그 식물 속 탄소의 일부가 땅에 매장되고, 이 탄소와 결합할 수도 있었던 산소는 대기 중에 남게 된다.

이 과정들의 배경에는 또 다른 과정들이 자리하고 있다. 탄소와 산소 역시 암석의 풍화, 해저 퇴적물의 형성, 화산 활동 등의 순환 과정 속에서 서로 맞물려 있다. 이러한 장기적 순환 과정에서 대기 중의 이산화탄소를 흡수한 빗물은 약한 산성을 띠고, 그 빗물은 육지에 내려 바다로 흘러가며 암석을 풍화시키고, 이 흐름은 바닷속 화학 물질을 뒤섞어 놓는다. 해양 생물은 이 화학 물질들을 이용해 탄소가 풍부한 껍데기를 만든다. 그 탄소는 암석의 형태로 퇴적되고, 결국 지구의 깊은 곳으로 끌려 들어갔다가 화산 활동에 의해 다시 공기 중으로 방출된다. 이렇게 더욱 느리게 진행되는 '무기적' 탄소 순환에도 생명이 관여한다. 탄소를 암석에 저장하는 퇴적물이 조개껍데기로 가득하기 때문만은 아니다. 육지의 생명체가 풍화 단계에 큰 영향을 미치기 때문이다. 식물과 균류는 바위에 물이 스며들게 하고, 더 강한 산을 만들며, 뿌리와 균사 가닥으로 바위를 서서히 조각내어 침식과 풍화의 속도를 상당히 높일 수 있다.

우리는 식물과 플랑크톤이 만든 산소를 마신다. 하지만 만약 지금 당장 모든 식물과 플랑크톤을 없애 버려도 우리는 적어도 수천 년은 계속 숨을 쉴 수 있을 것이다. 이는 지금 대기 중에 거대한 산소 저장고가 있기 때문에 가능한 일이다. 그 저장고는 생명으로부터, 곧 오랜 기간에 걸친 산소 생성 과정과 산소 사용 과정 사이의 미세한 불균형에서 비롯되었다. 산소는 끊임없이 순환하며 사용되고 교체된다. 당신이 지금 들이마시는 숨결에는 대기 중에 그리 오래 머물지 않은 산소가 포함되어 있을 수도 있다. 하지만 지구가 저장하고 있는 산소의 전체 규모는 실로 막대하다.

만약 우리가 지구상의 알려진 접근 가능한 모든 화석 연료 매장량을 갑자기 태워 버린다고 해도, 이 산소 저장고에는 거의 영향을 미치지 않을 것이다. 인간과 다른 동물들은 우리가 다른 것, 특히 이산화탄소에 미치는 만큼의 영향을 산소에는 주지 못한다. 대기 중의 이산화탄소는 산소보다 훨씬 희박하다. 산소는 대기의 약 21퍼센트를 차지하는 반면, 이산화탄소는 20분의 1퍼센트에 불과하다. 그러나 그토록 작은 규모라도 이산화탄소의 농도 변화는 극적인 영향을 미칠 수 있다. 만약 지금 당장 우리가 알고 있는 모든 화석 연료를 전부 태운다면 대기 중 이산화탄소의 비중에 큰 영향을 미칠 것이고, 온갖 것들에 변화를 가져올 것이다.

사람들은 숲과 바다가 우리의 허파, 곧 우리에게 필요한 산소의 실시간 공급원이라는 관념을 바로잡기를 원치는 않는다. 환경 보호의 시급성과 중요성을 사람들에게 쉽게 인식시키는 데 유용하기 때문이다. 그러나 이 책에서 나는 이 문제들의 모든 부분을 가능한 한 정확하게 다루고 싶다. 지구에는 생명이 오랜 기간에 걸쳐 영향을 미쳤지만, 인간의 선택이 그다지 영향을 미치지 않는 몇 가지 특징이 있다. 산소 농도가 그 예다. 또한 인간의 선택이 크게 영향을 미치는 과정, 즉 이산화탄소 생산 같은 과정도 있다. 그리고 이 모든 것은 태양이 점점 더 밝아지고, 지구의 공전 속도는 느려지며, 은하들이 서로 멀어지는 것 같은 훨씬 더 거대한 규모의 과정 속에서 일어난다.

지구 이야기의 이 부분은 종종 산소를 결정적인 요인으로, 즉 산소를 동물 생명을 가능하게 한 존재로 자리매김시키는 방식으로 서술된다. 나도 동의하지 않는 바는 아니다. 하지만 그보다 더 근본적인 요인은 광합성의 발명으로 태양 에너지의 막대한 양을 포착해 화학적 형태로 붙잡고 저장하도록 이끌어 낸 것이다. 지구에는 생명이 없었다면 일어날 수 없었을 방식으로 에너지가 들어오고, 에너지로 가득 채워졌다. 새로운 종류의 분자들 속에서 원자들 사이에 결합이 형성되었고, 그 결합은 태양의 에너지를 저장했다. 산소의 도움으로 그 에너지가 터져 나오자, 생명들이 지구를 뒤덮기 시작했다.

형태들의 서커스

단세포 생명체로부터 집합체, 군체colonies, 그리고 다양한 종류의 협력 관계가 생겨났다. 우리에게 가장 익숙한 다세포 유기체는 식물과 동물, 그리고 (식물보다는 동물에 더 가까운) 균류지만, 이들은 세포가 함께 살아가며 혼합과 융합, 공생과 적대를 이루는 방식의 일부일 뿐이다.

    앞서 나는 몸 안에 광합성 조류를 지니고 사는 동물인 산호에 대해 언급했다. 그 조류는 와편모조류dinoflagellates의 일종이다. (적조를 일으키는 조류와 같은 그룹이다.) 스스로 광합성을 한다는 점에서 예상할 수 있듯, 와편모조류는 남세균의 흔적을 몸 안에 지니고 있다. 하지만 이 시스템의 층위는 남세균, 와편모조류, 산호의 순서로 단순하게 고정되어 있지 않다. 와편모조류의 광합성 능력은 이전에 남세균을 집어삼킨 다른 종류의 조류를 삼켜서 얻은 것이다. 어떤 산호 속에서는 남세균이 '맨몸으로' 살아가는 모습이 발견되기도 한다. 마치 산호가 이 작고 오래된 유기체들에게 진 빚을 잊지 않고 있음을 보여 주기라도 하듯 말이다.

집합체와 협력 관계를 이루려는 생명의 의지는 온갖 형태들의 서커스를 만들어 낸다. 감각하고 반응하기, 물질을 섭취하고 노폐물을 방출하기, 그리고 시간이 지남에 따라 변화하기 같은 세포의 생명 활동을 기본 재료로 삼아 거대한 규모의 다양성을 낳았다. 이 과정에서 한 계통이 다세포 실험을 추구했고 동물을 탄생시켰다. 다른 계통에서도 세포들은 공존하지만 이 경우에는 통제된 움직임, 즉 행위에 투자하는 방식으로 결합했다. 그리고 이 움직임을 정교하게 조율하기 위해 그들은 신경계와 뇌를 진화시켰다.

동물은 처음에는 우리가 지금 경험하는 것보다 훨씬 저산소 환경에서 처음 등장했다. 이후 산소 농도가 증가하면서, 그들은 활동성을 얻었다. 이것이 약 5억 4천만 년 전의 '캄브리아기 대폭발 Cambrian explosion' 무렵에 일어난 일의 단편이다. 이 폭발은 한 종류의 동물에서의 진화가 다른 동물들의 진화에 추동력을 제공하고, 그 반대도 마찬가지였던 '공진화적' 사건이었다. 이 모든 과정은 해양 환경으로의 산소 주입에 의해 시작되었거나 적어도 촉진되었을 가능성이 있다. 그때의 산소 농도는 여전히 오늘날의 수준에는 훨씬 못 미쳤지만 변화를 만들어 내기에는 충분했다. 그리고 수백만 년 후, 몇몇 동물들이 마침내 육지로 이동했다.

행위에 대한 동물의 투자, 육지로의 이동과 그곳에서 가능한 다른 삶들, 그리고 그로 인한 환경의 변화로부터 무척 많은 일이 일어난다. 하지만 그에 앞서 이 장의 맨 처음에 언급했던 주제로 돌아가 보자.

나는 앞에서 인간 종이 전체 시간의 막바지에 헐레벌떡 등장하지만 **생명**은 그보다 훨씬 먼저 나타났고, 우리 자신을 전체로서의 생명의 일부로 생각할 수 있다고 말했다. 이제 그 "일부"라는 아이디어에 대해 조금 더 이야기하고 싶다. 세포 생명(세균, 동물, 식물 등)이 존재한 뒤로, 세포는 언제나 세포로부터 나온다. 세포가 세포를 낳는 일은 수백만 년에 걸친 진화적 변화와 새로운 종의 출현을 겪으면서도 계속되어왔다. 그리고 한 세포가 딸세포를 만들 때 그들 사이에는 물질적 연속성이 있다. 예를 들어, 세포막은 물질적으로 이전의 세포막에서 이어진다. 새로운 세포막은 낡은 세포막의 일부를 가지고 있다. 세포가 세포를 만드는 과정은 어떤 경우(예컨대 정자와 난자가 만날 때)에는 더 복잡하지만, 이때도 세포는 세포로부터 나오며 물질적 연속성을 가지고 있다. 당신이 어떤 고대 생명체로부터 특정한 물질적 부분을 물려받았다는 뜻은 아니다. 그보다는 일종의 연쇄적 관계로 이해해야 한다. 당신 안의 세포들은 이전 세포들의 일부를 지니고 있고, 그 이전 세포들은 또 그 이전 세포들의 일부를 지니는 방식으로 당신에게까지 이어져 있다.

그러므로 우리가 돌아볼 과거는 우리가 그저 살아 있는 유기체, 즉 생명의 한 예이며, 과거에도 이같은 예시들이 있었다는 사실만이 아니다. 또한 번식이라는 연결고리가 그때부터 존재해 왔고, 낡은 유기체들이 어떻게든 새로운 유기체들을 만들어 냈다는 것만이 아니다. 우리 또한 과거의 존재들의 **물질적 연속**이다. 이 관계는 우리의 조상들을 지나 도마뱀 같은 존재와 물고기, 벌레 같은 동물들을 지나, 단세포 생물로까지 거슬러 올라간다. 고대 생명체와 우리의 유대는 단순히 인과적 연결 때문에 맺어진 것이 아니다. 더 진한 유대가 오래된 생명체와 새로운 생명체를 잇고 있다. 이 유대는 시간을 관통해 생명을 이어오게 했다. 이 유대는 지구 역사의 대부분과 우주 역사의 많은 기간 동안 계속되어 왔다.

가이아

이제 눈앞에 역동적인 지구의 풍경이 펼쳐진다. 지구는 정적인 무대도, 지구 내부의 힘에 의해서만 변하는 존재도 아니다. 지구는 생명의 행위의 결과로 변화한다. 이 지점에 이르면 사유를 더 먼 곳으로 확장하는 게슈탈트 전환gestalt switch이 가능해진다. 1970년대에 제임스 러브록James Lovelock과 린 마굴리스Lynn Margulis는 "가이아 가설"을 소개했다. 그들은 지구가 그 자체로 하나의 유기체, 아니면 적어도 유기체와 같은 존재라고 제안했다. 지구는 스스로를 조절하는 거대한 시스템이다. 이 시스템의 특별한 점은, 동식물 같은 생물권은 물론 우리가 보통 무기물이라고 생각하는 지구의 일부까지 모두 아우르는, 행성 규모의 거대한 물질대사를 가지고 있다는 점이다. 이 장의 앞부분에서 우리는 생명의 기원을 생각할 때 경계선상의 사례와 부분적인 사례에 대해 이야기할 필요가 있음을 알게 되었는데, 이 가이아 가설도 어쩌면 규모는 훨씬 크지만 그와 유사한 또 하나의 사례일지도 모른다.

내가 이 책을 마무리할 즈음 103세의 나이로 세상을 떠난 러브록은 화학자이자 발명가였다. 그는 공기 중의 미세한 오염 물질 흔적을 감지하는 탐지기를 고안했고, 학자보다는 산업 컨설턴트로서 경력의 대부분을 보냈다. 그는 어떤 행성에서든 생명이 그 대기를 변화시킨다고 생각했다. 산소가 이상할 정도로 풍부한 지구의 대기는, 우주 전체에서 보면 생명에 의해 바뀐 환경이라는 것이 뚜렷하게 드러날 것이다. 우리가 다른 행성에 생명이 존재하는지를 알아내려면 이같은 표식을 찾아내야 한다.

거기서부터 러브록은 아마도 지구와 비슷한 행성에 살아 있는 유기체, 즉 생명체와 유사한 존재의 물질대사가 이루어질 수 있다는 아이디어를 내놓았다. 『파리대왕』을 쓴 소설가 윌리엄 골딩 William Golding은 이 아이디어에 고대 그리스의 대지 여신 이름에서 따온 가이아라는 이름을 붙이자고 제안했다. 러브록처럼 과학계의 반항아였던 미국의 세포생물학자 린 마굴리스는 이 이론의 초기 지지자이자 공동 정립자가 되었다. 이 책에서는 남세균의 잔해가 식물 안에 자리잡게 된 일을 단순히 역사적 사실로 다루었지만, 1960년대 거의 잊혀졌던 이 아이디어를 구해 낸 이가 바로 마굴리스였다. 그는 동물과 식물, 다른 생물들의 세포 내에 존재하는 발전소인 미토콘드리아 역시 자유롭게 살아가던 박테리아에서 유래했다고 주장했다. 세포의 기원에 대한 이 같은 아이디어들을 마굴리스가 처음 제안하지는 않았지만 그는 그것들을 주류로 이끌어냈다. 내가 학생이었던 1980년 무렵, 그가 되살려 낸 이 관점은 회의론자들을 설득하며 점차 승리를 거두어 나가고 있었다.

    초기 가이아 가설은 지구가 스스로를 조절해서 생명을 유지하는 하나의 거대한 시스템이라는 내용을 담고 있다. 이것은 의심의 여지 없이 급진적인 아이디어지만 적어도 이 가설을 지지하기 위해 사용되는 근거들은 흥미로워 보인다. (가이아의 초기 비판자 중 한 명인 포드 두리틀ford Doolittle조차도 이 아이디어가 근거 없는 이야기나 자연의 조화에 대한 시적인 표현에 불과한 것이 아님을 인정했다.) 한 가지 예는 지구의 온도다. 생명은 액체 상태의 물을 필요로 한다. 지구의 물이 모두 얼음이거나 모두 기체 상태의 수증기여서는 안 된다. 그리고 우리는 생존할 수 있을 만큼 태양으로부터 적당한 거리에 있다. 하지만 태양 자체의 온도는 일정하지 않다. 태양은 지구에 생명이 존재해 온 기간 동안 계속해서 뜨거워졌다. 그럼에도 불구하고 지구의 전체 온도는 생명 친화적인 상당히 좁은 범위 내에서 유지되어 왔다.

또 다른 예는 바다의 염분이다. 염분은 빗물과 강물을 통해 바다로 운반된다. 짠물은 여러 면에서 생명 친화적이기는 하지만, 만약 바다가 지금보다 훨씬 더 짜다면 대부분의 생명은 견디지 못할 것이다. 화성에서 발견된 다량의 액체 상태의 물이 흐른 흔적은 화성 생명체의 존재 가능성에 대한 기대를 높였다. 하지만 연구자들은 그 물의 너무 염도가 높다고 보았다. 우리는 어떻게 더 많은 소금이 계속해서 바다로 흘러 들어가는지는 쉽게 알 수 있지만 얼마나 많은 양이 밖으로 **나가는지**는 알기 어렵다. 혹시 지구가 스스로 소금을 고체 형태로 가두는 증발지evaporation pan를 만들어, 바다의 염도를 적절한 수준으로 유지하는 것은 아닐까? 러브록은 『가이아』 초판에서, 호주의 그레이트 배리어 리프가 "증발 석호lagoon가 되지 못한 미완의 프로젝트"일지도 모른다고 생각했다. 이는 다소 터무니없는 생각이지만 이 경우든 다른 경우든 우리에겐 지구가 지속적으로 생명 친화적 조건을 유지하는 것에 대해 어떤 설명이라도 필요하다.

지구가 유기체라는 말이 어떤 의미인지 살펴보자. 가이아 아이디어의 모든 버전이 이 관점을 받아들이는 것은 아니지만, 일단 여기서부터 시작하자. 우리는 지구가 상호작용으로 얽힌 복잡한 시스템이라는 데 동의한다. 하지만 그것만으로는 유기체라고 하기에 충분하지 않다. 세계대전도 상호 복잡하게 연결된 시스템이지만 유기체는 아니니까 말이다. 유기체라 부르기 위해서는 적어도 높은 수준의 협력이 필요하다. 시스템의 각 부분들은 함께 작동해야 한다. 작동의 목적은 시스템 자체를 계속 유지하고, 그 구조를 보존하며, 흩어지려는 경향에 맞서 질서를 지키는 것이다.

생물학자 데이비드 퀄러David Queller와 조안 슈트라스만Joan Strassmann은 협력과 갈등이라는 두 가지 차원을 사용해 시스템을 분류함으로써 이 아이디어를 더욱 발전시킨다. 시스템의 부분들이 높은 수준의 협력과 낮은 갈등을 보일 때 더 유기체와 같다. 곧, 더 '유기체적organismal'이다. 협력과 갈등은 결국 동전의 양면일까? 그들은 그렇지 않다고 말한다. 하나의 시스템 안에 많은 협력과 많은 갈등이 동시에 존재할 수 있다. 인간 사회가 바로 그 예다.

여기서 말하는 협력은 특별한 형태를 띄고 있다. 유기체 내의 협력은 시간에 따른 붕괴에 맞서 시스템의 온전함을 유지하고, 그 조직을 유지하도록 함께 작동하는 방식을 말한다. 현존하는 기린 같은 동물이 이런 형태의 협력이 명확히 드러난 사례다. 그러나 만약 우리가 이 접근법을 취한다면, 유기체와 비유기체가 뚜렷하게 구분되지 않고 그 사이의 모호하거나 회색 지대에 놓인 사례들이 생길 것이다. 우리는 이 장 앞부분의 생명 기원에 대한 논의에서 경계에 놓인 사례들을 보았다. 따라서 다음 단계로 나아가기 위해 우리가 던져야 할 질문은, 단순히 '지구가 유기체인가?'가 아니라 '지구는 유기체와 같은 특징을 가졌는가?' 그리고 '어떤 식으로든 스스로를 그와 같이 조직하는가?'이다.

유기체와 유사한 특성을 가진 시스템은 다양한 기원을 가진 요소들이 합쳐지며 생겨날 수 있다. 최근 몇 년간 인체와 우리 장 속에 사는 유익균 사이의 긴밀한 관계에 관한 연구가 활발히 이루어지고 있다. 어떤 이는 인간이라는 유기체 자체가 동물 세포와 박테리아 세포의 조합이라고 생각한다. 하지만 이보다 더 나은 예로 소가 있다. 소는 먹이를 소화하기 위해 장내 박테리아에 더 강하게 의존한다. 소는 우리가 앞에서 만난, 몸 안에 광합성 조류를 지닌 산호와 조금은 비슷하다. 보다 '느슨한' 협력의 예로는 개미와 아카시아 나무의 공생을 들 수 있다. 아카시아 나무는 그들 안에 사는 개미 군락을 위한 거처를 만들어 주고 먹이를 제공한다. 개미는 그 대가로 나무를 뜯어 먹고 싶어 하는 다른 동물들로부터 나무를 보호한다. 이것은 소와 박테리아의 경우만큼 밀접한 연결은 아니다. 하지만 아카시아 나무가 만드는 개미집은 명백히 나무의 일부이면서

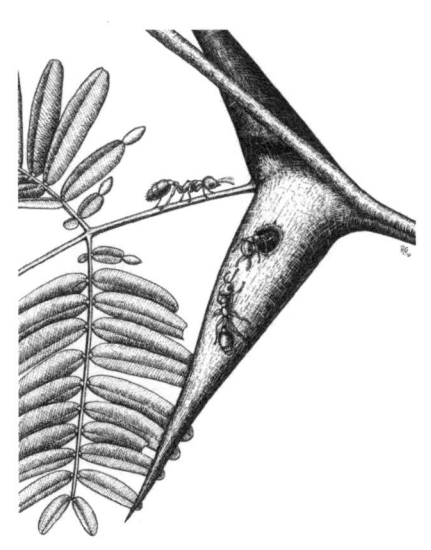

개미의 거처다. 만약 우리가 소와 박테리아의 결합체가 정말 그 자체로 하나의 유기체인지, 그렇다면 개미와 아카시아 조합도 그러한지, 또는 이것들이 모두 별개의 유기체들 사이의 협력에 불과한지를 묻는다면, 그 질문은 존재하지 않는 경계를 억지로 찾으려는 시도일 것이다. 우리가 실제로 마주하는 것

2. 생명이 깃든 지구

은 정도의 차이, 명확하지 않은 경계선상의 사례들, 그리고 조금 유기체스러운 시스템부터 확실히 유기체 같은 시스템까지 매우 다양한 형태이다.

러브록과 마굴리스가 지구가 유기체라고 제안했을 때, 어떻게 유기체가 될 수 있었는지에 대해서는 자세히 설명하지 않았다. 이 점은 진화생물학자들의 반발을 불러왔다. 유기체는 다윈주의적 과정을 거쳐 생겨나야만 하며, 그렇지 않다면 의도적인 설계가 있어야 한다. 이 그림에 신이 개입해서는 안 되므로 유기체는 오직 진화를 통해서만 나타나야 한다. 자연선택에 의한 진화는 번식이 일어나는 개체군이 있어야 한다. 집단에서 우연히 새로운 변이형들이 나타나고, 그중에서 자신을 유지하고 번식하는 데 더 뛰어난 것들이 증식하고 퍼져 나갈 수 있다. 이것이 가능하려면 한 유형을 다른 유형들보다 유리하게 해 주는 특성들이 세대를 거쳐 유전되어야 한다. 그렇게 잘 적응한 변이형들은 그 다음에 추가적인 변이와 선택의 과정이 일어나는 기반이 될 수 있다. 다윈주의적 과정은 개체군 전체에 걸쳐 퍼진 일종의 거대한 시행착오다.

지구를 전체를 하나의 단위로 놓고 보자. 우주에는 여러 행성이 있지만, 그들 사이에는 번식도, 유전도, 경쟁도 일어나지 않는다. 그래서 생물학자들은 이러한 행성 수준에서는 다윈주의적 과정이 존재하지 않으며, 지구와 같은 것이 유기체가 될 방법도 없다고 말했다.

한동안 이같은 주장은 가이아에 대한 중요한 반론으로 보였지만, 지금에 와서는 그다지 설득력이 없다고 생각한다. 첫째, 지구상에서 생명이 처음 발생한 방식은(특히 물질대사 우선 가설에 따르면) '많은 실험 중 소수의 성공'이라는 측면이 여전히 유효하지만 일반적인 다윈주의적 과정과는 다소 달랐을 것이다. 우리가 방금 살폈듯이, 유기체와 유사한 것들은 서로 다른 기원을 가진 부분들이 합쳐져서 생겨날 수도 있으며, 이것들은 서로 다르면서도 연결된 각자의 진화 역사를 가질 것이다. 개미와 아카시아의 협력 관계가 그 예다. 초기 가이아 가설도 이와 비슷한 방식으로 설명할 수 있다. 마치 거대한 규모의 개미와 아카시아 나무의 관계처럼 지구 전체가 유기체와 같은 협력적 체계를 갖고 있다고 말이다.

이것이 지구 전체 규모에서 가능할까? 불가능하지는 않지만, 가능성은 매우 낮다. 그 이유는 협력적 균형이 언제든지 깨질 수 있기 때문이다. 개미와 아카시아의 사례처럼 처음에는 의외의 조합으로 보이는 협력 관계는 다른 생물과의 갈등 속에서 시작된다. 개미와 아카시아 관계는 아카시아를 먹으려는 다른 동물들로부터의 방어가 필요하기 때문에 성립되었다. 지구의 모든 존재가 동일한 협력 프로젝트의 일부가 되기도 어려울 뿐더러, 특히 협력을 계속 유지하는 것은 무척 어렵다. 개미와 아카시아의 관계는 우리에게 이렇게 말한다. "우리는 세상에 맞서 함께 싸운다! 최소한 초식동물이라는 세상을 상대로 말이다!" 자세히 살펴보면 이것은 가이아 이론에 그다지 적합한 모델이 아니다.

생물들 사이에는 필요가 일치하는 경우도 있지만, 대개는 서로 충돌한다. 지구는 생명체가 살아가는 시스템이지만 생명체는 아니다. 다원적 과정을 통해 생겨난 생물들이 거주하는, 지구와 비슷한 규모의 어떤 시스템이라도 생명체와는 전혀 다른 방식으로 존재한다. 생명이 중요한 역할을 하는 크고 복잡한 시스템이 그 자체로 유기체 같을 필요는 없다. 즉, 동일한 특징이 더 큰 규모에서 반복되는 또 다른 유기체일 필요는 없다는 것이다. 그것은 유기체들이 시스템의 일부인, 전혀 다른 종류의 시스템일 수 있다. 이것은 이 장 앞부분에서 언급한 상보성의 한 예다. 이 관점에서는 우리는 여전히 지구를, 생명이 중요한 역할을 하고 생물과 무생물 사이에 많은 피드백이 이어지는 특별한 종류의 시스템으로 인정할 수 있다.

지구를 유기체로 보는 아이디어를 문자 그대로 받아들여야 할 주장이라기보다는 하나의 은유로 볼 수 있다. 어떤 사람은 어머니 같은 지구를 연상케 하는 이 이미지에 매력을 느낄 것이다. 하지만 그 은유가 우리의 이해를 돕는지 오히려 오도하는지 먼저 질문해야 한다. 사람들은 종종 이 은유가 전체를 인식하고 관심을 갖게 만드는 긍정적인 역할을 한다고 생각하지만 나는 그 점에 대해 확신하지 못한다. 오히려 전혀 도움이 되지 않을 수도 있다. 가이아 이야기는 우리가 지구에게 시간을 주면 스스로를 돌볼 것이라고 생각하게 만든다. 그것은 우리의 실수를 무마해 줄 수 있는 크고 사려 깊은 무언가가 어딘가에 있을 것이라고 믿게 만든다. 그 존재는 무엇을 해야 할지 알고 있고, 해결책을 찾을 수 있다고 말이다. 하지만 이것은 바람직한 생각이 아니다. 왜냐하면 이 정도 규모에서는 그토록 크고 사려 깊은 무언가는 없으며, 미래가 저절로 바람직한 방향으로 변화해 나아갈 것이라고 기대할 근거가 없기 때문이다. 가이아 이야기는 이런 종류의 막연한 희망을 부추긴다.

최근 몇 년 동안, 일부 가이아 옹호자들은 지구를 유기체로 보는 관점과 거리를 두기 시작했다. 그들은 러브록과 마굴리스가 그 점에서 너무 멀리 나갔다고 생각한다. 어떤 이들은 단지 지구 시스템 내의 생물과 무생물 사이의 연결을 강조하기 위해 가이아라는 말을 쓰고 싶어 한다. 이러한 관점은 "약한 가이아weak Gaia"라고 불린다. 또 다른 버전의 가이아 가설은 단순한 연결을 인정하는 것을 넘어, 지구상의 다양한 과정들이 생명에 유리한 방향으로 조건을 조절하는 경향이 있다는 주장이다. 이 경우, 시스템은 꼭 유기체처럼 작동할 필요는 없다. 영국 과학자 팀 렌튼Tim Lenton은 이 관점을 옹호한다.

우리 행성이 생명 친화적인 특징을 갖고 있음은 인정해야만 한다. 온도와 관련하여, 태양은 점점 뜨거워지는데 지구 온도는 크게 변하지 않는다는 사실이 그런 특성 중 하나다. 이 장의 앞부분에서 나는 이산화탄소 농도가 두 가지 순환의 영향을 받는다고 언급했다. 식물과 동물의 생명 활동으로 인한 순환과, 비, 암석의 풍화, 조개껍데기, 새로운 암석의 형성, 화산 활동 같은 더 느린 '지질학적' 순환이다. 이 순환은 자체적으로 '음성 피드백negative feedback' 과정을 갖추고 있다. 이는 어떤 요인의 수준이 증가하면 그것을 다시 낮추는 사건이 촉발되고, 반대로 수준이 낮아지면 그것을 높이는 사건

2. 생명이 깃든 지구

이 촉발되는 과정이 있다는 의미다. 다시 온도의 경우, 기온이 상승하면 더 많은 비가 내리고, 풍화 작용이 활발해져서 더 많은 탄소가 저장된다. 하지만 이산화탄소를 대기로 되돌리는 순환은 그다지 영향을 받지 않는다. 이산화탄소는 대기 중의 열을 가두기 때문에 공기 중 이산화탄소 농도가 내려가면 지구 표면은 냉각된다. 종합하면, 무더운 환경은 더 많은 탄소를 가두게 되고, 이는 (매우 느리게) 냉각 작용을 한다. 반면, 서늘한 환경에서는 탄소를 가두는 풍화 작용이 줄어들고, 이는 기온을 다시 상승시킨다.

이전에 언급했듯 육상의 식물과 균류는 암석의 풍화를 일으키는데, 이는 온도의 안정화에도 관련이 있다. 식물은 이 작용과 함께 퇴적되어 석탄이 되는 과정을 통해 지구를 냉각시킨다. 초기 지구의 대기에는 이산화탄소가 훨씬 더 많았을 것으로 예상된다. 이로 인해 발생한 강한 '온실 효과'는 태양이 지금보다 약했을 때 지구의 바다가 얼어붙는 것을 막았다. 그 이후로 태양은 뜨거워졌지만, 그 이산화탄소의 대부분은 생명체들 덕분에 대기에서 사라졌다. 이 모든 것은 음성 피드백과 생명체의 개입 없이 진행된 과정들이 우연히 맞물린 결과이다. 태양은 우리가 무엇을 하든 상관없이 서서히 더 뜨거워진다.

바다의 소금은 어떤가? 이 경우는 지금의 과학자들조차 다소 확신하지 못한다는 점에서 흥미롭다. 바다의 염분 농도가 안정적으로 유지되는 것이 아니라 매우 느리게 변하고 있다는 견해도 있다. 어느 쪽이든 바다의 염도는 오랫동안 생명이 살아가기에 적합한 범위에 머물러 왔다. 바다에서 염분이 제거되는 주요한 방법은 증발을 통해서인데, 어떤 이유로든 물이 보충되지 않아서 염분만 남겨지는 곳에서 일어난다. 만약 이런 일이 충분히 큰 규모로 일어나면 깊이가 수백에서 수천 미터로 측정되는 고체 소금의 퇴적물인 '거대 소금층'을 형성한다. 약 550만 년 전, 지중해의 대부분 또는 전부가 이런 방식으로 말라 버렸다가 이후 물이 다시 밀려 들어왔다. 이 같은 과정과 강수에 의해 염분이 바다로 유입되는 과정이 조합되어 염도를 어느 정도 안정적으로 유지하고 있다면, 그 이유는 무엇일까? 여기에 음성 피드백이 작용하고 있을까? 아니면 두 과정은 단지 별개로 작동하면서 우연히 우리에게 유리한 방향으로 맞물려 있을까?

생명에 중요한 몇몇 특징들은 전혀 안정적이지 않았다. 앞서 살펴 본 '순환과 매장' 과정의 변화로 인해 대기 중의 산소 농도는 크게 오르내렸다. 때로는 더 많은 탄소가 매장되어 산소 농도가 상승했고, 때로는 그 반대의 일이 일어났다.

우리가 파악할 수 있는 그림은, 지구가 실제로 오랫동안 생명에 상당히 우호적인 범위에 머무르는 경향이 있었다는 것이다. 물론 이 상태가 영원히 계속되지는 않을 것이다―언젠가 태양은 바다를 완전히 증발시켜 버릴 것이다. 지금까지 지구가 생명체에 꽤 우호적인 이유가 어떤 거대한 유기체가 목적을 갖고 환경을 조절하기 때문은 아니다. 오히려 서로 매우 다른 과정들이 함께 협력하여 작동했기에 적어도 지금까지는 생명 친화적인 상태를 유지해 온 것이다.

왜 이런 일이 벌어진 걸까? 단지 운이 좋았을까? 이것은 우리가 흔히 말하는 복권이나 룰렛 게임에서의 운은 아니다. 모든 일의 배경에는 물리 법칙과 지구의 역사가 개입된 거대한 메커니즘이 있다.

우리는 온도, 염분 등 각 요인에 대해서는 개별적인 설명이 가능할지도 모른다. 하지만 생명에 유리한 이 모든 메커니즘이 함께 작동하고 있다는 사실은 어떻게 설명해야 할까? 이것 또한 단지 운이 좋아서일까? 어떤 의미에서는 그렇다. 나는 여기서 '운'이라는 말이 왜 나오는지 이해할 수 있다. 하나하나가 거대하고 오랜 역사를 가진 이 모든 과정들이, 왜 생명에 적합한 방향으로 향하는지를 말해 주는 모든 것을 아우르는 이론이 없기 때문이다. 이것은 우리의 이해가 부족하기 때문일까? 정말 그것이 전부일까, 아니면 무언가가 더 있어야만 할까?

넓은 의미에서 보면, 중요한 요소들조차 결국 운에 달려 있다고밖에 할 수밖에 없다. 앞서 언급한 가이아 이론을 지지하는 과학자 팀 렌튼은 생명이 출현하려면 그 행성에 먼저 충분한 양의 물이 있어야 한다고 말한다. 여기서 중요한 것은 물의 상태가 액체인지 얼음인지가 아니라, 단순히 그 양이다. 지구에는 다행히도 물이 풍부했다. 왜일까? 렌튼은 아마 대부분이 소행성에 실려 왔을 것이라고 말한다. 만약 그렇다면 이것은 가이아에 대해 어떻게 생각하든 상관없이 운의 문제다. 설령 행성이 살아 있다고 해도 물을 실은 소행성을 불러들일 수는 없다. 만약 가이아가 말을 할 수 있다면 이렇게 말했을 것이다. "그래, 물이 있는 소행성 사건은 참 운이 좋은 일이었지. 하지만 그건 내 아이디어는 아니야."

여기서는 '관찰 선택 효과observation selection effects'라고 알려진 또 다른 편향이 작용한다. 복잡하고 지적인 생명의 진화를 위해 물을 품은 소행성이 필요하다고 가정해 보자. 그렇다면 지적인 존재들은 애초에 이처럼 운이 좋았던 행성에서만 생겨나서 이런 질문을 던질 수 있을 것이다. 만약 이런 종류의 '실험'을 할 수 있는 행성이 많다고 가정해 보자. 행성마다 들어오는 물의 양이 다르고, 오직 소수의 행성에만 생명 친화적인 양의 물이 도착했다면, 그 행성에 나타난 지적 존재들은 "놀랍군. 이 별의 조건은 정말 절묘했어"라고 말할 것이다. 하지만 그러한 실험은 수없이 많았다. 그처럼 수많은 실험이 있었다면 성공한 행성의 누군가는 자신이 운이 좋았음을 알게 되는데, 그게 바로 우리였던 것이다. 관찰 선택 효과가 지구의 생명 친화적 조건에 대한 신비감을 걷어내는 데 효과를 발휘하려면, 실험이 아주 많이 이루어지고 어딘가에서 누군가가 살아남아 자신의 행운을 곱씹을 가능성이 충분히 있어야 한다. 그렇지 않다면 우리는 매우 낮은 확률의 사건이 일어났음을 받아들여야 한다. (만약 백만 명이 성공 확률이 백만 분의 일인 도박을 한다면, 누군가는 분명 행복한 결말을 맞을 것이다. 만약 백 명만 참여한다면? 누구라도 이기는 것 자체가 기적이다.)

그렇다면 위에 쓴 나의 시나리오에서처럼 어떤 행성에서 누군

2. 생명이 깃든 지구

가가 풍부한 물과 친화적인 온도에 둘러싸여 "우린 정말 운이 좋았어!"라고 말하게 될 가능성이 있을까? 좋은 질문이다. 만약 이에 대해 나보다 더 많이 아는 지구과학자가 "**아니요**, 그럴 가능성은 전혀 없습니다"라고 말한다면, 나는 그것을 진지하게 받아들여야 할 것이다. 그렇다면 정말로 운명 같은 행운이 있었거나 아니면 아마도 우리가 모든 이야기를 알지 못하는 것일 테다.

이것이 우리를 어디로 이끄는가? 우리 행성의 안정적이고 생명 친화적인 작용의 일부는 그저 흥미로운 수준을 넘어 조금은 기묘하게 보이기도 한다. 지구의 물이 얼어붙거나 끓어 사라지지 않도록 막아 온 여러 요인들의 조합이 그 예다. 적어도 내게는 그렇게 보인다.

렌튼은 이러한 피드백이 연결되어 생명의 생존을 돕고 있다는 믿음은 보다 현대적인 형태의 가이아 이론을 받아들이는 것이라고 말할 것이다. 나는 가이아 아이디어가 확실히 변할 수 있고, 진화할 수 있다고 답하고 싶다. 하지만 이 용어에는 여전히 만연한 협력이라는 뉘앙스가 남아 있으며, 그것은 오해를 불러일으킨다. 단일한 통제의 중심, 단일한 주체가 작동하고 있다는 암시도 마찬가지다. 우리가 어떤 용어를 사용하기로 결정하든 염두에 두어야 할 올바른 그림은 이 장 앞부분에서 소개한 상보성 개념을 사용하는 것이라고 생각한다. 우리는 생물과 비생물 요소들로 이루어진 더 큰 시스템의 살아 있는 존재로서 살아간다. 그 시스템은 유기체와는 다르지만, 무생물과 생물이 긴밀하게 연결된 시스템이다. 지구 자체가 살아 있다고 할 수는 없지만 지구는 자신 위의 유기체들에 의해 생기를 갖게 되었다.

목표

대기, 그리고 더 넓은 의미의 환경에서 일어나는 사건들이 특정한 이유를 가지고 일어난다는 주장은 가이아 아이디어를 흥미롭게 만든다. 환경이 그저 다양한 원인에 의해 만들어진 결과가 아니라 목적을 가지고 만들어졌다는 관점이다.

자연에 목적이 있다는 아이디어는 때때로 비과학적이라고 비판받지만 자연에서 일어나는 일의 일부는 실제로 목적이 있다. 인간은 마음속에 목표나 목적을 가지고 행동할 수 있다. 그리고 좀 더 논란의 여지가 있지만 아드레날린 분비 같은 일은 우리가 의식적으로 그것을 생산하기로 결정하지 않아도 우리 몸 안에서 목적을 가진다. 아드레날린이 분비되는 이유는 유기체의 투쟁-도피fight-flight 반응을 준비하기 위함이다.

만약 지구 전체가 하나의 유기체였다면, 우리는 이같은 현상을 보게 될 것이다. 마치 우리 몸 안에서 체온을 적정 범위로 유지하기 위해 온갖 과정들이 일어나는 것처럼 우리 행성의 조건을 생명에 적합한 범위 내로 유지하기 위해 온갖 종류의 미묘한 활동들이 일어날 수 있다. 나는 지구를 그런 식으로 보는 관점에 반대했지만,

목적과 목표라는 개념은 그 자체로 중요하며 앞으로 이어질 장들에서 자주 등장할 것이다.

목표와 목적, 기능(이 용어가 가진 의미 중 하나에서)은 종종 **목적론적 개념**teleological concepts으로 불린다. 수 세기 동안 영향력을 미쳤던 고대 아리스토텔레스의 과학적·철학적 틀에서는 거의 모든 자연 과정이 저마다의 목표, 즉 일종의 본성적 종착점을 향해 나아간다고 보았다. 성장하는 나무를 예로 들어보자. 나무는 싹을 틔우고 자라나는 일련의 과정을 통해 자신의 본성과 목적을 세상에 드러낸다. 아리스토텔레스는 이 과정을 사유의 모델로 삼고 그 생각을 무생물에까지 적용했다. 이러한 사고방식은 수 세기 후 나타난 기독교적 틀에 쉽게 흡수되었다. 모든 존재는 여전히 목적을 갖고 있었고, 이제는 신의 창조와 의지를 반영했다.

과학혁명가들이 일반적으로 무신론자는 아니었지만 17세기 유럽의 과학혁명에는 목적론적 아이디어의 남용을 비판하는 흐름이 있었다. 이것은 18세기 "계몽주의" 시대에도 계속되었다. 세계가 물리적 메커니즘과 충격, 밀고 당기는 인과관계에 의해 움직인다는 그림은 목적이라는 개념이 끼어들 여지를 남기지 않는 것처럼 보였다. 다음 세기에 등장한 다윈주의의 "자연선택"이라는 말은 '선택'이 들어갔다는 이유로 자연에서 목적의 역할을 되살린다고 여겨지기도 했고, 반대로 자연선택이 의식 없는 물리적 과정이기 때문에 목적론을 배제한다고 여겨지기도 했다. 나는 목적론적 아이디어들이 다윈주의 내에서 조용히 부활했고, 한 세기 정도 후에 발생한 분야인 사이버네틱스에서도 비슷한 일이 일어났다는 게 바른 해석이라고 생각한다.

이 모든 것이 어떻게 작동하는지 설명하기 위해 목적론적 아이디어의 과학적 위치에 대해 매우 통찰력 있는 글을 쓴 미국 철학자 래리 라이트Larry Wright의 아이디어들을 활용하고 거기에 내 의견을 더해 보완하려고 한다.

라이트는 어떤 일들은 그것의 효과 때문에 일어난다고 말했다. 이 말은 이상하고, 시간을 거스르며, 불가능하게 들린다. 물론 미래의 효과가 과거의 원인이 된다는 순수한 의미에서는 실제로 불가능한 이야기다. 어떤 일이 실제로 낳는 효과가 시간을 거슬러 올라가, 그 일이 일어나게 된 원인이 될 수는 없기 때문이다. 하지만 이 불가능한 상황과 아주 유사하게 작동하는 방식이 몇 가지 있다. 그중 하나는 우리가 어떤 효과, 즉 일어나기를 바라는 무언가를 먼저 생각하고 그에 맞춰 행동하는 경우다. 예를 들어보자. 나는 '테이블이 흔들리는 것을 멈추게 하고 싶다'는 목표(미래의 효과)를 먼저 생각한다. 그리고 '이 종이 쐐기를 다리 밑에 괴면 그 목표를 이룰 수 있다'고 믿기 때문에, 실제로 종이를 그곳에 놓는다. 실제로 테이블이 멈출지 아닐지는 불확실하다. 하지만 중요한 것은 '흔들리지 않는 테이블'이 나의 목표였다는 점이고, 바로 그 이유 때문에 지금 테이블 다리 밑에 작은 종잇조각이 놓여 있는 것이다.

일부 의식적이지 않고 의도가 많지 않은 과정들도 비슷한 특징을 가질 수 있다. 당신이 심장 같은 생물학적 기관이나 아드레날린 분비 같은 사건을 보고 있다고 가정해 보자. 당신이 보고 있는 것은 유사한 대상이나 사건들의 긴 계보의 가장 마지막 일원이다. 지금의 이 심장 이전에도 다른 동물들 안에는 길게 이어져 온 박동하는 심장의 계보가 있었다. 지금의 이 아드레날린 분비 이전에도 길게 이어진 아드레날린 분비의 계보가 있었다. 이런 경우, 그 계보의 초기 일원들이 행한 일과 그 영향력이 계보의 새로운 일원들이 존재하도록 돕는다. 초기의 심장은 동물이 살아남도록 도왔고, 이는 진화 과정에서 심장이 계속 유지되고 또한 개량되는 결과로 이어졌다. 심장이 직접적으로 더 많은 심장을 만들어 내지는 않았지만, 새로운 심장이 만들어지는 데 간접적인 역할을 한 것이다. 아드레날린 분비도 마찬가지다. 이런 경우, 계보의 초기 일원들이 가졌던 유용한 효과는 지금의 세상이 왜 이런 모습인지, 즉 왜 심장과 아드레날린 분비가 계속 이어져 왔는지를 설명하는 데 한몫을 할 수 있다. 아드레날린 분비, 심장, 그리고 짝짓기 과시는 그것들이 가진 효과 때문에 존재한다.

심장은 피를 펌프질하기 때문에 존재한다. 그것이 몸 안에서 심장의 기능이다. 내 테이블 다리 밑의 종잇조각은 테이블의 흔들림을 막기 위해 거기에 있다. 그것이 그 종잇조각의 기능이며, 내가 그것을 거기에 둔 행위의 목표였다. 이는 과거에 아리스토텔레스가 더 과감하게 모든 것에 적용시켰던 기능과 목표라는 개념들을 제자리로 돌려놓은 것이다. 이 복원 작업은, 무언가가 자신의 기능을 수행하는 것이 도덕적 의미에서 **선하다**는 생각까지 되살리지는 않았다. 드디어 그 생각은 버려졌다.

지금까지 나는 기능, 목적 등을 만들어 내는 두 종류의 과정에 대해 이야기했다. 자연선택에 의한 진화와 의도적이고 의식적인 선택이다. 그 외에도 진화와 비슷하거나 혹은 의도적인 선택과 비슷한 과정들이 몇 가지 더 있다. 그중 하나는 시행착오를 통한 학습, 즉 어제 효과가 있었던 무언가를 오늘도 하는 것이다. 처음에는 완전히 우연히 그 일을 했을 수도 있지만(행동의 "무작위 돌연변이"였던 셈이다), 그것이 효과가 있었기에 계속하게 된다. 시행착오 학습에는 선택이 개입하지만, 우연히 성공한 행동이 계속 살아남는다는 점에서 진화와 유사하다. 그리고 그 선택이 항상 의식적일 필요는 없다.

래리 라이트는 우리가 목적이나 목표와 같은 단어를 사용하는 방식이 "죽은 은유"에서 비롯되었다고 보았다. 죽은 은유란, 처음에는 비유였지만 너무나 널리 쓰인 나머지 은유성을 상실하고, 이제는 문자 그대로의 의미로 사용되는 표현이다. 그는 목적이라는 개념은 우리의 의식 경험에서 시작되었는데, 이 의식적인 경우를 통해 자연선택에 의한 비의식적 진화 과정 등을 유추해 낸다고 생각했다. 심장이 유용한 효과 덕분에 진화의 과정 속에서 유지되어 온 것은, 사람이 '시원한 바람'이라는 유용한 효과를 위해 의식적으로 선풍기를 설치하는 것과 같은 이치다.

물론 이 두 가지 경우에도 "Y라는 미래의 효과 때문에 X가 일어난다"는 말은 문자 그대로 사실이 아니다. 미래에 일어날 실제 효과가 시간을 거슬러 올라와 현재의 사건을 일으킬 수는 없기 때문이다. 그것은 '역행 인과관계backward causation', 즉 완벽한 의미의 목적론이며, 이는 불가능하다. 대신 라이트의 진짜 주장은 이것이다. "X는 Y 때문에 일어난다"는 우리의 목적론적 표현 방식은, 비록 문자 그대로는 틀렸지만, 불가능한 역행 인과관계와는 다르면서도 그와 유사한 구조를 가진 실재하는 현상들을 가리키는 유용한 언어적 장치라는 것이다.

라이트에 따르면, 이런 것들에 대해 이야기하는 우리의 방식은 의식적 계획에서 시작되었다. 나도 이 의견에 동의한다. 즉 인간은 먼저 자신의 의도적 행위를 설명하는 틀을 만든 뒤, 이를 자연의 무의식적 과정에도 적용하기 시작했다는 것이다. 그런데 실제 자연에서 일어난 발달 과정은 완전히 반대 방향이었다. 자연은 무의식적 진화적 설계에서 시작해서 점차 학습 능력을 거쳐 최종적으로 의식적 계획과 의사결정에 도달했다. 다시 말해, 자연계에서는 목표와 목적에 의해 세계가 형성되는 서로 다른 방식들 사이에 전환이 있어 왔다는 것이다.

이러한 맥락에서 우리는 다시 한번 경계선상의 사례들, 즉 다른 곳에서는 더 명확하게 보이는 것들의 희미한 빛을 발견할 수 있다. 앞서 지구의 기온을 살펴보며 논의했던 음성 피드백 순환을 다시 생각해 보자. 시스템의 기온 같은 요인이 보통의 상태에서 벗어나면, 다시 그 상태로 되돌아오게 된다. 시스템이 되돌아오는 것은 그 벗어나는 움직임이 낳은 효과 때문이다. 세계가 더워지면 그로 인해 지질학적 탄소 순환에 의해 더 많은 탄소가 암석에 갇히게 되고, 이는 (결국) 세상을 더 차갑게 만들어 우리가 출발했던 지점으로 되돌아가게 한다.

심장은 피를 펌프질함으로써 그것이 왜 거기에 존재하는지를 증명한다. 탄소 순환 피드백에서는 온도 상승이 일으키는 효과들이 도리어 미래의 고온 상태를 억제하는 원인이 된다. 바로 그 동일한 구조의 일부가 지구 전체를 포함하는 다른 더 거대한 시스템 속에서 희미하게, 그리고 변형된 버전으로 존재한다. 다윈주의적 진화로 돌아가 보자. 더 넓은 의미에서 그 과정 역시 일종의 피드백이다. 심장(그리고 아드레날린 분비)의 유용한 효과는 동물의 생존을 돕고, 이는 그들이 역시 심장을 가진 후손을 낳는 결과로 이어진다. 다윈주의적 과정은 유기체와 번식에 의존하는 일종의 거대한 피드백 시스템이며, 이것 지구의 위대한 창조의 엔진 중 하나다.

여기 또 하나의 경계선상에 있는 희미한 사례가 있다. 나는 학습이 다윈주의적 진화와 유사하다고 말했다. 시행착오는 돌연변이, 그리고 자연 선택과 같다. 앞서 언급한 가이아에 호의적인 지구 과학자 팀 렌튼은 진화 이론가 윌리엄 해밀턴William Hamilton과의 대화에서 영감을 받아, 비록 지구가 자연선택에 의한 진화에 필요한 종류의 개체군 내에 존재하지는 않지만 이런 시나리오는 가능할 수 있다고 지적했다. 즉, 지구에서 생명이 시작되었다가, 붕괴하고, 다시 약간 다르게 시작하는 과정이 안정적인 방식을 찾을 때까지 반복되는 것이다. 지구의 역사에는 일련의 시행착오적 사건들이 있었을 수 있다. 원칙적으로 이는 가능하며, 그렇다면 시적인 허용을 더해, 지구는 진화하기보다는 생명을 잘 유지하는 법을 **학습**한다고 말할 수 있을지도 모른다.

지구의 실제 역사에서 이와 같은 일이 있었을까? 아주 먼 과거에는 있었을 것이다. 지구 표면 전체, 또는 그 대부분이 얼어붙었던 사건이 두어 번 있었다. 걷잡을 수 없이 차가워진 지구는 행성 규모의 눈덩이 또는 얼음 슬러시 상태가 되었다. 그 후 지구는 이를 깨고 나와 생명에 더 친화적인 상태로 되돌아왔다.

이러한 눈덩이 지구라는 재난을 지나는 동안에도 생명이 완전히 소멸하지는 않았다. 붕괴했다가 회복한 것은 생명 활동, 대기, 해양 화학, 그리고 다른 요인들을 아우르는 어떤 총체적인 시스템이었다. 상황이 더 안정적인 궤도에 오르기 전에 일련의 실패와 재설정이 여러 번 반복되었다고 상상해 볼 수 있다.

나는 렌튼의 이 아이디어를 처음 배웠을 때 놀랐다. 원리적으로는 말이 된다. 이는 지구 전체가 하나의 거대한 선택 과정에 참여했을지도 모른다는 가능성을 보여 주는 하나의 단서이자, 희미한 증거다. 그 붕괴와 재건의 순서가 실제로 의미 있는 결과를 낳을 수 있었는지는 또 다른 문제다. 우리가 증거를 가진 과거의 사건들이, 우리가 이 장에서 살펴본 생명 친화적 과정들을 형성하는 데 큰 역할을 할 수 있었을지 의문이다. 눈덩이 지구 사건은 두세 번 일어났을 뿐인 드물고 아주 먼 과거의 일이었다. 육상 생명이 나타나기 훨씬 전의 일이기도 하다. 하지만 나는 이 아이디어를 일축하고 싶지는 않다.

지구 시스템이 시작했다가 붕괴했다가 다시 비틀거리며 돌아와야만 하는, 우여곡절을 겪으며 건강한 상태로 나아가는 그 그림을 생각할 때, 나는 위대한 스코틀랜드 계몽주의 철학자 데이비드 흄David Hume을 떠올린다. 사후에 익명으로 출판된 그의 책 『자연종교에 관한 대화』에는 한 등장인물이 어쩌면 일종의 신이 지구를 만들었을지도 모른다고 인정하는 대화가 나온다. 하지만 그는 묻는다. 어떤 종류의 신인가? 흄의 말에 따르면, 어쩌면 이 세계는 "자신의 형편없는 솜씨에 부끄러움을 느껴 끝내 버려진, 어떤 아기 신의 첫 번째 습작품"일지도 모른다. 혹은 "어떤 열등한 하급 신이 만든 작품에 불과하여, 그 윗분들에게 조롱거리나 되는 것"일지도 모른다. 또는 마지막으로, 어쩌면 "연로하여 망령이 든 어떤 신의 노쇠함이 낳은 산물"일지도 모른다. 그 창조자는 이제 죽었고, 그 이후로 그의 세계는 "모험 속으로 내달리며" 제멋대로 나아가게 되었다.

생명으로 뒤덮인 이 지구가 어떻게 생겨났든, 그리고 현재의 궤도가 마침내 확립되기 전에 비틀거림과 잘못된 출발들이 있었든 없었든, 그 이후에 일어난 일은 정확히 '모험 속으로 내달리는 것'이었다.

3. 숲

작은 웅덩이의 뱃속에 담긴 거대한 언덕

호주 시드니에서 서쪽으로 조금 떨어진 블루마운틴Blue Mountains의 장엄한 산세는 화산 활동이나 단층선, 혹은 지각판의 충돌과 같은 일반적인 산맥 형성 작용으로 만들어진 것이 아니다. 깎아지른 듯한 절벽을 보면 영락없는 산맥처럼 보이지만, 엄밀히 말해 이곳은 산이 아니다. 강과 시냇물이 오래된 고원을 깎아 내고 남은 섬과 같은 지형이다. 이곳을 조각한 것은 바로 물이었다.

젊은 찰스 다윈은 1830년대에 비글HMS Beagle호의 항해 중에 이 지역을 지나갔는데, (5년간의 원정 기간 동안 그는 변덕스러운 선장의 식사 상대였다고 한다.) 그가 방문한 특별한 장소는 바로 폭포였다.

"작은 계곡과 그곳의 아주 가느다란 냇물을 따라 내려가다 보면,

오솔길 가장자리의 나무들 사이로 깊이가 아마도 500미터는 될 법한 거대한 골짜기가 예기치 않게 열린다. 몇 미터 더 걸어가면 광대한 낭떠러지 끝에 서게 되고, 그 아래로는 숲으로 빽빽이 뒤덮인, 달리 뭐라 불러야 할지 모를 하나의 거대한 만 또는 협곡이 보인다. 이 지점은 만의 꼭대기에 위치한 듯하다. 절벽이 양쪽으로 갈라져, 마치 험준한 해안선처럼 곶 너머에 또 다른 곶이 이어지는 풍경이 펼쳐져 있다."

다윈은 계곡의 모습에서 바다를 떠올리게 하는 심상을 느꼈다. 그는 또한 그 이상의 것이 있는지, 즉 오래된 해안의 곶처럼 보이는 지형이 실제로 **예전에** 바다가 물러나면서 남긴 오래된 곶이었는지를 궁금해했다. 그가 이렇게 생각한 데는 이유가 있었다. 첫째, 어떤 식으로든 물이 관련되었을 가능성이 커 보였다. 하지만 그가 보고 있는 것을—그가 거닐던 작은 시냇물 같은 것에 의한—"현재의 충적alluvial 작용"의 결과로 돌리는 건 "터무니없게" 느껴졌다. 더 큰 규모의 뭔가가 필요했다.

그는 바다가 계곡 같은 공간을 깎아낸 후 땅이 융기하고, 후퇴하는 바다나 강의 흐름이 마지막 손질을 가하는, 상당히 정교한 시나리오를 생각해 냈다.

느리고 꾸준한 과정이 지구를 빚어 내는 힘은 스코틀랜드 출신의 지질학자 찰스 라이엘Charles Lyell의 연구에서 핵심적인 위치를 차지했다. 찰스 다윈은 비글호를 타고 항해할 당시 그의 저작을 탐독

했다. 한 권은 선장 로버트 피츠로이Robert FitzRoy가 선물한 것이고, 두 번째 책은 다윈이 남미에 도착했을 때 전달 받았다. 광대한 시간에 걸쳐 작용하는 작은 원인들이 지닌 막대한 힘을 깨달은 라이엘의 통찰은 다윈의 생각에 중요한 영향을 미쳤다. 하지만 다윈은 블루마운틴에 대해서 생각할 때는 이 그림이 지닌 가능성을 온전히 적용하지 못했다. 같은 세기 후반, 지질학자 찰스 윌킨슨Charles Wilkinson은 이 풍경이 만들어질 때 다윈이 따라 걸었던 것과 같은 "아주 작은 시냇물"이 끈기 있게 지형을 깎고 씻어내려 보냈다는 가설을 세웠다. 이는 다윈이 언급하기는 했지만 "터무니없는" 생각이라고 일축했던 바로 그 관점이었다. 블루마운틴의 계곡을 흐르는 평범해 보이는 저 시냇물들은 과거에도 그랬고 지금도 바로 그 협곡의 창조자이기에 라이엘의 통찰을 보여 주는 완벽한 전형이다.

테드 휴스Ted Hughes는 그의 시 「슈거 로프Sugar Loaf」에서, 영국 어느 지역의 언덕 비탈을 흐르며 웅덩이를 형성하는 물줄기에 관해 쓰면서 위협적인 무생물의 존재를 암시했다. "이것은 언덕에게 심각한 일이 될 것이다. 언덕은 아무것도 의심하지 않는다." 지켜보는 휴스는 느린 잠식의 가능성을 볼 수 있었다. "작은 웅덩이의 뱃속에 거대한 언덕이 담겼다."

아침이면 블루마운틴의 계곡에는 때때로 구름과 안개가 자욱하다. 안개는 마치 컵에 부어 놓은 듯 절벽의 정확한 높이까지 차오른다. 그들을 만든 물을 기억하며.

우리가 식물이라 부르는 나무껍질 궁전

지난 겨울 내내 나는 블루마운틴의 계곡들을 여러 차례 걸었다. 보통은 절벽 가장자리의 작은 주차장에서 출발해서 가파른 계단과 간간이 사다리가 놓인 길을 따라 40분가량 내려갔다. 이 길은 처음부터 경사가 급해서, 떠나온 길과 주차장이 금세 보이지 않게 된다. 빛은 사그라들고, 이내 머리 위로 녹음이 짙게 드리운다. 작은 폭포에서 이어진 그 전능한 시냇물 중 하나를 따라 내려가다 보면 마침내 계곡 가장 아랫쪽에 다다라 키 큰 나무와 그 아래 양치류가 우거진 숲을 마주하게 된다.

이런 종류의 숲은 약 1억 2500만 년 전에 시작된 생명의 재구성, 이른바 백악기 육상 혁명Cretaceous Terrestrial Revolution이라고 불리는 사건의 산물이다. 백악기는 공룡 시대의 마지막 시기였다. 이 "혁명"(이 용어에 반대하는 이들도 있겠지만)은 나중에 일어난 공룡의 멸종과는 관련이 없다. 그보다는 지구 전체의 환경 수준에서 일어난 광범위한 변화였다. 그렇기에 생명의 역사에서 중요하고 논쟁적이라고 이름 붙여진 사건의 목록(산소 대폭발, 캄브리아기 대폭발 등)에 뒤늦게 추가되었다. 백악기에는 지금 우리에게 익숙한 숲의 풍경과 새로운 동물의 번성이 시작되었고, 육지와 바다 사이의 관계가 뒤바뀌었다.

육상 식물은 조류 군체에서 생겨났다. 바다에서 단세포 유기체로 살았던 조류의 조상들은 우리가 샤크 베이에서 만났던 남세균

일부를 삼켰다. 이 과정을 통해 그들은 남세균의 광합성 능력을 자신의 것으로 만들었다. 그 조류 중 일부는 덩어리나 실 형태로 무리 지어 살아가기 시작했고, 그 후손들은 약 4억 7천만 년 전쯤 육지로 기어 올라왔다.

처음에는 작고 눈에 띄지 않았으며 이끼처럼 시내와 연못 가까이에 머물던 그들은, 가지를 뻗어 양치류fern, 소철류cycad, 그리고 구과식물conifer, 침엽수로 확장되었다. 그들은 뿌리 안팎에서 균류와 긴밀하고 상호 이로운 관계를 맺기 시작했다. 새로운 그룹인 속씨식물flowering plant은 약 1억 3500만 년 전—이제 백악기다—혹은 그보다 조금 전에 나타났다. 속씨식물은 폭발적인 형태 분화를 겪으며 엄청난 성공을 이루었다. 풀과 백합, 사시나무와 참나무 등, 오늘날 알려진 식물 종의 약 90퍼센트가 이 그룹에 속한다.

최초의 속씨식물이 어떤 형태였는지는 여전히 불분명하다. 몇몇 후보들이 조심스럽게 거론되고 있을 뿐이다. 하지만 꽤 초기의 꽃을 상상할 때, 놀랍게도 목련magnolia이 자주 언급된다. 목련은 마치 새로운 삶의 방식을 축하라도 하듯, 상당히 화려하고 생명력 넘치는 초기 시도였다. 나중에는 풀이나 자작나무처럼 더 절제된 형태들이 등장했고, 전혀 절제할 줄 모르는 난초orchid도 같은 시기에 등장했다.

어떤 환경에서는 속씨식물이 구과식물을 대체했지만, 특히 산악지대에는 여전히 구과식물 군락이 독자적으로 남아 있다. 또 다른 곳에서는 소나무와 자작나무 숲처럼 두 종류가 함께 보이기도 한다. 숲에는 더 먼 옛날에 갈라져 나온 친척들 또한 가득하다. 블루마운틴 계곡에도 나무고사리와 유칼립투스가 함께 있는데, 비교적 새로운 속씨식물인 유칼립투스도 자리잡았고 육상 식물의 가장 초기 계통 중 하나에서 유래한 더 오래된 형태인 나무고사리도 여전히 그 자리에 있다.

숲은 새롭게 등장한 식물들이 그들만의 힘으로 지구 전역으로 퍼져나간 과정의 산물이 아니었다. 숲은 동물과 공진화했다. 백악기는 공룡의 시대이자 초기 포유류가 등장한 시기이다. 하지만 숲의 형성에 가장 큰 영향을 미친 이들은 곤충이었다.

육상 화석 기록으로 보면 곤충은 약 4억 1천만 년 전의 것부터 드문드문 나타나지만, 실제로는 그보다 훨씬 이전에 진화했을 가능성이 있다. 곤충은 기나긴 진화의 세월 동안 다양한 시대의 각기 다른 식물들과 계속해서 역동적 관계를 이어갔다. 처음에는 단지 소비자로서 거대한 석송류club moss와 양치류, 그리고 소철류와 겉씨식물 숲 사이에서 살아갔다. 백악기 초 무렵부터는 그들에게 새로운 역할이 주어졌다. 이때부터 곤충은 단지 식물의 소비자가 아니라 수정을 가능하게 하는 수분 매개자가 되었다.

곤충이나 다른 동물이 없다면, 자가수분하지 않는 한 식물은 바람이나 물에 수분을 의존해야 한다. 하지만 꽃의 진화로 식물은 동물의 인식과 신경계, 행위를 통해 멀리 떨어진 개체와도 상호작용할 수 있게 되었다. 곤충은 어떤 의미에서 식물이 공간을 넘나들기 위해 사용하는 도구가 되었다.

백악기 동안 곤충과 식물 모두 폭발적으로 분화하며 육지와 바다 사이의 관계가 재설정되었다. 이때부터 육상 종의 수가 해양 종보다 훨씬 더 많아졌는데, 오늘날에도 동물 종의 약 85퍼센트가 육상에서 살아간다. 그 육상 종의 상당수, 아니 모든 동물 종의 대다수를 차지하는 이들이 바로 곤충이다.

새들도 숲을 이루는 데 기여한다. 그들은 먹은 열매의 씨앗을 퍼뜨리고, 일부 식물의 수분을 돕는다. 우리는 숲이 확장되는 모습을 상상할 때 식물이 먼저 대지를 뒤덮어 가고 동물이 뒤따르는 과정을 떠올린다. 하지만 특히 속씨식물의 경우 동물과 식물의 조합이 함께 퍼져 나갔다.

이 장의 시작 부분에서 우리는 어떻게 시냇물이 블루마운틴을 조각했는지 살펴보았다. 하지만 강은 비나 샘물이나 지형의 영향만으로 지금과 같은 모습이 된 것은 아니다. 식물이 없었다면 강의 형세는 완전히 달랐을 것이다. 나무를 비롯한 식물들, 특히 뿌리는 강둑을 붙들고 안정시켜 탄탄한 물길을 만든다. 식물이 없는 땅에서는 보통 물이 넓게 퍼지거나 여러 갈래로 나뉘어 흐른다. 식물이 없어도 명확한 형태의 강이 존재할 수는 있다. 실제로 식물이 존재하지 않았던 화성에서도 구불구불한 강의 흔적이 발견된다. 그러나 데본기에 넓게 뿌리내리는 식물이 등장하면서, 지구의 강들은 굽이치고 뒤틀리며 더 선명하고 좁은 곡선을 그리기 시작했다.

식물은 강둑을 만들고 강둑은 물길을 이끌며 물은 협곡과 산을 깎는다. 생명이 강을 빚고 강이 땅을 빚는다.

행위의 형태

유기체가 환경을 변형시키기 시작한 역사의 초기에는 주로 화학 물질을 생산하거나 화학적 조성을 변화시키는 방식으로 영향을 주었다. 때로는 식물과 강의 관계처럼 유기체의 성장과 형태를 통해 영향을 미치기도 했다. 이 이야기의 또 다른 단계는 행위, 곧 몸을 제어하여 움직이는 행동의 진화이다.

앞으로 '행위action'라는 단어는 이런 의미로 받아들이면 된다. 어떤 면에서는 남세균의 산소 방출 같은 화학 물질의 방출도 행위이며, 몇몇 종류의 성장도 행위로 볼 수 있다. 하지만 여기서는 몸의 일부 또는 전체를 제어해 움직이는 방식의 행위에 집중할 것이다.

이런 종류의 제어된 움직임은 태양으로부터 온 에너지가 변형된 또 다른 형태이다. 태양 에너지는 복사의 형태로 지구에 온다. 이 중 일부는 광합성에 의해 화학 에너지로 전환되고, 이 화학 에너지 중 일부는 다시, 특히 동물에게서, 움직임으로 변환된다.

다음은 행위의 형태에 대한 대략적인 분류다.

1. 이동 (이주, 그늘 찾기)
2. 먹이 섭취 또는 자원 확보
3. 다른 생물과의 상호작용(짝짓기, 소통, 새끼 돌봄, 경쟁)
4. 환경 엔지니어링
5. 정보 수집

이 목록으로 동물이 하는 모든 일을 분류할 수는 없다. 바로 그 점, 즉 행동이란 본질적으로 닫혀 있지 않고 무한한 가능성을 지녔으며, 해 아래 언제나 새로운 것이 나타날 수 있다는 것이 이 책의 주제이기도 하다. 이 목록의 범주도 경계가 모호하고 서로 겹치기도 한다.

더 적은 범주로 묶는 것도 생각해 볼 수도 있다. 나는 "먹이 섭취"를 하나의 범주로, 그리고 "다른 생물과의 상호작용"을 별도의 범주로 두었다. 사실 대부분의 먹이 섭취는 한 생물과 다른 생물(또는 생물의 일부) 사이의 상호작용이다. 따라서 먹이 섭취를 "생물 간 상호작용"이라는 더 큰 범주 안에 포함시켜 구도를 짤 수도 있다. 하지만 모든 먹이 섭취가 상호작용 범주에 들어가지는 않으며, 나의 범주들은 우리가 특정한 일부 종류의 행위, 특히 목록의 아래쪽 항목들을 잘 탐구할 수 있도록 설정했다.

이러한 각 행위는 목록에 있는 다른 분류를 달성하는 방법이 될 수 있다. 예컨대 당신은 누군가와 상호작용할 목표를 가지고 방을 가로질러 걸어갈 수 있고(이동), 환경을 변화시킬 목표를 가지고 누군가와 상호작용할 수도 있다("여기 바위 옮기는 것 좀 도와줘"). 각각의 결과는 다른 것들을 위한 수단이 될 수 있다. 이처럼 수단과 목표의 관계가 계속 이어진다면 나는 가장 앞선 목표를 기준으로 삼을 것이다. 만약 당신이 누군가에게 말을 거는 이유가 그 사람이 바위를 옮기게 하거나, 누군가가 어디에 있는지 알아내기 위해서라고 해도, 그것은 소통의 사례이며 세 번째 범주인 상호작용에 속한다.

'더 나아간' 목표나 마음속의 동기까지 모두 나열하면 햇볕 쬐기나 구직하기 같은 것도 들어가니 목록이 끝없이 길어질 것이다. 특정 행동이 왜 진화했는지를 묻는 진화적 질문에서는 이 모든 수단과 목표의 관계는 생존과 번식이라는 과업으로 귀결된다. 진화적 관점에서 보면 그것이 가장 중요한 결과이기 때문이다. 하지만 그것들은 오직 이 진화적 맥락에서만 '가장 중요하다.' 우리와 같은 일부 동물들은 번식은 커녕 심지어 어떤 경우에는 생존과도 무관한 온갖 다양한 것들을 추구하고 가치를 부여한다. 동물이 이처럼 예기치 않은 것들을 가치롭게 여길 수 있다는 사실 자체가 진화의 산물이다. **욕구**wanting는 진화의 산물이며 진화가 세상에 내놓은 것이다. 그리고 한 번 마음 속에 피어난 욕구는 동물을 전혀 새로운 방향으로 이끌 수 있다.

이 모든 행위의 형태들은 아마도 매우 오래되었을 것이며, 적어도 첫 네 가지(어쩌면 전부)는 단세포 생물에서도 관찰된다. 많은 경우 박테리아는 헤엄칠 수 있고, 유익한 화학 물질의 흔적은 따라가고 해로운 물질은 피할 수 있다. 박테리아는 신체적 움직임이 아닌 화학적 방식으로 서로에게 신호를 보낸다. 헤엄치기 이외의 제어된 움직임은 박테리아에겐 어렵다. 일반적으로 박테리아보다 크고 더 복잡한 단세포 진핵생물이 진화하면서 상황은 바뀌었다. 진핵생물은 여러 면에서 혁신을 이루었지만, 특히 행위와 관련된 것은 정교해진 **세포골격**cytoskeleton이다. 세포골격은 세포 내부의 미세한 관들로 이루어진 시스템으로, 몸의 형태를 바꿀 수 있게 해 준다. 이제 세포는 기어다니고, 빠르게 헤엄치며, 다른 세포를 삼킬 수 있게 되었다.

내가 제시하는 네 번째 범주는 엔지니어링engineering, 곧 환경을 재구성하는 행위이다. 생물학에서는 이런 종류의 행위와 그 효과를 가리켜 '지위 구축niche construction'이라는 용어를 사용하기도 한다. 초기 단계의 엔지니어링 역시 주로 화학 물질을 분비하는 방식으로 이루어졌다. 1장에서 소개했던 스트로마톨라이트가 대표적인 예다. 이 구조물은 그 자체로 남세균을 비롯한 수많은 미생물의 군집이며, 동시에 바로 그 미생물들이 능동적으로 모래알을 붙잡아 층층이 쌓아 올린 건축물이다. 이 과정을 통해 물속에 돔과 기둥 모양의 독특한 지형을 빚어내는 것이다.

이 모든 초기 단계는 동물이 진화하기 이전에 나타났지만, 동물들은 등장하면서 이 모든 것을 이어받아 적극적으로 발전시켰다. 말 그대로 그들은 지구를 변형시키는 새로운 종류의 행동을 시작했다.

동물에게서, 제어된 움직임은 하나의 단위로 협력하여 작동하는 수많은 세포의 규모로 재창조되었다. 우리처럼 복잡한 동물의 세포 수는 수조 개 정도다. 동물 진화의 아주 초기에는 능동적인 움직임이 아주 천천히 드러나기 시작했다. 화석 기록에 따르면 캄브리아기 대폭발 이전에도 바다 밑바닥을 느리게 기어 다니는 동물들이 존재했다. 해파리도 물속을 위아래로 유영하고 있었을 것이다. 지형의 표면에 고정된 채 살아가는 동물 가운데 일부는 엽상체나 촉수를 뻗어 유기물을 끌어모아 양분을 섭취했을 것이다.

초기 단계의 동물 사이에는 직접적인 상호작용이 있었을 가능성도 있지만 상호작용의 증거는 거의 남지 않았다. 몇몇 작은 벌레들이 다른 동물을 사냥하는 정도였을 것이다. 캄브리아기에 이르러 모든 것은 변화를 맞이한다. 동물 형태의 진화적 '대폭발'과 함께 새로운 상호작용의 체제가 시작된 것이다.

아주 초기의 동물들도 자신들의 환경을 엔지니어링했을까? 어떤 의미에서는 거의 확실히 그랬지만, 이 지점에서 우리는 엔지니어링이라는 아이디어의 모호함을 마주하게 된다. 해면동물은 먹이를 먹으면서 물을 걸러낸다. 아주 초기 해면동물의 이 행위는 바다를 서서히 맑게 만들어, 탁하고 흐린 상태에서 벗어나게 했다. 그들이 만들어 낸 해양 생태계의 변화는 다른 동물들에 영향을 미쳤을 것이다. (이는 영국 생물학자 니콜라스 버터필드Nicholas Butterfield의 주장이다.) 그것도 어떤 면에서는 엔지니어링이지만, 본래의 목적과 다른 이유로 행한 행위의 부산물에 가깝다. 해면동물은 몸으로 물을 들이마시고 먹이를 걸러먹는다. 이것이 여과라는 효과를 낳지만, 그 행위의 목표는 바다를 정화하는 것이 아니라 먹이 섭취이다. 이런 사례들을 보면 환경의 **변형**이라는 넓은 범주와 그 안의 **엔지니어링**이라는 더 구체적인 범주를 구분하는 것은 일견 타당하다. 이런 의미에서, 엔지니어링은 어떤 동물이 자신의 주변 환경에 가하는 변화이며, 이때 그 변화 자체가 행위의 목적이거나 목적의 일부인 경우를 말한다. 예를 들어 자신이 거주할 굴이나 은신처를 짓는 행위가 그렇다. 이것은 해면동물의 여과섭식이나 가축의 방목처럼 다른 목적으로 한 일의 단순한 부산물로 환경 변화가 일어나는 경우와 대조된다. 나는 이전 장에서 목표와 목적이라는 개념을 길게 다루었고, 지금 이 구분을 위해 그 개념들을 가져오겠다. 어떤 환경 변화는 그것 자체가 동물의 목표였기 때문에 일어나고, 어떤 변화는 다른 활동의 부수적 결과로 일어난다.

이제부터는 변화가 단순히 부수적 결과가 아닐 때에만 '엔지니어링'(그리고 리엔지니어링reengineering)이라는 용어를 사용할 것이다. 산소를 방출한 남세균은 지구를 변화시켰지만 리엔지니어링했다고 보기는 어렵다. 캄브리아기 초기 동물들이 먹이를 먹으며 조밀한 유기물 매트를 파고든 것 역시 마찬가지다. 이 행동은 매트를 파헤치고 산소를 공급하는 효과를 낳았지만, 그것은 어디까지나 먹이 찾기라는 과업의 부수적인 결과였을 것이다.

내가 여기서 사용하는 구분은 환경의 변형이 목표였는지, 아니면 다른 활동의 부산물이었는지만 생각하면 대체로 충분히 이해하기 쉽다. 하지만 불분명한 사례도 많을 것이다. 또한 이같은 구분 방식은 일반적으로 사용되는 몇몇 용어와 충돌한다. '생태계 엔지니어ecosystem engineer'라는 문구는 종종 그 효과가 의도된 것이든 부산물이든 상관없이 자신의 환경에 중요한 영향을 미치는 모든 유기체에 붙는다. 바다에서 굴을 파고 살아가던 초기 동물의 현존하는 후손인 지렁이는 생태계 엔지니어라고 불린다. 그러나 많은 경우 그들이 환경에 미친 영향은 먹이 찾기 등 여러 다른 행동의 부산물

3. 숲

이다. 지렁이는 돌아다니기만 해도 환경이 변하는 땅 속에 살며, 그들의 배설물 또한 토양에 영향을 미친다. 어떤 경우에는 오래 거주할 굴을 스스로 만들기도 한다. 내 생각으로는 그때 만든 굴은 단순히 지렁이가 한바탕 휩쓸고 지나간 뒤 만들어진 길과는 다르다.

"엔지니어링"이라는 말이 이렇게 넓은 의미로 쓰이는 현실은 다소 어색하지만, 우리는 변형이 행위의 목표인지 아니면 부수적 결과인지를 구분할 용어가 필요하다. 지구 역사에서 확실히 중요한 어떤 과정을 설명하기 위해서라도 이 용어는 필요하다. 그것은 바로, 환경의 변화가 언제나 생물이 다른 목적을 위해 한 일의 부수적 결과(남세균의 산소 방출, 해면동물의 바다 정화)인 시기에서, 생물이 의도적으로 환경을 재구성하고 변화시키는 존재로 진화하는 시기로의 전환이다. 결국, 진화는 이처럼 변형을 추구하고, 성찰하며, 의식적으로 나아가는 엔지니어들을 탄생시켰다.

다시 말하지만, 개념이 분명하다면 용어에 대한 결정은 그다지 중요하지 않다. 앞서 언급한 "지위 구축"이라는 용어 또한 종종 우연한 효과와 의도적인 설계에 의한 것, 두 종류의 환경 변화를 모두 포함하는 식으로 사용된다.

이전 장에서 우리는 산호초를 살펴보았다. 산호 폴립coral polyps은 내가 여기서 소개한 의미에서 진정한 엔지니어로 볼 수 있다. 다만 그것은 이 동물의 경계를 어떻게 이해하느냐에 따라 달라진다. 산호 폴립은 자신의 몸 일부를 둘러싸는 암석 같은 구조를 분비물로 만들어 낸다. 이것은 동물의 집인가, 아니면 그 동물의 일부인가? 후자라면 이는 환경을 엔지니어링하는 행위라고 보기 어렵다. 이처럼 경계가 모호한 경우에는 그 물음에 뚜렷한 답이 없을 수도 있다.

 ଓ

 초기 동물의 엔지니어링은 바다에서 이루어졌다. 모든 동물 생명이 그곳에서 시작되었기 때문이다. 동물들이 육지로 이동했을 때, 엔지니어링 뿐만 아니라 일반적인 동물 행위 면에서도 많은 것이 달라졌다. 이 이동은 곤충을 포함하는 그룹인 절지동물이 가장 먼저 해냈고, 다음으로 척추동물과 몇몇 다른 동물들이 뒤따랐다.
 육지와 바다에서의 행위는 다르다. 각기 서식하는 동물이 달라서가 아니라 두 영역에서 행위의 범위가 다르기 때문이다. 어떤 종류의 움직임은 물속에서 훨씬 쉽다. 몸을 맡기고 떠다닐 수도 있고 조금씩 헤엄치거나 약간씩 몸을 움직여서 나아갈 수도 있다. 어떤 해양 생물은 그들이 능동적으로 움직이는 것인지 그저 수동적으로 흘러가는 중인지 구별하기 어렵다. 작은 플랑크톤뿐 아니라 더 큰 존재들도 마찬가지다. 우리와 계통학적으로 그리 멀지 않은 동물인 살파류Salps는 종에 따라 비닐봉지 유령이나 환히 빛나는 상자 연처럼 보인다. 이들은 어쩔 때는 그저 떠다니고, 가끔은 물을 분사하며, 홀로 또는 군체를 이루어 움직인다.
 이처럼 희미하고 간신히 능동적이라고 할 만한 움직임은 육지에서는 거의 관찰되지 않는다. 특히 살파류 군체처럼 큰 규모(약 1미터 길이)에서는 확실히 그렇다. 육상 생활은 다른 면에서도 고되다. 몸이 아주 작거나 물웅덩이에 살지 않는 한 거저 얻어지는 움직임은 거의 없다. 많은 스쿠버 다이버들은 처음에 다이빙에 매료된 이유가 마치 하늘을 나는 기분이 들거나 무중력 상태 같았기 때문이라고 말한다. 『2001: 스페이스 오디세이』의 작가 아서 C. 클라크Arthur C. Clarke도 공중에서 나는 일, 특히 공중에 그대로 머무르는 것은 어렵지만, 바다에서는 그와 비슷한 움직임이 훨씬 쉽다고 말했다.

다이빙의 즐거움 중 하나가 수월한 3차원적 움직임이라면, 물속에서 다른 일을 하려고 할 때는 결코 쉽지 않다는 사실도 깨닫는다. 물속에서 물체는 제자리에 머물지 않는다. 망치질처럼 빠르게 힘을 가하는 일도 어렵다. 이는 물이라는 매질이 제공하는 환경이 다르기 때문이다.

초기 해양 동물의 몸체 구조는 원반이나 접시, 고리 같은 방사형이었고, 그들의 행위도 방사형으로 생겼을 것이다. 지금까지의 증거로 보면, 이런 몸체 구조에서는 행위가 제한적이다. 인간이나 새, 곤충, 그리고 문어에서 보이는 앞뒤와 좌우 구분이 있는 **좌우대칭형**bilaterian 신체 구조는 모든 더 복잡한 동물 행위의 기초가 된다. 바다에 사는 동물들의 신체 구조는 다양하지만, 육지에서는 모든 동물이 좌우대칭형 몸을 지닌다. 육지 해파리는 존재하지 않는다.

육지와 바다의 차이는 엔지니어링 범주에서 특히 두드러진다. 다시 샤크 베이로 돌아가 보면, 내륙이지만 스트로마톨라이트에서 멀지 않은 곳에 흰개미termite 언덕이 넓게 펼쳐져 있다. 탑 또는 커다란 추상 조각처럼 생긴 (통통한 브랑쿠시Brancusi의 조각을 닮았다) 이 중에는 높이가 3미터를 넘는 언덕도 있다. 흰개미는 보통 탑 안이 아닌 그 아래 땅속에 사는데, 탑은 환기를 위한 장치다. 이것은 건조한 공기와 온도 변화가 있는 육상 환경의 필요를 반영한 건조물이다. 또한 흙과 침 같은 재료가 일단 모양이 잡히면 그대로 있고, 단단해지며, 지속된다는 육상의 물리적 특성을 보여 준다.

바다에서의 엔지니어링은 우리가 앞에서 살펴본 산호와 같이 '자신의 몸을 환경의 일부로 내어 주는' 동물들이 담당한다. 내가 아는 한, 좌우대칭형 동물은 바다에서 엔지니어링을 거의 하지 않는다. (비버의 댐과 집은 육상의 엔지니어링으로 간주한다.) 물론 관을 만드는 벌레나, 안테나 기둥 같은 돛대를 만들고 그 위에 웅크리고 있는 새우 비슷한 동물도 있다. 이 구조물들 역시 분비물로 만드는 것이다. 몇몇 큰가시고기stickleback fish는 식물 재료로 둥지를 짓고, 일부 수컷 복어pufferfish는 암컷에게 과시하기 위해 둥지를 짓는다. 복어의 구조물은 특히 인상적이다. 자신의 몸집보다 몇 배는 크고, 꽃을 연상케 하는 완벽한 형태의 동심원 무늬가 있다. 이 일을 하는 것으로 알려진 복어의 종은 단 하나뿐이다. 또한 일부 보고에 따르면(아직 조심스러운 수준이지만), 어떤 '딱총새우pistol shrimp'는 거대한 집게발을 튕겨 단단한 바위에 천천히 구멍을 낸다고 알려져 있다.

이러한 활동을 하는 동물이 문어만은 아니지만, 이들의 제어 능력은 해저 세계에서는 단연 돋보인다. 호주의 특별한 두 장소인 옥토폴리스Octopolis와 옥틀란티스Octlantis에서는 꽤 여러 마리의 문어들이 함께 사는 모습이 목격되었다. 때로는 몇 평방미터 안에 십여 마리가 모여 있기도 했다. 그들은 옥토폴리스에 50센티미터가 넘는 깊이의 굴을 파 놓았다(문어가 자리를 비운 틈에 자를 넣어 측정한 값이다). 이것이 가능한 이유는 그 장소에 훌륭한 건축 자재인 가리비 껍데기가 쌓여 있었기 때문이다.* 바다에서 문어와 시간을 보내다 보면 그들의 현란한 손재주를 직접 볼 수 있다. 모양과 몸의 무늬가 정말로 악기 밴조를 연상케 하는 중간 크기의 밴조가오리Banjo ray가 옥토폴리스를 어슬렁거리다가, 무심코 문어의 굴 위로 꼬리를 늘어뜨렸다. 우리는 한 문어가 거의 체념한 듯 이 불청객의 꼬리를 계속해서 밀어내는 모습을 보았다. 다른 동물의 몸을 이렇게 의도적으로 옮기는 행위는 바다에서는 꽤 이례적인 움직임이다. 유명한 다큐멘터리 시리즈 〈블루 플래닛Blue Planet II〉에는 한 쌍의 흰동가리clown fish가 코코넛 껍데기를 말미잘까지 가져오는 장면이 있다. 그 껍데기는 아마도 알을 낳는 장소로 사용될 것이다. 코코넛 껍데기 옮기기는 물고기에게 쉬운 일은 아니다. 입으로 껍데기를 뒤집고 뒤에서 조금씩 밀어야 하기 때문이다. 시간이 꽤 걸리는 작업이다. 만약 문어가 지켜보고 있었다면 아마 이렇게 생각했을 것이다. "맙소사, 이 간단한 걸 너무 어렵게 하고 있군. 그냥 집어 들

---

*   옥토폴리스는 최근 들어 매우 잠잠해졌다. 고작 몇 마리의 동물만 남아 있을 뿐이었다. 두 번째 서식지인 옥틀란티스는 우리가 마지막으로 방문했을 때 전보다 활기가 넘쳤다. 옥토폴리스는 이전에도 개체수가 줄었다가 회복된 적이 있기에 다시 회복되기를 바란다.

면 되잖아!"

☙

육지가 전혀 없이 바다로만 뒤덮인 행성, 그러면서도 복잡한 생명이 진화하여 첨단 기술에까지 이른 그런 행성이 존재할 수 있을까? 지구에서는 동물 진화의 모든 초기 단계가 바다에서 일어났는데, 그렇다면 그 진화가 계속 바다에서 이어질 수도 있었을까? 아니면 우리처럼 육지와 바다가 모두 있지만, 해양 동물이 계속 지배자의 위치를 차지하는 행성이 있을 수도 있지 않을까? 우리가 바다로 들어가는 것처럼 그들이 육지로 잠시 올라오긴 해도 완전히 해양 중심 사회를 유지하면서 말이다.

이제 육지와 바다의 물리적 차이가 다시 중요해진다. 바다는 어떤 일은 더 어렵게, 어떤 일은 더 쉽게 만든다. 물은 생명의 시작과 초기 단계의 동물들에게는 유리하지만, 기술이라는 맥락에서는 장해물이다. 물속에서는 전기적인 활동을 제어하거나 한 곳에 모아두기 어렵다. 아마도 바다에서는 어느 정도 거리가 있다면 어떤 종류의 물리적 통제도 어려울 것이다.

그럼에도 불구하고 우리의 상상력을 제한해서는 안 된다. 미래에는 우리에게 익숙하지 않은 물질을 사용할 가능성도 열어두어야 한다. 앞서 언급한 새우와 비슷한 동물은 단각류amphipods라고 한다. 그들은 가느다란 관과 기둥을 만들고, 그 위에 웅크리고 앉아 물속을 떠다니는 먹이를 기다린다. 그 모습은 마치 『모비 딕』의 이스마엘이 돛대 위에서 고래를 찾는 모습 같다. 그들이 구조물을 만들 때 사용하는 물질은 '암피포드 실크'라고 한다. 멍게와 같은 피낭동물에 속하는 오이코플레우라*Oikopleura*는 분비물로 풍선처럼 생긴 "집"을 짓는다. 여기에는 작은 플랑크톤 입자를 잡는 미세한 그물이 있다. 이러한 재료들을 더 발전시킬 수는 없을까? 금속을 사용하지 않는 해저의 유기적이고 부드러운 첨단 기술을 상상해 보라. 모든 것이 훨씬 느리게 작동할지라도, 그것 역시 문명을 이룩하는 또 다른 길이 될 수 있지 않을까?

어쩌면, 지구에서 육지와 바다 사이에 존재하는 행위의 차이는 우연이 아닐 것이다. 여기서 기술 문명으로 이어지는 경로(바다에서 시작해 육지로 나아가는 방식)는 이 모든 일이 일어날 수 있는 유일하거나 가장 현실적인 경로일지도 모른다.

이 물음은 사회적 삶의 차이와도 연결된다. 떼지어 다니는 물고기와 새우처럼 바다에 사는 동물들도 매우 사회적일 수 있다. 돌고래는 조상들이 육지에서 다시 바다로 돌아온 뒤에 더 사회적인 동물이 되었다. 돌고래와 범고래는 다양한 방식으로 협동 사냥을 수행한다. 하지만 여기에도 차이가 있다. 바다에서는 엔지니어링의 협업이 매우 드물다. 몇 페이지 앞에 설명한 것처럼 산호는 다른 산호가 만든 구조물을 위에 새 구조물을 쌓아올려서 산호초를 이루는데, 이것이 어떤 면에서 공동 작업처럼 보일 수 있다. 그러나 내가 바다에서 본 실제 협력적 엔지니어링에 가장 가까운 것은 물고

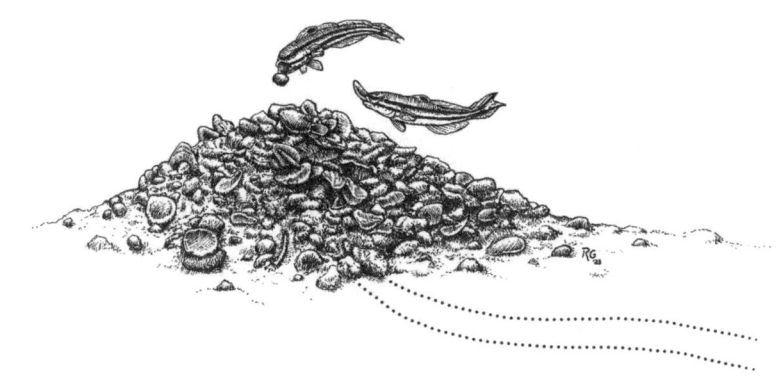

기 두 마리가 진행한 건축 프로젝트였다. 이들은 "슬리퍼 고비sleeper goby"였다. 이 이름은 이 무리의 일부 종이 바다 밑바닥에서 조용히 누워 쉬는 모습에서 유래한 것 같지만, 내가 만난 두 마리는 전혀 다른 생각을 갖고 있었다.

나는 거의 10년 전, 시드니 근처의 다이빙 명소인 캐비지 트리 베이에서 그들을 우연히 만났다. 나는 그들이 해저에 여러 개의 탑을 쌓아올리고, 그 주위로 굴의 입구로 보이는 더 많은 수의 구멍을 꾸준히 만드는 모습을 몇 주 동안 지켜보았다. 구역 내의 모든 구조물은 아마도 지하 터널로 연결되어 있었을 것이다.

첫 번째 탑은 높이가 약 17센티미터였다. 그것은 각자 입으로 하나하나 물어와 쌓아올린 조개껍데기 더미와, 그와 비슷한 방식으로 퍼다 놓은 더 작은 잔해로 이루어져 있었다.

두 물고기는 함께 조개껍데기를 날랐는데, 때로는 가까이 붙어서, 때로는 각자 따로 움직였다. 하나의 탑을 완성한 뒤, 그 주위의 이곳저곳에 물고기 한 마리가 드나들 수 있을 정도의 구멍을 여러 개 만든 다음, 약 6미터 떨어진 곳에 첫 번째 탑보다 조금 낮은 탑을 짓기 시작했다. 해저에 파놓은 어떤 구멍은 작은 해초 뭉치로 보강 (혹은 장식?)되어 있었고, 그 주위에는 조개껍데기도 놓여 있었다. 구멍들은 날마다 열렸다 닫혔다 하는 것으로 보였다.

왜 나는 터널이 있다고 생각했을까? 여기서 나는 일본 오키나와의 이들과 아주 가까운 관련 종의 물고기에 대한 연구에 의존하고 있다. 연구자들은 굴 입구에 잉크를 주입하고 그것이 어디로 흘러가는지 관찰했다. 나는 그런 실험은 하지 않았고 단지 두 물고기가 매일 하는 작업을 지켜보았을 뿐이다.

물고기가 언덕을 만드는 행동은 보통은 짝을 두고 하는 경쟁의 일부인 과시로 여겨진다. 하지만 이 경우에는 한 쌍의 물고기가 안정적인 짝을 이루고 있었고, 보기에는 일부일처이며, 함께 둔덕을 만들었고, 과시 행동은 보이지 않았다. 이 물고기들에 대한 연구는 거의 없지만, 일본 연구를 바탕으로 미루어 볼 때 이 물고기 엔지니어들은 물 흐름의 미묘한 물리학적 특징들을 이용하고 있을 가능성이 높아 보였다.

건축의 궁극적인 목표는 알을 안전하게 보호할 은신처를 만드는 것이다. 하지만 지하 은신처는 물의 흐름이 원활하지 않을 수 있고, 따라서 알에 산소가 부족해지는 문제가 생길 수 있다. 만약 굴의 두 입구의 높이가 다르다면, 이 두 입구를 가로지르는 물 흐름 속도의 미세한 차이가 압력 차이가 생길 것이다. 그로 인해 터널 내부에는 물고기가 드나드는 지면 쪽 입구에서 껍데기 언덕 방향으로 물의 흐름이 생긴다. 언덕 꼭대기에는 구멍이 없지만, 물이 빠져나갈 수 있는 틈이 있었다. 다른 꽤 많은 동물들도 그들의 은신처의 공기(또는 물)를 조절하기 위해 동일한 물리적 원리를 이용한다.

협력적 건축은 바다에서는 꽤 드문 행동이다. 관련된 행동인 도구 사용도 마찬가지다.

이 장 앞부분에서 나는 행위를 이동과 먹이 섭취, 동물 사이의 상호작용, 엔지니어링, 정보 수집의 다섯 가지 대략적인 범주로 구분지었다. 이 모든 행위의 범주에 도구의 사용이 개입할 수 있다. 이 목록에 추가되는 항목이 아니라 각 행위를 수행하는 수단으로 개입하는 것이다. 즉 도구 사용은 이동, 먹이 섭취, 엔지니어링을 수행하는 **방식**이 될 수 있다.

당신이 무언가를 조작하고 있다고 가정해 보자. 그것을 도구로 볼 기준은 무엇일까? 도구 사용의 본질은 **간접성**이다. 즉, 당신 몸의 일부가 아닌 X를 조작해서 Y에 영향을 미치는 것이다. 여기서도 목표라는 개념을 피해갈 수 없다. 어떤 사물이 도구가 되려면 그 사물을 조작하는 행위가 그 자체로 목표가 아니라, 다른 목표를 이루기 위한 수단이 되어야 하기 때문이다. 그것이 도구의 본질이다.

도구는 엔지니어링이나 먹이 획득에도 사용되지만, 정보 수집 역할도 할 수 있다. (나는 방금 도구 사용의 본질을 설명하며, X를 조작해서 Y에 영향을 미친다고 말했다. 당신이 X가 될 수 없지만, Y는 될 수 있다.) 고릴라들이 막대기로 개울의 깊이를 재며 탐사하는 장면이 목격되었다. 데이비드 쉴David Scheel로부터 들은 멋진 사례도 있다. 한 수달이 코에서 작은 공기 방울을 물속으로 내뿜고 다시 들이마시는 모습이 촬영되었는데, 공기 방울 속에 녹아든 화학 물질의 흔적을 탐지하기 위한 행동이었다. 공기 방울을 도구로 사용한 것이다.

침팬지와 보노보, 까마귀는 비인간 동물 중에 가장 능숙한 도구 사용자이며, 보통 먹이를 얻기 위한 목적으로 도구를 사용한다. 뉴칼레도니아 까마귀Caledonian Crows는 작은 부품들을 결합하여 복합적인 도구를 만들고, 다른 도구를 얻기 위해 도구를 사용하는 "메타 도구" 능력을 보였다. 문어로부터 몸을 보호하기 위해 말미잘을 몸에 두른 장식게처럼 경계선에 있는 사례까지 포함하지 않는다면 바다 생물 중 도구를 사용하는 이들의 목록은 짧다. ("폼폼 크랩"으로 알려진 작은 게 그룹은 경계 사례가 아니다. 이 게들은 집게발마다 말미잘을 들고 다니며 방어 무기로 사용한다. 그 모습은 마치 치어리더처럼 보인다.) 돌고래는 바다 밑바닥을 훑을 때 해면동물을 이용해 코를 보호한다. 범고래는 유빙 위에 있는 물개들을 바다로 떨어뜨리기 위해 무리가 함께 큰 파도를 일으키는데, 그 작업 과정은 길고 신중해서 영상으로 보기에는 다소 고역이다. 조금 전에 언급한 수달도 있다(이들도 포유류다). 몇몇 물고기의 사례가 있지만 많지는 않다. 도구는 유용하지만 사용자가 그것들을 조작할 수 있어야 하며, 물고기와 돌고래는 그 점에서 한계가 있다. 문어는 바닷속 조작의 마술사답게 한계는 없지만 굳이 도구를 쓸 일도 많지 않은데, 대부분 자기 몸으로 직접 할 수 있기 때문이다.

육지와 바다

육지와 바다의 근본적인 차이는 행위와 감각의 측면에서도 드러난다. 바로 광활한 영토 전체를 아우르는 긴장감이 존재할 수 있느냐 없느냐의 문제다. 우리 집 뒤편에는 가파른 경사면이 펼쳐져 있고, 키 큰 나무 몇 그루 너머로는 드넓은 하늘이 열려 있다. 이 하늘은 새들에게 전쟁터가 되기도 한다. 같은 종 사이의 다툼은 물론이고, 종을 넘나드는 격렬한 갈등도 벌어진다. 이 드라마의 주연은 단연 다양한 종류의 앵무새들이다. 그들은 이리저리 오가며 때로는 작은 접전을 벌이고, 서로를 경계하며 자리를 다툰다. 시끄럽게 질서를 잡으려는 듯 구는 큰유황앵무Sulfur-crested Cockatoo가 있고, 누구도 두려워하지 않는 작은 잉꼬lorikeet도 있다. 더 상냥한 붉은관유황앵무Rose-breasted Cockatoo와 그들의 거대한 친척인 노란꼬리검은유황앵무Yellow-tailed Black Cockatoo도 빼놓을 수 없다. 앵무새 외에도, 참견하길 좋아하면서도 간혹 공격적인 꿀빨기새Honey-eater, 뱀까지 잡아먹는 대형 육식성 물총새Kingfisher인 쿠카부라Kookaburra, 그리고 까치Magpie도 이 무대에 오른다. 짐작하건대, 공중의 탁 트인 시야 덕분에 이 모든 공간은 나폴레옹 시대의 전쟁터처럼 팽팽한 긴장과 경쟁으로 가득 찬 곳으로 느껴진다.

그 무대가 항상 그런 긴장감으로 가득한 것은 아니지만, 꽤 규칙적으로 소란이 터져 나오며, 그럴 때면 우리는 매우 넓게 펼쳐진 행위의 지형을 감지하게 된다. 나는 이것이 육상 생태계의 전형적인 모습이 아닐까 생각한다. 케냐의 마사이마라에서 가이드가 영양antelope 한 마리를 가리켰다. 녀석은 아무것도 없어 보이는 먼 곳을 뚫어지게 쳐다보고 있었다. 가이드의 말대로 거기엔 정말 암사자 한 마리가 있었다(우리는 가까스로 볼 수 있었다). 아마 1킬로미터는 훨씬 넘게 떨어져 있었겠지만 그 둘은 분명한 일촉즉발의 대치 상황 속에 있었다. 적어도 밖에서 보기에는 이것은 우리가 바다에서 흔히 보는 풍경과는 다르다. 혹시 내가 틀린 걸까? 바다에도 거대한 규모의 나폴레옹 시대 전쟁터가 있는데 단지 눈에 자주 띄지 않을 뿐일까? 그럴 수도 있겠지만 나는 육지와 바다가 다르다고 생각한다. 적어도 물개나 범고래 같은 일부 포유류의 특별한 경우를 제외하고는 말이다.

신경과학자이자 공학자인 맬컴 맥아이버Malcolm MacIver는 바로 이 시야의 차이에서 출발하여 흥미로운 아이디어를 제안한다. 그는 육지와 바다의 이러한 차이가 행동의 복잡성뿐 아니라 행동을 선택하는 방식 자체에도 차이를 낳는다고 생각한다. 육지로의 이동이 **습관에 기반한** 행동habit-based behavior에서 **계획에 기반한** 행동plan-based behavior으로의 전환을 이끌었다는 것이다. 그는 이것을 척추동물 내에서 이루어진 전환으로 다루지만, 나는 그의 접근을 조금 넓혀 더 많은 동물에 적용해 보고자 한다. 또한 '습관'이라는 범주 안에 시행착오를 통한 학습으로 형성된 행동뿐만 아니라, 배울 필요가 없는 더 '본능적인' 행동도 포함시킬 것이다. 두 경우 모두, 행동은 과거에 효과가 있었기 때문에 일어난다. 이때의 '과거'란 자신의 경험일 수도 있고 진화의 역사일 수도 있다. 2장에서 보았듯, 시행착오 학습은 다윈주의적 진화(돌연변이와 자연 선택)와 상당히 유사하다. 두 경우 모두 과거의 성공이 미래의 행동을 이끌어낸다.

계획에 기반한 행동은 과거의 성공에 의존할 필요가 없다(물론 과거를 참고할 수는 있다). 그보다는 현재 인식한 세상을 바탕으로 한 가지 또는 그보다 많은 행위의 예상 결과를 모델링하거나 예측하고, 그 예상 결과를 근거로 행동을 결정한다. 그러면 새로운 길로 집에 가는 것처럼 이전에 해 보지 않은 일을 할 수도 있다. 이 두 방식 사이의 구분은 아마 명확하지 않겠지만, 이는 실제로 중요한 전환이다. 이는 계획이 반드시 의식적이지 않을 때도 행위의 배경이 될 수 있다는 의미이다.

맥아이버는 물고기와 다른 해양 동물들이 아주 가까이 있는 대상만을 감지하고 반응하는 경향이 있다고 가정한다. 물속에서는 그 정도가 분간할 수 있는 거리의 한계일 때가 많고, 이런 환경에서는 "계획"을 세우는 것이 별 의미가 없기 때문이다. 반면 육지에서는 저마다 다른 거리에 있는 대상들로 이루어진 복잡한 시각적 장면 때문에, 눈앞의 상황에 맞게 자신의 행위를 최선의 상태로 조정하는 것이 가치 있는 일이다. 이를 위해서는 새로운 종류의 내부 처리 과정이 필요하다.

맥아이버의 이 아이디어는, 특히 시야 문제에서는 너무 날카롭고 이분법적이다. 여기서 문어가 다시 등장한다. 앞에서 언급했던 장소인 옥토폴리스에서 나는 문어들이 멀리서 다가오는 다른 문어들에게 반응하고, 때로는 다가오는 여러 문어들 중에서 누구에게 반응할지 선택하는 듯한 모습을 관찰했다. 나는 당시에 문어가 엄청난 근시라는 내용을 읽었기 때문에 이 장면을 특히 유심히 보았다. 그런데 이 때에도 문어는 적어도 3미터 정도는 떨어진 다른 문어들을 눈으로 쫓는 것처럼 보였다. 이는 그들의 몸집을 감안하면 꽤 먼 거리다.

내가 실제로 측정을 했는지는 확실치 않다. 어렴풋한 기억은 있지만 기록으로 남겼는지는 모르겠다. 바닷속에서는 분명 의도한 행위들도 어쩐지 기억에서 희미해지고 마는데, 이것도 그런 경우 중 하나였을 것이다. 동료 연구자 데이비드 쉴도 나처럼 이 장소의 문어들이 분명히 4미터 정도의 거리에서 서로에게 분명히 반응했다고 생각한다.

어떤 수역에서 다이빙을 하다 보면 흰귀자리돔 white-eared damselfish과 같은 영역성 물고기에게 쏘일 수도 있다. 이들은 작지만 완전히 겁이 없으며, 덩치에 비해 매우 넓은 영역을 지배하려고 한다. 육지의 빽빽한 숲속의 시야는 바다의 시야보다 나은 것이 없을 수 있다. 그럼에도 나는 맥아이버가 뭔가 중요한 점을 포착했다고 생각한다.

더 넓은 관점에서 숲과 바다의 전체 풍경을 비교해 볼 수 있다. 아마도 바다의 풍경으로는 산호초가 적절한 비교 대상일 것이다. 숲에는 거대하고, 끊임없이 자라며, 태양 에너지를 받아들이는 나무들이 있고, 그 아래의 그늘진 곳에 사는 식물들이 있다. 이들 사이에는 식물과는 전혀 다른 존재들이 있다. 바로 동물이다. 그들은 마치 윙윙거리는 전기 회로처럼 쉴 새 없이 감각하고 반응하며 스스로의 질서와 행위를 만들어 내는 중심점이다. 이러한 역할 구분은 바다보다 육지에서 더 뚜렷하다. 육지에는 식물과 동물이 있으며, (외형이 아닌 생활 방식에서) 식물 같은 동물이나 동물 같은 식물은 많지 않다. 파리지옥Venus flytrap 같은 예외도 있지만 이런 경우는 드물다. 산호초의 풍경은 주로 동물들로 구성되어 있지만, 그들 중 많은 수가 식물과 같은 역할을 하고 있다. 산호초에서는 가능한 모든 단계의 활동이 보인다. 동물이 다른 동물의 위에 몸을 늘어뜨리고 영원히 얹혀 있고, 그 다른 동물도 마찬가지로 또 다른 누군가의 위에 퍼져 있다. 그들은 산호, 레이스 장식이나 솜사탕처럼 생긴 이끼벌레bryozoan, 그리고 땅에 처박힌 트럼펫처럼 생긴 멍게ascidian다. 나른하게 몸을 느러뜨린 이 해양 생물들은 겉보기와는 달리 진화적으로는 서로 아주 먼 관계에 있는 존재들이다.

육지에서는 식물이 서서 자라며 동물들이 그 사이를 움직이며 행위한다. 바다에서는 역할들이 뒤섞여 있다. 육지의 균류fungi는 어떤 면에서 중간자다. 우리는 균류를 식물 같다고 생각하지만 그것은 우리가 보통 버섯이라는 그들의 특화된 번식 구조만 보기 때문이다. 하지만 그 아래의 능동적으로 뻗어나가는 실 같은 균사가 균류 생명의 대부분을 차지한다.

내가 차이를 과장하고 있는 걸까? 어쩌면 내가 인식하지 못한 예외가 더 많을지도 모른다. 이 모든 그림은 내가 직접 본 장면들을 토대로 만든 것이다. 이 책을 쓰는 동안 가끔 시드니에서 차로 약 일곱 시간 거리에 있는 북쪽 숲에서 시간을 보냈다. 한번은 열대우림에서 며칠을 보내고 돌아오는 길이었다. 녹색 파라솔처럼 펼쳐진 나무고사리 아래를 걸으며 나무고사리보다 30미터는 높은 나무의 우거진 수관을 올려다보았다. 나는 새를 찾고 있었고(그들은 모습을 드러내지 않았다), 이 장의 초고를 쓰면서 육지에서의 삶에 대해 생각하고 있었다. 돌아오는 길에 나는 지난 10년간 내게 중요한 다이빙 장소였던 넬슨 베이에 들렀다.

수면 위로 거센 바람이 불었고 파도가 밀려오고 있었다. 하지만 늦은 오후의 햇빛이 비치는 물속에서는 모든 것이 고요했다. 연산호들이 촉수를 펼치고 있었고 큰 물고기 몇 마리가 이리저리 돌아다녔다. 나는 연산호, 해면, 그리고 트럼펫 모양의 멍게가 모여있는 곳에 자리잡은 문어 한 마리를 우연히 발견했다. 문어는 조개껍데기를 들고 있었는데, 껍데기 안에는 소라게hermit crab가 보였고, 껍데기 위에는 말미잘이 붙어 있었다. 몇 가닥의 네온 핑크색 실이 말미잘에서 뿜어져 나와 바닥에 흩어져 있었다. 문어는 아마도 나중에 소라게를 먹을 작정이었을 것이다. 보통 게들은 문어에 대항하기 위한 수단으로 껍데기에 말미잘을 붙이는데, 말미잘이 내뿜은 네온 핑크색 실은 그들의 무기다. 그 방어 수단들은 명백히 실패했고 그저 포식 장면에 가까웠지만, 다른 면에서는 산호초 생명의 공생적 경향을 보여 주었다.

'공생commensal'이라는 단어는 **밥상을 공유**한다는 의미다. 우리의 친척인 멍게의 몸은 산호, 해면, 말미잘의 몸과 뒤섞여 있었다. 물고기들이 간간이 그 사이를 헤엄쳤고, 조금 떨어진 곳에서는 믿을 수 없을 만큼 화려한 갯민숭달팽이nudibranch가 그 몸들 위와 사이를 넘나들고 있었다. 그 풍경에는 과밀하고 혼란스러운 평화가 있었다.

그 평화는 일견 기만적이다. 주변에 널린 네온 핑크색 탄약을 발견하고 상황을 되짚어보기 전까지, 문어와 소라게는 동료처럼 보였다. 바다에는 실제로 노골적인 방해꾼들이 있다. 작은 상어들은 갑자기 나타나 모든 틈새를 헤집고 다니며 갈가리 찢어 놓는다. 문어들은 정원에서 난동을 피우고 다른 동물들을 도망치게 한다. 하지만 바다의 텅 빈 푸른 공간 사이는 산호초는 종종 이러한 밀도, 뒤섞인 동물성, 그리고 어느 정도의 공생적 평화를 보여 준다. 이 풍경은 역할 분담이 훨씬 뚜렷하고, 뒤뜰 덤불에 마치 나폴레옹 시대에 필적한 긴장 상태를 만드는 새들이 있는 숲의 풍경과 대비된다.

육지의 긴장 상태에도 예외는 있다. 나는 호주 최북단 근처에서 이른 아침 새벽에 몇몇 사람과 그룹을 이루어 메마른 광야의 한 물웅덩이로 향했다. 우리는 동이 트기를 기다렸다. 핀치새finch들이 작은 무리로 나타나더니, 점점 더 큰 무리로 모여들기 시작했다. 그들은 주위를 맴돌고, 나무에 앉아 망설이다가, 마침내 수백 마리가 물가로 내려와 물을 마셨다. 마지막에는 열 종의 핀치새들이 나란히 어깨를 맞대고 조금씩 밀치며 있었고, 비둘기와 몇몇 다른 새들도 함께했다.

둘째 날 아침에는 작은 앵무새인 사랑앵무Budgerigar의 큰 무리가 나타났다. 첫날에도 몇몇이 보였으나, 둘째 날에는 훨씬 더 많았다. 그들은 나무에 모여들어 나무를 가득 채웠고, 죽은 나무를 회색에서 반짝이는 황록색으로 바꾸었다. 가끔 그들은 함께 날아올라 물웅덩이 위로 급강하하다가 우리 머리 위를 쏜살같이 스쳐 지나갔다. 우리는 수천 개의 작은 날갯짓 소리를 듣고 몸으로 느낄 수 있었다. 찌르레기 무리가 마치 하나의 무형 동물처럼 움직이는 모습을 일컬어 '머머레이션murmuration'이라 부른다. 그 용어의 의미를 확장하여 때때로 다른 새에게도 사용한다. 사랑앵무 무리는 찌르레기만큼 수적으로 많거나 정교한 머머레이션을 보이지는 않았지만, 리더가 팔로워가 되고 팔로워가 리더가 되는 그 눈부신 방향 전환 장면을 보여 주었다.

한 마리의 새매Sparrowhawk가 높은 나무에 머물러 있었다. 우리 가이드는 사랑앵무들이 기다리고 있다고 말했다. 내려와서 물을 마셔도 안전할지 판단하고 있었다는 말이다. 어느 순간, 작고 옅은 깃털들이 나부꼈다. 새매가 근처에서 핀치새 만한 작은 새를 잡아챈 것이었다.

이 작은 앵무새 무리들이 머리 위로 오가며 절정을 이루던 순간, 마치 바다 속에서 머리를 들어 수면 위 파도를 올려다보는 듯한 느낌이었다. 육지에서 멀리 떨어진 바다, 사방에서 파도가 부서지는 바다 밑에서.

또 다른 산책

이 장에서 탐구한 모든 행위의 형태는 감각의 안내를 받는다. 하지만 이는 단순한 입력에서 출력으로 이어지는 일방향 관계가 아니다. 감각은 행위를 안내하고, 행위 또한 당신의 감각에 영향을 미친다. 이것은 동물의 감각하기 위한 행위인 정보 수집에서 명백히 드러난다.

행위와 감각의 연결이 일단 논의의 장에 오르면 이 모든 관계를 다르게 볼 가능성이 생긴다. 때때로 "지각 통제 이론perceptual control theory"이라고 불리는 틀은 행위의 목적이 경험의 흐름을 통제한다고 주장한다. 지각이나 경험이 행위를 통제하는 역할을 하는 것이 아니라, 그 반대로 행위가 지각을 위해 존재한다는 것이다. 이 관점은 뵈른 브렘스Björn Brembs, 죄르지 부자키György Buzsáki, 프레드 카이저Fred Keizer 등 내 연구에 영향을 미친 여러 사상가들에게 깊은 인상을 주었다.

이에 답하자면 많은 행위가 실제로 그렇다. 당신은 페이지를 넘기고, 바위를 뒤집고, 영화를 빌리고, 링크를 클릭한다. 그 모든 것은 당신의 지각을 형성하기 위해 행해진다. 어떤 행위들은 탐구하고 실험하기 위해, 또는 단지 그 감각의 흐름에 빠져 있는 것이 즐겁기 때문에 이루어진다. 인간과 비인간 동물의 삶에는 이러한 행위가 꽤 있다. 하지만 수많은 행위는 그런 식으로 이루어지지 않는다. 행위는 그 자체의 역할이 있다. 일반적으로 행위는 먹이를 구하고, 쉼터를 찾고, 아이를 돌보는 것처럼 무언가를 **성취하기 위해** 일어난다. 그것을 성취하면 당신의 지각에 변화가 일어나겠지만, 이는 어쩌면 부수적 효과이다. 예를 들어 집에 가는 것이 행동의 목적이라면 그 여정을 감각하거나 목적지에 도달한다는 느낌은 부수적이다. 중요한 것은 더 안전하고, 당신의 짝이 있는 그곳에 **있다**는 사실이다.

새로운 접근인 "예측 처리predictive processing 이론"은 지각에 대한 연구에서 출발한다. 이 이론은 일상적인 보고 듣기에서 이루어지는 예측, 그리고 예측의 지속적인 수정과 업데이트의 중요성을 강조한다. 지각 과정에서 우리는 우리가 기대하는 자극과 실제로 들어오는 것 사이의 차이를 계속해서 추적한다. 이 관점을 확장하면 행위 또한 예측이라는 프로젝트의 일부로 볼 수 있다. 무언가를 예측할 때 당신은 기대한다. 모든 것이 순조롭다면 당신은 당황하지 않는다. 기대하는 것과 실제로 보는 것 사이의 불일치를 최소화하려면 주변 환경을 우리의 기대에 맞게 바꿔서, 즉 행위를 통해 이를 달성하기도 한다. 예측이 잘 들어맞을 확률을 높이는 방법은 바로 그렇게 만드는 것이다.

예측 처리 이론에 따르면 우리 뇌는 거대한 프로젝트에 관여하고 있다. 이 프로젝트는 모든 살아 있는 시스템에서 다양한 형태로 나타나는데, 경험의 흐름을 매끄럽게 다듬고 다음에 올 일을 예측하는 것이다.

나는 예측이 우리가 주변에서 일어나는 일을 파악하는 데 중요하다는 점에는 동의하지만 행위가 예측에 기반한다는 이 관점에는 동의하지 않는다. 이 이론의 맹점은 "어두운 방 반론dark room objection" 이라는 잘 알려진 반론으로 드러난다. 만약 당신이 정말로 경험의 흐름을 매끄럽게 만들고 의외성을 줄이고 싶다면, 어두운 방에서 절대 나오지 않거나 가능한 한 적게 나와야 할 것이다. 그것이야말로 상황을 정말로 원활하게 만드는 선택이다. 하지만 이러한 선택은 별로 매력적이지 않고 생물학적 관점에서도 더 나아갈 수 없는 막다른 길이다. 이는 지각과 행위의 요점이 단지 의외성을 줄이는 것만은 아님을 보여 준다. 삶에는 그 이상의 것이 있다.

이 반론은 진화적 맥락에서 명시적으로 표현하면 보통은 다윈주의적 어두운 방 반론이라고 한다. 당신이 굴 안에 있고, 평생을 거의 그곳에서 보냈다고 가정해 보자. 당신은 호주의 위험종인 수컷 깔때기그물거미funnel-web spider이다. 당신은 꽤나 짝짓기를 하고 싶겠지만, 밖으로 나간다면 과연 무슨 일이 일어날지 아무도 모른다. 마주친 암컷의 촉지pedipalp로 살해 당하는 등 온갖 종류의 난관을 만날 것이다. 집에 머무른다면(하루 더, 또 하루 더, 아니 영원히) 의외성을 피할 수 있다. 그러나 이 선택은 다윈주의적 관점에서 좋지 않은데, 왜냐하면 암컷이 당신을 찾아올 기회가 없어지기 때문이다. 만약 개체군에 두 종류의 수컷 거미가 있는데 하나는 항상 의외성을 줄이는 선택을 하고 다른 하나는 기꺼이 위험을 감수한다면, 어느 쪽이 더 성공할지는 분명하다. 동물의 삶은 통제할 수 없는 상호작용으로 가득 차 있으며, 때로는 이를 받아들여야 하고 때로는 위험까지 감수해야 한다. 특히 짝짓기나 번식의 맥락에서 동물은 불확실함을 기꺼이 감수해야 한다.

어떤 행위를 실행하는 과정 자체를 보자. 행위의 주체가 거미든, 사람이든, 그 무엇이든, 우리는 그 행위가 어긋나지 않고 매끄럽게 실행되기를 바란다. 자신의 움직임이 어떤 결과를 낳을지 예측하고 일이 뜻대로 되었는지 확인하는 것은 원하는 바를 실제로 이루고 문제를 해결하는 좋은 수단이다. 그러나 대부분의 경우 행위의 진짜 목적은 다른 데에 있다. 단순히 자신의 예측이 들어맞는지 확인하는 것보다 훨씬 더 중요한 무엇이 그 행위에 달려 있기 때문이다.

지각-행위 순환은 어떻게 생각해야 할까? 이는 특히 진화적 관점에서 주체로서 우리의 능력이 또 한번 변형된 것으로 보아야 한다. 당신이 무언가를 성취하려 한다고 가정해 보자. 나는 앞에서 집으로 가는 길을 예로 들었다. 당신이 자신의 행위가 낳을 결과를 파악하고, 다양한 단계에서 어떤 상황이 보여야 하는지 예측하며("지금쯤 불빛이 좀 보여야 하는데"), 만약 상황이 어긋났을 때 이를 바로잡을 수 있다면, 당신은 그럴 수 없을 때보다 더 안정적으로 집에 도착할 수 있다. 이것이 바로 지각과 행위 사이의 순환이 가능하게 하는 주관성의 증강이다. 당신은 계획을 수정하고 장해물을 극복하며, 변화하는 상황에 대처할 수 있게 된다. 행위는 예측이나 지각을 위해 존재하지 않는다. 오히려 그 반대다. 행위는 동물의 존재 방식에 있어 핵심이다. 지각과 예측, '흐름의 통제'는 부차적이다.

나는 행위와 지각, 그리고 이 둘의 순환 과정에 대해 생각하며 걷다가, 나의 사상적 선구자 중 한 사람과 그가 쓴 오랫동안 널리 영향을 미친 한 권의 책을 떠올렸다. 바로 야콥 폰 윅스퀼Jakob von Uexküll의 『동물들의 세계와 인간의 세계』이다.

폰 윅스퀼은 20세기 초에 활동했던 독일계 에스토니아인 생물학자였다. 그가 남긴 폭넓은 연구 중에서도 오늘날까지 꾸준히 회자되는 그의 사상의 핵심은 바로 각 생명체가 살아가는 저마다의 고유한 세계를 뜻하는 움벨트Umwelt, 즉 "주관적 세계" 혹은 "자기 세계"라는 개념이다. 그가 1934년에 쓴 책에서 묘사하는 산책은 꽃이 만발하고 벌레 소리가 가득한 초원에서 시작된다. 하지만 윅스퀼의 관심은 목가적인 풍경이 아니었다. 그는 각각의 생명체에게로 다가가 그 **내면**으로 들어가고자 했다.

> 우리는 더 이상 동물을 단순한 기계가 아닌, 지각과 행동이 본질인 주체로 간주한다. 그리하여 우리는 다른 영역으로 통하는 문을 열게 되었다.

그가 말하는 "영역realms"에는 진드기와 달팽이의 세계도 있다. 내가 알기로 이전까지는 아무도 이와 비슷한 시도를 한 적은 없었다. 윅스퀼의 작업은 단순한 공상이 아니라 자신이 동원할 수 있는 모든 과학적 지식을 동원해 다른 동물의 관점 속으로 들어가려는 시도였다. 그는 이처럼 작고 겉으로는 보잘것없는 생물들에게 철학적 애정을 가지고 다가갔다.

산책에 나선 윅스퀼의 눈에는 모든 동물은 저마다 자신의 지각과 행위 위에 만들어진 자신만의 구체sphere 안에 갇혀 있는 것처럼 보였다. 그는 우리 주변의 동물들이 마치 "비눗방울 안에 갇혀 있는" 것 같다고 말했다. 윅스퀼은 이 이미지를 처음에는 동물의 "시각 공간"이라는 개념을 통해 소개한다. 처음에는 이 비유를 동물의 '시각 공간', 즉 "그들에게 보이는 모든 것"을 담고 있는 비눗방울로 설명했지만 점차 모든 지각으로 그 의미를 확장했고, 종종 후각에 대해서 논했다. 더 나아가 동물의 세계는 지각하는 것뿐만 아니라 행위하는 것에 의해서도 규정된다고 보았다. 윅스퀼이야말로 우리의 행동이 지각에 영향을 미칠 뿐 아니라, 그 반대 방향으로 지각 역시 행위에 영향을 미친다는 순환적 관계를 이론적 작업을 통해 온전히 파악한 최초의 인물 중 하나였다. 이 통찰 덕분에 그는 자신만의 독특한 그림, 즉 모든 것이 비눗방울처럼 '닫혀 있다'는 결론에 이를 수 있었다. 그는 이렇게 말한다. "지각의 세계와 행위(작용)의 세계는 함께 모여 하나의 닫힌 단위, 즉 움벨트를 형성한다."

그의 연구는 생물학뿐 아니라 철학계에도 깊은 영향을 주었다. 마르틴 하이데거Martin Heidegger나 모리스 메를로퐁티Maurice Merleau-Ponty 같은 철학자들이 그에게 찬사를 보냈으며, 그의 영향력은 오늘날까지도 이어지고 있다. 몇 년 전 한 저녁 식사 자리에서 저명한 문학 교수 옆자리에 앉게 되었는데, 그는 내 연구 분야를 듣더니 대뜸 몸을 기울이며 이렇게 물었다. "그래서, 움벨트에 대해 어떻게 생각하십니까?"

하지만 오늘날 윅스퀼이라는 인물 자체는 다소 불편한 평가를 받기도 한다. 그는 정치적으로 보수적인 독일 민족주의자였다. 철학자 하이데거처럼 나치에 직접 가담하지는 않았지만, 나치가 영웅시했던 인종차별적이고 반유대주의적인 이론가 휴스턴 체임벌린Houston Chamberlain과 교류했다. 윅스퀼은 히틀러의 집권을 환영했지만 그 후의 정치 활동에는 깊이 관여하지 않았고, 1940년 은퇴 후 카프리섬으로 이주했다. 하이데거와 마찬가지로, 이러한 그릇된 정치적 행보가 그의 사상적 영향력까지 크게 훼손하지는 못했다. 오늘날 윅스퀼을 존경하는 많은 사람들은 스스로를 진보주의자이며 비판적이고 철학적인 시선으로 생명의 세계를 바라보려는 사람이라 여길 것이다. 과학자들 사이에서도 그는 깊은 인상을 남긴다. 윅스퀼의 사상은 시대를 넘어 여전히 깊은 울림을 주고 있다.

그가 그린 동물의 삶은 일종의 생물학적 유아론biological solipsism으로 보인다. 그것은 모든 동물이 자신을 둘러싼 비눗방울, 곧 자신만의 현실에 갇혀 있다는 생각이다. 그런데 이 상황을 정확히 어떻게 이해해야 할지는 조금 모호하다. 윅스퀼이 "지각 세계와 작용 세계는 함께 닫힌 단위, 즉 움벨트를 형성한다"고 말할 때, 그가 말한 닫힌 단위란 과연 무엇일까? 한 생명체가 지각하는 모든 것과 행동하는 모든 것을 단순히 더한 합집합일까? 아니면 지각과 행동이 모두 가능한 대상만을 말하는 교집합일까?

먼 곳의 별처럼 인지는 할 수 있지만 그에 대해 행동하지 못하는 것들이 있고, 아주 작은 먼지처럼 지각하지도 못한 채 그에 반응(재채기)하게 되는 것들이 있다. 이 둘을 모두 더해야만 비로소 닫힌 고리가 완성되는 것일까? 비눗방울 안에는 정확히 무엇이 들어 있을까? 명확하지 않다. 하지만 어쩌면 이런 모호함은 그리 중요하지 않을 수 있다. 더 근본적인 문제는 바로 닫혀 있다는 생각, 즉 비눗방울이 완벽히 밀봉되어 있다는 개념 그 자체다. 이 문제는 움벨트를 합집합으로 보든 교집합으로 보든 피할 수 없이 발생한다.

그의 생각에 본격적으로 맞서기 전에 윅스퀼의 통찰이 얼마나 큰 진전이었는지를 인정하고 싶다. 그가 옳게 본 것들이 분명 있다. 첫째, 그는 여러 생명체가 가진 지각의 세계가 얼마나 다른지, 무엇을 인지하고 무엇은 전혀 알아채지 못하는지를 꿰뚫어 보았다. 둘째, 그는 지각이 행동으로 향하는 화살표만이 아니라 행동에서 지각으로 향하는 순환의 화살표가 존재한다는, 그간 소홀히 여겨졌던 특징을 포착했다. 우리는 본 것에 반응해 움직이고, 그 움직임은 바로 다음 순간 우리가 보게 될 장면에 영향을 미친다.

하지만 어느 쪽이든 그것이 이야기의 전부는 아니다. 지각은 자신의 행동으로부터 피드백을 받는 순환적 측면을 가지고 있지만 동시에 주변에서 일어나는 다른 일들을 향한 개방성 또한 가지고 있다. 행동 역시 자신의 지각을 통제하려는 자기중심적인 측면을 가지고 있지만 동시에 자신이 지각할 수 있는 모든 것을 넘어 밖으로 확장될 수 있는 능력을 가지고 있다. 생명의 세계는 길고 복잡한 경로들로 가득하며 그 경로들 중 다수가 순환 고리를 갖고 있지만, 비눗방울처럼 자기 완결적인 구조를 만들지는 않는다. 그것들은 이보다 더 확장되고, 가지를 치고, 예측할 수 없는 곳으로 이어진다.

우리가 어떤 낯선 동물, 가령 지렁이를 연구한다고 가정해 보자. 만약 우리가 처음에 지렁이가 세상을 우리와 비슷한 방식으로 인지한다고 가정한다면 그것은 실수일 것이다. 여기서 시각은 거의 중요하지 않다. 지렁이는 주변 환경을 맛보거나 냄새를 맡지만, 아마도 이 감각들도 꽤 희미하고 둔할 것이다. 청각도 조금은 있을 수 있지만, 지렁이는 주로 몸 전체에 퍼져있는 촉각 감각기관에 의존한다. 지렁이는 몸이 닿는 대상과 화학적 흔적에 반응하여 행동하며 이 움직임은 다음에 무엇을 감지할지에 영향을 미친다.

이 모든 것을 배우고 나면 지렁이의 촉각과 미각으로 이루어진 감각의 외피를 상상해 볼 수 있다. 하지만 우리는 한 걸음 물러나, 두 번째 단계인 지렁이가 다른 생물들과 맺는 관계를 생각해 볼 수도 있다. 여기서 생태학의 관점을 채택하자. 이는 우리가 각기 다른 삶의 방식, 다른 감각 및 행동 능력을 가진 많은 생명체들의 상호작용을 통합적으로 고려하고, 그들 모두가 같은 장소에 함께 있음을 인식하는 관점이다. 그러면 우리는 다른 형태들, 다른 인과적 네트워크를 생각해야만 한다. 그렇게 되면 비눗방울은 터져 버린다.

이를 이해하기 위해 생물 세계에 가득한 간접적인 영향을 생각해 보자. 지렁이는 미각과 촉각이라는 감각의 외피에 반응하여 흙

속을 파고들며 행동한다. 움직이는 동안 지렁이는 길을 낸다. 지렁이는 지하에 쟁기질을 하듯 흙에 공기를 불어넣으며, 곰팡이와 같은 생물체와 지렁이의 지각 영역을 완전히 벗어날 만큼 높이 뻗은 나무까지, 흙 속의 모든 생명체에게 영향을 준다. 나무는 곤충으로 들끓고 새들에게 서식지를 제공하고, 이 새들의 행동은 다시 지렁이에게 영향을 미친다. 만약 누군가 지렁이에게 영향을 주거나 지렁이로부터 영향을 받는 모든 생물을 감싸는 방울을 그리려고 한다면 어떤 모양이 될까? 그 방울의 윤곽은 A에서 B로, B에서 C로, 그리고 다시 A로 돌아오는, 미로처럼 복잡한 간접 영향들의 경로를 따라 그어져야 할 것이다. 그리고 그 방울은 지렁이가 실제로 감지하거나 영향을 미칠 수 있는 범위를 훨씬 넘어서게 된다. 생태계는 복잡하고 어디에나 존재하는 간접적 연결로 구성된 네트워크를 형성하며, 이러한 네트워크는 각 생명체 주위의 비눗방울 같은 하위 세계들로 나뉘지 않는다.

윅스퀼은 아마 이렇게 반박할 것이다. "그 간접적 연결들은 중요하다. 하지만 그것들은 각 생물체의 세계의 일부가 아니다. 그 세계들은 **각 생물체**가 감각하고 행동할 수 있는 것에 제한된다." 그렇다면 나는 이렇게 답하겠다. "설령 우리가 감각의 관점에서 얇은 베일 뒤에 갇혀 있다고 하더라도(나는 그렇게 생각하지 않지만, 그렇다 해도), 우리의 행동은 밖으로 뻗어나가고 가지를 치며 다른 존재의 행동과 함께 광대한 네트워크를 형성한다." 윅스퀼은 감각과 행동을 연결함으로써 진전을 이루었지만, 아마도 이 연결이 어디로 이어질지는 미처 깨닫지 못했던 것 같다.

우리가 감각을 통해 세계를 마주할 때, 그 마주침은 어떤 면에서 "전체적"으로 **느껴진다**. 마치 세계가 아무런 수정이나 덧칠 없이 우리의 마음속으로 밀려드는 것처럼 느껴진다. 우리는 실제로 일어나는 일의 작은 단면에 반응하고 있으며, 다른 동물들은 또 다른 단면에 반응해서 그것을 다르게 처리한다는 생각은 쉽게 받아들이기 어렵다. 윅스퀼은 우리가 이를 받아들이도록 돕는다. 하지만 그 생각에서 더 나아가 우리가 지각하는 것이 온전히 우리만의 주관적인 세계라고 결론 내린다면 잘못된 길로 들어서는 셈이다.

각자의 고유한 관점과 더 넓은 공동 세계 사이의 관계를 이해하기란 참으로 어렵다. 특히나 그 공동 세계에 대한 사유조차 결국 각자의 고유한 관점 안에서 이루어질 수밖에 없기에 그렇다. 그리고 정신에 대해 이야기할 때 오직 지각에만 초점을 맞춘다면, 우리가 공유하는 세계는 쉽게 희미해져 버릴 것이다. 행위의 역할을 인식한다면 문제 해결의 실마리를 잡을 수 있다. 우리의 행위는 모두가 공유하는 장에 함께 쏟아진다. 각 생물체의 행위는 행위의 당사자가 이를 알든 모르든 다른 이들의 삶에 영향을 미친다.

행위는 각 동물이 사물을 보는 저마다의 독특한 관점, 그 고유한 시각에서 비롯된다. 그렇다. 하지만 그 행위들은 다른 존재들과 얽혀들어간다. 주관성은 중요하다. 어떤 의미에서 주관성은 생명의 본질이라 할 수 있다. 하지만 모든 주체는 다른 주체들이 함께 존재하는 생태계 안에서 살아간다.

날개

이 장의 첫머리에서 우리는 백악기 육상 혁명을 살펴보았다. 혁명이라 부르기엔 논란이 있지만 분명 중요한 시기였다. 그때 속씨식물이 전 세계로 퍼져나가고 곤충이 그 뒤를 따랐다. 이 두 무리는 그 이후로 육상 생명의 중심을 차지해 왔다.

지금 이 순간, 속씨식물과 곤충 모두 새롭고 달갑지 않은 변화의 한가운데에 놓여 있다. 열대 지역 전반에서 숲은 충격적인 속도로 벌목되어 사라지고 있고 수많은 곤충 그룹이 심각할 정도로 줄어들고 있다.

이러한 곤충의 상황을 두고 사람들은 때로 "곤충의 종말insect apocalypse"이라는 말을 쓴다. 이는 주로 환경오염과 살충제가 초래한 생태계의 총체적 붕괴를 가리키는 용어다. 다만 이 문제가 정말 종말이라 부를 만큼 심각한 규모인지는 아직 불분명하다. 일부 지역의 특정 곤충 그룹은 비교적 괜찮은 듯 보이지만, 그렇지 않은 종이 훨씬 많기 때문이다.

이 종말은 처음에 주로 유럽에서 논의되었다. 특히 나비의 개체수는 엄청나게 줄어들었다. 이 아름다운 동물들에 대한 기록이 잘 보존된 덕분에 가시화된 이 손실은 약 한 세기에 걸쳐 일어났다. 하지만 지난 몇십 년 동안 상황은 더욱 심각해졌다. 영국에서는 1976년부터 지금까지 나비의 전체 개체수가 약 50퍼센트 감소했다. 네덜란드의 상황도 비슷하다.

내가 어렸을 때, 봄의 호주 수풀은 파리를 비롯한 온갖 종류의 벌레들로 살아 숨쉬었다. 몇 년 전 봄에 아내 제인과 나는 열대우림을 걷고 있었는데, 아내는 문득 우리 주위에 벌레가 거의 없다는 사실을 알아차렸다. 제인의 말을 듣고 나는 계속해서 주변을 살폈지만 따뜻한 날에도 숲에 벌레가 상대적으로 없는 상태가 불안하게 느껴졌다. 마찬가지로 내가 어렸을 때의 일이지만 시골길을 30분 정도 운전하고 나면 자동차 앞 유리는 벌레 사체로 거의 불투명해졌다. 와이퍼로는 어림도 없었고, 이따금 차를 세워서 닦아내야 할 정도였다. 그러나 이제는 그런 문제가 더 이상 일어나지 않는다. 유럽에서도 처음에는 이런 관측들이 곤충 붕괴에 대한 논의를 이끌어 왔다. 윅스퀼이 산책하던 "꽃이 만발하고 벌레들이 윙윙거리며 나비가 펄럭이는 초원"을 상상해 보라. 지금은 그 모습이 사라졌다.

    숲으로만 한정해서 보면 나쁜 소식만 있는 것은 아니다. 많은 나라에서 지난 수 세기 동안 숲은 조용히 회복세로 돌아서기 시작했다. 여기에는 여러 가지 이유가 있지만 가장 큰 원인은 인간의 토지 이용 방식의 변화로 보인다. 대략 온대림과 열대림으로 구분해 보면, 최근 전 세계적으로 온대림의 면적은 증가하는 추세인 듯하다. 하지만 열대림은 그보다 더 빠른 속도로 개간되고, 불태워지고, 파괴되고 있으며, 그곳의 생태계도 함께 사라지고 있다. 대부분 팜유나 소고기와 같은 수출 농작물 생산을 위해 파괴하는 것이다. 이러한 열대림의 손실은 온대림의 회복세를 상쇄하고도 남는다.

보름달이 뜬 어느 봄밤, 제인은 소리를 듣고 그들을 발견했다. 바깥 정원에 잠시 나갔을 때, 부드러운 종이가 구겨지는 소리가 곳곳에서 들려왔다. 수천 마리의 매미가 땅속에서 나오고 있었다.

  이 종류의 호주 매미는 길이가 몇 센티미터에 이를 정도로 꽤 큰 편이다. 그들은 기어나와, 땅을 가로질러, 오를 수 있는 곳을 찾으면 기어올라갔다. 특히 두어 그루의 나무를 찜한 듯했다. 곧 그 나무에 수십 마리가 눈에 띌 정도로 몰려들었다. 매미는 저마다 자리를 찾아 나뭇가지 아래나 나무 줄기에 매달려, 천천히 허물에서 자기 몸을 빼냈다. 이 과정은 몇 분이나 걸렸다. 그런 다음 그들은 더 오랜 시간 동안 매달려 몸을, 특히 날개를 추슬렀다.

  처음에 이 날개들은 접혀 있었고, 부드러워 보였고, 형태가 명확하지 않았다. 우리는 그것들이 서서히 완전한 길이로 펴지고 나서 점점 팽팽해지는 과정을 지켜보았다. 이것은 수압으로, 즉 액체가 서서히 날개의 정맥을 채우면서 이루어진다. 20분 정도 지나자, 날개는 반짝이고 팽팽해졌고, 비행기의 알루미늄처럼 단단해 보였으며, 몸통 끝을 많이 넘어설 정도로 길게 뻗어 나왔다. 우리는 그때까지 매미가 날아가는 모습을 보지 못했다. 그들은 달빛 아래서 반짝이며 매달려 있었다. 갓 만들어진, 세상에서 가장 새로운 날개를 지닌 채.

4. 오르페우스

선율

앞 장에서 우리는 내가 살고 있는 집 뒤편의 키 큰 나무들로 둘러싸인 공연장 같은 공간에서 새들의 무리와 마주쳤다. 하늘 공간에서 멀리서도 서로를 볼 수 있는 환경에서 나타난 새들 사이의 묘한 긴장감은 바다 바깥, 즉 육지에서의 삶을 잘 보여 주는 사례였다. 이 새들을 비롯한 많은 새의 행동에서 눈에 띄는 또 다른 특징은 바로 소음이다.

이 자연의 원형극장에서 들려오는 소리들은 대부분 다양한 종의 앵무새들이 내는 것이었고, 꿀빨기새와 몇몇 다른 새들의 소리도 섞여 있었다. 갈라Galah라고도 하는 붉은관유황앵무는 비교적 부드러운 쨱쨱 소리를 내고, 큰유황앵무는 여러 주파수가 뒤섞여 귀를 찢는 듯한 비명을 지른다. 큰장수앵무King parrot는 앉아 있을 때는 스타카토로 일정하고 높은 소프라노 음을 내고, 날아갈 때는 온갖 소리가 뒤섞인 폭발적인 소리를 낸다. 그 사이로 심홍장미앵무 Crimson rosella의 아름다운 두세 음절짜리 선율이 계속 반복되며(영원히 필립 글래스Philip Glass의 오페라 오디션을 보는 듯이), 낮게 비행하는 오색앵무Rainbow lorikeet의 찌르는 듯한 울음소리는 네온사인처럼 화려한 그들의 몸 색깔과 잘 어울린다. 그리고 때로는 모습을 잘 드러내지 않은 채 배경에 머무는, 강강유황앵무Gang-gang cockatoo라 불리는 아름다운 목탄색 앵무새도 있다. 산호색을 띄는 수컷의 머리를 제외하면 온몸이 잿빛인 이 새는 삐걱거리는 녹슨 문 소리나 병에서 코르크 마개를 뽑는 듯한 소리를 낸다.

　모든 새들이 한번에 소리를 내기 시작하면, 새의 울음 소리와 짹짹 소리, 이따금씩 소프라노 선율이 공중에 가득하다. 그리고 마치 축하라도 하듯, 와인병의 코르크 마개를 뽑는 소리가 계속해서 울려 퍼진다.

새들의 삶, 그리고 소통

새는 공룡으로부터, 아니 공룡들을 위한 긴급 탈출용 구명정이었다. 새의 진화는 공룡 시대의 중반기 쯤인 약 1억 6천만 년 전 쥐라기에 시작되었다. 한 무리가 다른 공룡들로부터 갈라져 나와, 작고 가볍고 깃털이 있고 온혈동물이면서 날개를 가진 독특한 신체 구조를 서서히 탐구해 나갔다. 이들의 진화 경로에는 오늘날의 새와 거의 흡사한 형태이지만 날개에 발톱이 있고 부리에는 이빨이 달린 동물들도 포함되어 있었다. 보잘것없는 솜털 뭉치가 아닌 오늘날의 '깃가지$_{vaned}$' 형태를 지닌 깃털은, 다른 면에서 새와 아주 닮은 동물들이 등장하기 이전부터 일찌감치 나타났다. 초기 조류는 백악기 동안 이전 장에서 다룬 속씨식물 사이에서 다양하게 분화했고, 이 작고 에너지가 넘치며 기동성 있는 공룡들 중 일부는 약 6천 6백만 년 전, 다른 거대한 사촌 공룡들과 수많은 생물을 쓸어 버린 대멸종에서 살아남았다.

거대한 티라노사우루스 같은 공룡이 죽어가는 동안 모든 새들이 슬그머니 빠져나왔다는 이야기는 아니다. 이 시기를 나타내는 도표를 보면, 조류 내의 수많은 진화 계통 역시 소행성 충돌과 함께 갑자기 끝난다. 하지만 새들 중 일부는 살아남았고, 이들이 곧 살아남은 공룡이었다. 소행성 충돌 이후의 세계에서 살아남은 뒤, 그들은 빠르고 폭발적으로 번성하기 시작했다.

오늘날 살아 있는 새들의 진화적 관계는 우리가 짐작하는 것과 어느 정도 비슷하다. 아주 오래된 깊은 분기점에서 타조나 에뮤 같은 날지 못하는 대형 조류가 거의 모든 나머지 조류와 분리된다. 그러고 나서 더 큰 분기 내에서 두 번째 분화가 일어나 한쪽에서는 오리, 거위 및 다른 가금류로, 다른 쪽은 또 다른 다양한 무리로 이어진다. 펠리컨, 매와 같은 거대한 가지들을 지나 자신들만의 작은 가지를 이룬 앵무새 무리, 그리고 참새목$_{passerine}$이라 불리는 거대한 그

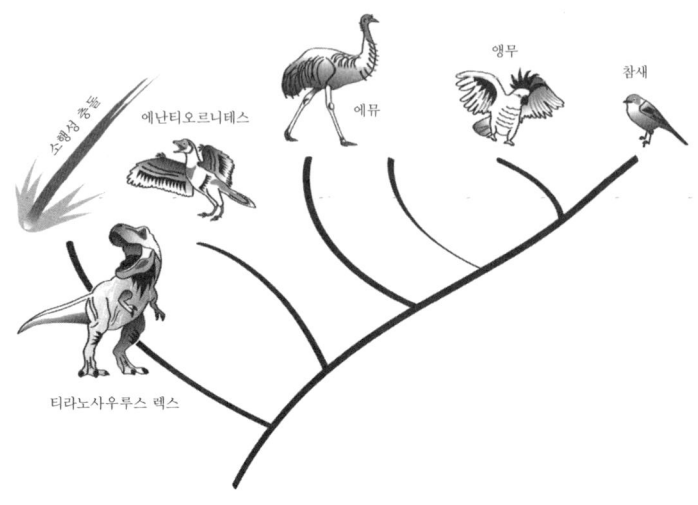

룹과 마주친다. 이 그룹은 울새, 까마귀 등을 포함하여 모든 조류 종의 절반 이상을 차지한다. 대부분은 소행성 충돌 이후 새들이 물려받은 세계의 상당 부분을 차지하면서 꽤 빠르게 번성했다.

이 도표는 이 책에 나오는 '생명의 나무 tree of life' 도표 중 첫 번째로, 생물들 사이의 계통 발생학적 관계망을 단편적으로 보여 준다. 모든 도표에서 시간은 페이지의 위쪽의 현재를 향해 흐른다. 각 동물이 축척에 맞춰 그려지지는 않았고, 가지들도 많이 생략되었다. 이름이 붙은 가지들은 때로는 단지 몇 종(또는 한 종)을, 때로는 더 큰 그룹 전체를 나타낸다. 첫 번째로 나타난 이 그림에는 또한 티라노사우루스 렉스 Tyrannosaurus rex와 날개에 발톱과 이빨이 달려 있던 초기 조류인 에난티오르니테스 Enantiornithes를 멸종으로 이끈 소행성 충돌 사건도 포함되어 있다.

앞선 장에서 우리는 특히 동물의 행위가 진화해 온 궤적을 살펴보았다. 나는 동물의 행위를 이동, 먹이 섭취, (먹이 섭취를 제외한) 개체 간의 상호작용, 엔지니어링, 정보 수집이라는 대략적인 다섯 가지 범주로 나누었다. 이 중에서 세 번째 범주인 '개체 간의 상호작용' 중 단연 눈에 띄는 행위가 바로 **소통**이다. 소통은 그 경계를 명확히 긋기 어려워서, 종종 다른 형태의 상호작용 속으로 스며들어 뒤섞인다. 소통은 생명체 전반에서 흔하게 나타난다. 인간을 고찰하기 시작하는 다음 장부터 소통의 역할은 압도적으로 거대해질 것이다.

어떤 행위를 소통이라고 말할 수 있을까? 먼저 그 행위의 목표가 메시지 전달이나 정보의 전송이라고 잠정적으로 정의할 수 있다. 하지만 어떤 상호작용에 메시지가 있고 어떤 것에는 없는지 구분하기는 애매하다. 이렇게도 정의해 볼 수 있다. 소통이란 한 생명체가 다른 생명체에게 인식되도록 무언가를 수행하며, 이를 통해 (의식적이든 아니든) 상대방의 행위나 반응에 영향을 미치려는 의도를 가진 행위를 말한다. 일리 있는 정의지만, 이 범주에는 소통으로만 보기 어려운 몇몇 사례가 포함될 것이다. 예를 들어 음식을 나눠주거나 누군가의 길을 물리적으로 막는 행위가 그렇다. 물론 실제로는 이런 사례들 대부분이 소통의 측면과 다른 측면이 함께 뒤섞인 복합적인 행위일 때가 많다. 만약 그렇다면, 소통의 측면이란 무엇일까?

이 질문에 답하려면 특정 행위, 곧 과시 혹은 표시의 '양쪽 측면', 즉 생산자 측면과 해석자 측면을 더 깊이 들여다보아야 한다. 나는 어떤 면에서 가장 핵심적이라 할 수 있는 소통의 한 가지 구조부터 살펴보겠다. 이 구조의 눈에 띄는 특징은 수신자, 즉 해석하는 쪽에서 보이는 행동이 자신이 감지한 대상의 물리적 실체보다는, 아마도 멀리 떨어져 있는 다른 무언가를 향한다는 점이다. 예를 들어, 버빗원숭이vervet monkeys는 서로에게 경고 신호를 보낼 때, 독수리, 표범, 뱀 등 위협의 종류에 따라 각기 다른 소리를 낸다. 이 신호를 받은 원숭이는 독수리 경고 신호를 들으면 위를 쳐다보고, 뱀 경고 신호를 들으면 아래를 내려다보는 식으로 반응한다. 여기서 수신자의 행동은 눈앞의 소리가 아닌 다른 대상, 즉 우리를 위협하는 대상을 향한다. 물론 이러한 수신자의 행동은 송신자가 적절한 행동을 했을 때만 의미가 통한다. 가령 특정 소리를 듣고 위를 쳐다보는 행동이 유의미한 반응이 되려면, '송신자는 독수리를 봤을 때만 그 소리를 낸다'는 규칙이 전제되어야 한다. 이처럼 안정된 소통 시스템이란, 송신자의 습관과 수신자의 습관이 하나의 약속처럼 서로 조응해서 딱 들어맞는 상태를 말한다. 버빗원숭이들은 뱀, 표범, 독수리의 특정한 소리를 모방해서 경고음을 만든 것 같지는 않다. 소리를 그렇게 만들 수도 있겠지만, 그럴 필요도 없고, 그런 방식을 쓰지도 않고 있다. 송신자와 수신자가 동일한 의미 체계를 공유한다면 어떤 특정한 소리나 기호를 사용하는지는 중요하지 않다. '동일한 의미 체계를 공유한다'는 것은 신호 생산과 의미 해석이 서로 연동되어 있음을 뜻한다.

첫 번째 사례에서는 다른 대상을 향한 수신자의 행동이 소통 체계의 중심을 잡아 주었다. 하지만 다른 유형의 소통은 양측이 주고받는 행동의 성격 자체가 다르다. 이들의 소통은 외부의 어떤 대상을 가리키는 대신, 소통에 참여하는 자신들에게 초점을 맞춘다. 가령 "춤추실까요?"라는 신호처럼, 함께할 행동을 제안하거나 서로의 행동을 직접 조율하는 것이다. 이번에도 이 신호가 실제 춤 동작의 일부를 본떠 만들어졌을 수도 있지만 소통이 성립하기 위해 반드시 그럴 필요는 없다.

소통 시스템 안에서 거의 모든 것이 다른 거의 모든 것을 가리키는 기호로 사용될 수 있다는 생각은, 언어학과 기호학에서 기호의 '자의성arbitrariness'이라는 용어로 설명한다. 그러나 이 자의성이 항상 적용되는 것은 아니다. 때로는 메시지의 물리적 실체가 중요한 경우도 있다. 음식을 나누는 행위가 소통의 성격을 띠려면 다른 무엇도 아닌 음식을 전달해야 하며, 짝짓기 상대에게 보이는 과시 행위는 활력이나 건강 상태를 보여 주는 자연적인 지표가 있어야 한다. 이처럼 매체는 꽤나 중요하다. 하지만 이제는 이 모든 것을 관통하는 소통의 핵심이 명확하게 보일 것이다. 소통이란 한쪽이 생산한 무언가를 다른 쪽이 보고(또는 듣거나 냄새 맡고) 인지함으로써 매개되는 상호작용이다. 그리고 이 상호작용에 소통이라는 이름을 붙일 수 있는 이유는 기호나 소리 혹은 표시의 양쪽에 있는 행동들이 서로 맞물려 있기 때문이다. 행동들은 외부의 어떤 대상이나 상황을 향한 행동을 조율하는 방식으로, 또는 송신자나 수신자 자신들의 또 다른 행동을 조율하는 방식으로 맞물려 있다. (혹은 둘 다일 수도 있다.)

물론 소통의 성격에 다른 무언가가 더해진 복합적인 사례들도 있다. 소통은 행위나 행동의 영역을 넘어 확장되기도 한다. 동물의 몸 색이나 무늬, 다른 영구적인 특징으로 전하는 신호도 소통에 포함된다. 화려한 깃털과 긴 꼬리는 보여지도록, 즉 메시지를 전달하고 반응을 유도하도록 설계된 것이다. 이처럼 명확하고 인식 가능한 소통 현상은 이전 장들에서 우리가 행위, 유기체, 목표, 그리고 엔지니어링의 사례에서 본 것처럼 좀 더 모호하고 부분적인 형태들로부터 서서히 나타난다.

새들은 이런 종류의 송신 수신 시스템에 적극적으로 참여한다. 그들의 울음소리는 위협, 경고, 구애 등 다양한 역할을 한다. 우리 집 뒤편에 있는 어항처럼 움푹 파인 공간에는 새들이 모여 울어 댄다. 그 새소리의 대부분은 아마도 짝이나 무리의 구성원 사이에서 서로 연락을 유지하고 존재를 확인하기 위한 '접촉음$_{\text{contact calls}}$'일 것이다.

다른 형태의 행위와 마찬가지로 소통 역시 동물이 출현하기 이전부터 존재했다. 박테리아는 화학 물질을 방출하고 흡수하며 소통한다. 그들이 하는 일은 새들의 접촉음과 미묘하게 유사하다고 볼 수 있다. 박테리아는 화학적 소통을 이용해 주변에 같은 종류의 세포가 얼마나 있는지 파악한다(이를 '쿼럼 센싱$_{\text{quorum sensing}}$'이라고 한다). 초기 동물 생명의 고향인 바다는 겉보기만큼 조용한 곳은 아니다. 새우는 딸깍거리고 물고기는 꾸르륵 소리를 내어서 경쟁자나 잠재적 짝에게 자신의 크기와 활력을 과시한다. 하지만 운 좋게 고래의 노래에 푹 빠질 기회를 얻지 않는 한, 바다의 소리 풍경은 새, 개구리, 혹은 매미 같은 곤충들이 펼치는 합창만큼 극적이지는 않다. 물고기의 구애는 춤과 시각적 과시를 통해 이루어진다.

  3장에서 조작의 대가로 등장했던 문어는 그다지 사회적인 동물은 아니다. 하지만 그들이 가진 행동 능력으로는 원하기만 한다면 소통의 영역에서 할 수 있는 일이 아주 많다. 앞서 언급된 옥토폴리스와 옥틀란티스 같은 고밀도의 문어 서식지에서는 여러 신호와 과시 행동이 관찰되었다. 그중 하나는 우리가 노스페라투Nosferatu라 이름 붙인 행동이다. 이 자세는 마치 키가 크고 어두운 망토를 두른 흡혈귀를 연상시킨다. 영화 속 그 뱀파이어와는 달리 문어는 몸통의 뒷면 끝부분을 머리 위로 높이 치켜든다. 이것은 "너를 봤고, 너에게 가고 있다"는 공격성의 표시인 것 같다. 우리는 또한 비공식적으로 "하늘로 팔 뻗기arms to heaven"라고 이름 붙인 간헐적 행동에도 관심을 갖게 되었다. 양쪽 가장자리에서 두 번째 팔 두 개를 머리 위로 커다란 호를 그리며 들어 올려 1초 정도 유지하는 행동이다. 이때 가장 바깥쪽 팔 한 쌍을 아래로 뻗어서 몸을 안정적으로 지탱하여 올린 팔을 위로 더 높이 뻗을 수 있게 하는 것으로 보인다. 그림을 보면 더 명확히 알 수 있다. 문어가 이런 자세를 한다는 게 이상해 보일 수는 있지만, 이 그림은 영상의 한 프레임을 그대로 따라 그린 것이다. 그 행동은 실제로 이런 모습이다.

4. 오르페우스

　우리가 노스페라투 행동에 대한 논문을 작업하고 있을 때, 한 비평가는 "그것은 신호가 아니다. 단지 다른 문어를 향해 분사하기 위한 준비, 즉 시동을 거는 행동일 뿐이다. 그러면 상대 문어는 다음에 일어날 일을 예측할 수 있으므로 반응하는 것이다"라고 말했다. 과시 행동은 공격 준비와 같은 다른 행동들의 '의례화ritualization'에서 생겨날 수 있다는 것은 사실이며, 과시와 더 '평범한' 행동들 사이에는 명확한 경계가 없을 것이다. 노스페라투의 경우, 우리는 그것이 적어도 부분적으로는 과시 행동이었다고 생각한다. 어쨌든, 하늘로 팔 뻗기는 노스페라투와는 달리 대안적인 해석의 여지가 없어 보인다. 우리가 아는 한, 두 번째 팔 한 쌍을 갑자기 들어 올리는 행동과 닮은 다른 행동은 없다. 가장 가까운 것을 꼽자면 무언가를 향해 손을 뻗거나 더듬는 것일 텐데, 문어는 원래 그런 행동을 많이 한다. 하지만 그림에서 보듯 하늘로 팔 뻗기는 더듬는 행동과는 별로 비슷하지 않다. 팔을 하늘로 뻗어 안쪽으로 살짝 구부리는 동작은 인간의 행동과 놀랍도록 닮아 보인다. 이 행동은 무슨 의미일까? 확신할 수는 없지만, 때로 다른 문어가 가까이 다가올 때 보내는 "나, 너 봤어!" 또는 "나 여기 있다!"라는 신호로 보인다. 이 행동에는 노스페라투만큼의 공격성은 보이지 않는다. (나는 데이비드 쉴이 제안한 번역을 좋아한다. "여기 나 좀 봐!")

우리는 그런 사례들을 찾아 바다를 샅샅이 뒤질 수 있지만, 다시 한 번 고래의 노래라는 예외를 제외하면 그 어떤 것도 새들의 지저귐 수준에는 미치지 못한다. 나는 목수이자 음악가이며 난초 재배가인 친구 데이브 파이Dave Pye의 정원이 내려다보이는 데크에 친구들과 앉아 있었다. 갑자기 엄청난 소란이 일었다. 최소 예닐곱 마리의 앵무새가 비명을 지르기 시작했고, 다른 새들(바우어새)도 자신들만의 소리를 내며 합세했다. 앵무새 대부분 혹은 모두가 한 나무의 높은 곳에 서로 가까이 모여 있었다. 데이브가 말했다. "저 아래에 아마 뱀이나 고아나goanna, 호주의 대형 도마뱀가 있을 거야. 경고 신호를 보내는 거지." 우리는 새들이 모여 있는 나무 아래로 걸어 내려갔다. 아니나 다를까, 다이아몬드비단뱀diamond python 한 마리가 덤불 아래쪽에 똬리를 틀고 있었다. 내가 보기엔, 머리 위에서 계속되는 소란에 비단뱀은 약간 머쓱해하는 표정을 짓고 있었다.

4. 오르페우스

과시와 평가

어떤 행위들은 소통적이다. 그것은 송신자와 수신자 구조 안에 존재하며, 그 목표는 소통 행위나 그것이 남긴 표시를 인지하는 상대의 행동에 영향을 미치는 것이다. 그리고 이 범주 안에 또 다른 범주가 있다. 어떤 행위와 과시는 상대방에게 내가 매력적인지 또는 인상적인지 **평가 받기** 위해 행해진다. 상대가 실제로는 매료되지 않을 수도 있지만, 그 행위의 목표는 여전히 상대를 매료시키는 것이다. 그것이 바로 많은 동물이 그들 나름의 방식으로 말하고, 노래하고, 글을 쓰고, 그림을 그리고, 춤을 추었던 이유다.

나는 이 '평가evaluation'를 좋고 나쁨, 매력과 혐오에 대한 판단이 담긴 모든 종류의 반응을 아우르는 넓은 의미로 사용한다. 평가나 감상은 수신자 측의 특별한 행동이다. 물론 우리가 평가하는 대상 중에는 애초에 그런 목적으로 만들어지지 않은 것도 있다. 그럼에도 내가 이를 '수신자 측receiver-side'의 행동이라 부르는 이유는, 평가라는 행위 자체가 전적으로 받아들이는 쪽에서 일어나기 때문이다. 우리가 평가하는 대상의 상당수가 실제로 그런 평가를 염두에 두고 만들어진다. 동물들이 쏟는 엄청난 노력 역시, 바로 그 특정한 평가적 반응을 이끌어내기 위함이다.

노래는 그 대표적인 사례다. 고대로부터 여러 버전으로 전해져 내려온 오르페우스Orpheus 신화는 음악이 가진 힘을 집약적으로 보여 준다. 오르페우스는 자신의 리라lyre 연주로 사람뿐 아니라 동물,

도리고 열대 우림, 호주, 아래에서 올려다본 장면

샤크 베이의 스트로마톨라이트

호주 블루마운틴에서 새틴바우어새가 바우어를 만들고 있다.

호주 노던 준주의 큰바우어새.

붉은관유황앵무 한쌍이 나무 구멍에 둥지를 짓고 있다. 호주 블루마운틴에서 촬영.

퀴톤다 그룹의 마운틴 고릴라. 르완다 볼케이노 국립공원.

곤충의 용맹함: 호주에 서식하는 미르미키아(*Myrmecia*) 속 불독개미.

문어가 둥지에 들어가 있는 모습. 이들은 모두 문어(*Octopus tetricus*) 종이다.
호주의 다양한 지역에서 촬영했다.

암사자. 케냐 마사이마라 국립 보호구역에서 촬영.

호주 노던 준주의 물웅덩이에 모여 있는 핀치새들. 초록색과 연보라색을 띤 네 마리는 호금조이며, 오른쪽에 경계하고 있는 새는 노랑엉덩이방울새(Yellow-rumped Mannikin)다. (온라인 노트에서 더 많은 사진을 볼 수 있다.)

노란꼬리검은유황앵무의 비행 장면.
한 날에 촬영한 사진이지만 모두 같은 개체인지는 확실하지 않다.

하늘과 바다를 자유롭게 여행하는 얼룩가마우지(Pied Cormorant).

큰거문고새. 호주 블루마운틴 국립공원에서 촬영.

수컷 금조가 몸을 부풀려 과시하고 있다.
머리는 왼쪽에서 네 번째 깃털 아래에 있다.

9장에서 언급한 호주참갑오징어.

심지어 돌까지 매혹시킬 수 있었다. 그러나 그는 뱀에게 물린 연인 에우리디케Eurydice를 저승에서 구해내는 데는 끝내 실패한다(아마도 앵무새들의 경고를 무시했을 것이다). 그 후 오르페우스는 방황했고, 너무 슬퍼한 나머지 사람들을 거부했다. 이에 격분한 디오니소스Dionysus의 여성 추종자들인 마이나데스Maenads 무리에게 살해당하고 만다. 현존하는 가장 오래된 두 편의 오페라는 모두 오르페우스에 대한 이야기이며, 이 신화의 다른 버전에는 시대와 지역에 따라, 특히 성적인 관심사 같은 당대의 사회상이 덧씌워지기도 했다. 하지만 이 모든 변주를 관통하는 중심 줄기는 음악이 가진 불가사의하고 때로는 통제 불가능한 힘이다.

　이러한 행동의 조합, 즉 과시하기와 평가하기, 매혹시키기가 가진 힘은 인간의 삶에만 국한해 적용되지 않는다. 이것은 생명의 형태를 만들고, 나아가 지구의 모습을 바꾸는 힘이다. 평가는 주관적일 수밖에 없다. 어떤 대상이 수신자에게 어떻게 보이는지, 어떤 인상을 남기는지, 그리고 매력적으로 다가오는지와 같은 문제는 전적으로 수신자의 목표와 가치관에 달려 있기 때문이다. 하지만 이처럼 주관적인 평가가 우리 주변 세계에 미치는 영향은 실로 광범위하다. 조류학자 리처드 프럼Richard Prum은 바로 이 과시와 그에 대한 평가적 반응이 이끌어내는 진화를 "미학적 진화aesthetic evolution"라는 용어로 설명한다.

　프럼의 저서 『아름다움의 진화』에서 집중적으로 다루는 새는 그들의 깃털과 과시, 노래, 신체 형태로 미학적 진화가 어떤 결과를 낳을 수 있는지 보여 주는 대표적인 사례다. 꽃 역시 마찬가지다. 꽃은 보여지고, 향기를 풍기고, 꿀을 내어 주며 곤충과 다른 동물들을 유혹하도록 만들어진다. 그것은 단순히 인지되기 위함이 아니라 상대의 마음을 사로잡기 위함이다. 이처럼 곤충, 새, 박쥐를 유인함으로써 속씨식물은 먼 거리를 넘어 다른 식물과 상호작용할 수 있게 된다. 앞서 식물 간의 상호작용이 동물의 행위와 신경계를 통해 이루어진다고 언급했는데, 이는 곧 그 동물들의 가치와 목표를 통해서 이루어진다는 말이기도 하다. 속씨식물의 숲은 바로 이 과시와 평가의 상호작용에 의존한다. 소어 핸슨Thor Hanson은 자신의 책 『벌의 사생활』에서 평범한 숲의 풍경을 칠레 해안의 후안페르난데스제도의 초목과 대조한다. 이 섬들에는 아주 오랫동안 벌이 거의 살지 않았다. 그 결과, 이곳의 꽃들은 대부분 작고 녹색이 도는 흰색이며, 벌을 유인하는 꽃들이 흔히 갖고 있는 대칭적인 꽃잎의 모습이 없었다. 나는 3장에서 초기 꽃을 상상하려면 목련을 떠올리면 된다고 말했다. 목련 역시 흰색이었다. 목련은 벌이 등장하기 전에 딱정벌레에 의해 수분되도록 진화했다. 다채로운 꽃송이들, 그중에서도 파란색과 노란색은 벌과 함께 등장했다. (핸슨에 따르면, 대부분의 벌은 붉은색을 보지 못한다. 붉은색은 새를 유인하는 색이다.)

이쯤에서 잠시 멈춰 기본적인 질문 하나를 던져볼 가치가 있다. 색이란 무엇일까? 색이 '외부 세계external world'의 실재하는 특징인지, 아니면 단지 우리 마음속에만 존재하는 것인지에 대한 논쟁은 철학자들 사이에서 수백 년간 이어져 왔다. 나는 색을 내부나 외부 어딘가에 위치해야만 하는 특징으로 이야기하는 우리의 습관이, 실제와 다소 어긋난다고 생각한다.

색에 대한 전체 이야기는, 그 개요만 놓고 보면 이렇다. 가시광선은 전자기 복사radiation의 한 형태다. 이 복사는 라디오파radio waves에서 감마파gamma waves에 이르는 넓은 스펙트럼 위에 존재하며, 색은 그 중간쯤에 있다. 이 스펙트럼상의 차이는 파장wavelength, 즉 파동의 정점과 정점 사이의 거리에 따라 발생한다. 라디오파, 색을 가진 가시광선, 엑스선, 그리고 감마선이 본질적으로는 모두 파장만 다른 '같은 물질same stuff'이라는 사실은 내게 무척이나 놀랍게 다가왔다(물론 '물질'이라는 단어에는 의심의 여지가 있다는 의미에서 따옴표를 붙였다). 우리에게 보이는 가시광선의 범위 안에서는, 더 미세한 파장의 차이가 각각의 색과 연결된다. 우리 주변에 있는 물체들의 표면은 그 구성 성분으로 인해 특정 파장의 빛을 반사하고 나머지는 흡수하며, 우리 눈은 그렇게 우리에게 도달한 빛을 흡수한다. (재키 히긴스Jackie Higgins는 그의 저서 『지각Sentient』에서, '빨간색' 꽃은 어떤 의미에서 빨간색이 아니라, 빨간색을 거부하고 나머지를 흡수하는 '반反 빨강'이라고 말한다.) 그렇다면 색이라는 현상에는 물체가 빛을 반사하고 방출하는 과정, 복사 자체, 그리고 우리와 다른 포유류나 곤충 등 종에 따라 다를 수 있는 동물의 눈과 뇌에서 일어나는 반응이 모두 개입한다. 이 모든 과정이 함께 세상의 색을 구성하며, 색이 존재하고 실현되는 장소이다.

모든 행동에는 어떤 식으로든 선호가 개입한다. 주변에 있는 무언가를 감지했을 때, 그것에 다가갈지 피할지를 결정해야 한다. 예를 들어, 여기에 설탕이 있다고 하자. 그것은 좋은 것인가, 나쁜 것인가? 모든 행동 선택에는 목적과 목표가 있지만, 그 목적과 목표는 암묵적이거나 본능 속에 '내재된' 것일 수 있으며, 생명체는 이것을 자각하지 못할 수도 있다. 박테리아조차 특정한 화학적 환경을 더 선호한다. 특히 곤충이나 다른 동물의 경우, 끌림과 선호가 정말 경험되는지, 다시 말해 곤충이 꽃을 보고 즐거움이나 흥미를 느끼는지, 아니면 단지 정해진 조건이나 머릿속으로 찾는 이미지와 일치하는 대상을 알아볼 뿐인지가 궁금해진다. 이 질문에는 두 가지 측면이 있다. 첫째, 그런 평가 자체가 실제로 경험되는가(박테리아의 예를 떠올려 보라). 둘째, 그 반응이 감정적으로 느껴지는가, 아니면 그저 차분하고 기계적으로 "음, 적합하군" 하고 받아들여지는지를 묻는 것이다. 프럼은 『아름다움의 진화』에서 실제로 다른 동물들도 평가를 느낀다고 가정하고 논의를 이어나간다. 그의 책은 주로 새와 포유류를 다루기에 느낌의 문제는 크게 골치 아프지 않다. 하지만 곤충과, 그들이 속씨식물과 맺는 중요한 관계까지 고려한다면, 이 질문은 다시금 중요한 문제로 떠오른다.

 평가가 감정적으로 느껴지지 않더라도, 그것은 여전히 주체의 가치와 관점에 연결되어 있으며, 이런 의미에서의 주관성은 강력한 힘이 될 수 있다. 이 장의 초반부에서 새의 진화사를 간략하게 설명하며 그들의 가장 독특한 특징인 깃털은 공룡들이 지금처럼 새의 모습을 갖추기 전에 이미 나타났다고 했다. 그렇다면 왜 깃털은 그리 일찍 나타났을까? 오늘날 깃털의 가장 뚜렷한 기능은 비행이지만, 깃털은 애초에 날 수 없는 동물들에게서 처음 나타났다고 알려져 있다. 따라서 당시에는 다른 역할이 있었음이 분명하다. 예전에는 단열, 즉 체온 조절이 이 문제에 대한 주요 가설로 제시되었다. 내가 학생이었을 때는 깃털이 진화 과정에서 기능이 바뀌는 대표적 사례로 자주 소개되었다. 처음에는 보온 기능을 담당하다가, 그 뒤에는 비행 기능을 맡게 되었다는 것이다. 처음에는 합리적이고 실용적인 역할을 하다가, 이후에 또 다른 역할을 갖게 된 셈이다. 하지만 이제는 깃털의 초기 역할의 일부는 더 사치스러운 용도, 즉 과시에 있었을 가능성이 높다고 생각된다. 프럼 외에도 다른 많은 연구자들도 이 견해를 지지한다.

자연에는 우연히 생겨난 아름다움과 의도적으로 설계하고 만들어 낸 아름다움이 뒤섞여 있다. 어떤 것들은 우리를 위해서 만들어진 것은 아닐지라도, 보여지기 위해 만들어진다. 또 어떤 것들은 애초에 보여지기 위해 만들어진 것이 전혀 아닌데도 우리 인간을 비롯한 일부 존재들이 그 모습을 보고 아름다움을 느끼기도 한다. 한번은 호주 최북단에서 찍은 강렬한 일몰 사진을 소셜 미디어에 올렸더니 누군가가 "아름다움 그 자체"라고 댓글을 남겼다. 하지만 정확히 그것은 '목적 없는 아름다움'이었다.

일몰 말고도 목적 없는 아름다움의 예로는 꽃으로 가득한 숲에 비견되는 바다의 풍경인 산호초가 있다. 건강한 산호초는 짙은 녹색과 청보라색, 네온 블루, 청록색, 주황색, 분홍색 등 다채로운 색

4. 오르페우스

으로 가득하다. 왜 산호초는 그토록 다채로운 색을 띠는 걸까? 나는 이 다양한 색이 늘 산호 폴립 안에 살고 있는 빛을 모으는 공생생물symbionts 때문이라고 생각해 왔다. 이 빛 수집가들이 반드시 녹색일 필요는 없기 때문이다. 하지만 실상은 달랐다. 산호 안의 모든 공생생물은 유전적으로 꽤 가까운 관계이며, 그들의 몸 색깔은 숲의 식물과 크게 다르지 않은 녹색이나 갈록색을 띤다. 오히려 산호초의 푸른색, 분홍색, 청록색은 대부분 산호 동물이 스스로 만들어 내는 화학 물질의 색이다. 이 화학 물질들은 폴립이 자신의 공생생물을 과도한 빛으로부터 보호하고 그들의 빛 수집 활동을 조절하기 위해 제공하는 일종의 자외선 차단제로 보인다.

내가 어렸을 때는 아이들이 알록달록한 아연 자외선 차단제로 얼굴에 줄무늬를 그렸다. 산화아연이 원래 갖고 있는 흰색을 제외한 다른 색들은 사실 아무 기능이 없었지만, 아이들은 그 색 때문에 얼굴에 자외선 차단제를 발랐다. 요즘 자외선 차단제는 대부분 투명한 것을 보면, 알록달록한 자외선 차단제 유행은 오래가지 못한 셈이다. 산호초가 광합성 생물 위에 보호막을 입힌 모습은 꼭 숲에 알록달록한 자외선 차단제를 칠해 놓은 듯 보인다.

ಇನ

자연에 존재하는 의도된 아름다움과 목적 없는 아름다움이 혼재하는 대상으로는 해마라는 흥미로운 사례가 있다. 많은 사람들에게 해마는 믿기 어려울 정도로 섬세한 몸 덕분에 아름다운 동물로 여겨진다. 해마는 짝과 오랜 시간 동안 유대 관계를 형성하며, 일부 종은 매일 아침 마치 춤을 추듯 복잡한 인사를 나눈다. 이같은 춤은 상대에게 보여지고, 인식되며, 어쩌면 즐거움을 주기 위한 것이다. 인간의 언어로 풀어 보면, "그래, 우린 여전히 여기에 함께 있어. 너와 함께여서 기뻐"* 정도의 의미이다. 해마는 빠르게 또는 천천히 몸의 색을 바꿀 수 있으며, 이 색 변화가 아침 인사 춤에서 중요한 역할을 할 가능성도 있다. (해마는 색을 볼 수 있다.)

그 불가사의한 몸은 마치 보석세공사가 즉흥적으로 디자인한 것처럼 보이지만, 그들의 서식지에서 바라보면 전혀 다르게 느껴진다. 한번은 이전 장에서 묘사했던 넬슨 베이에서 다이빙을 할 때였다. 유난히 눈부신 노란 해마 한 마리의 아름다움에 취해 잔잔한 물속에서 너무 오래 머물렀다. 그때 조류가 바뀌면서 물살이 급격히 빨라졌다. 거센 물살에 해마와 내 몸이 함께 뒤틀리기 시작했고, 순식간에 누가 이곳의 주인이고 누가 불청객인지 명백해졌다. 이

---

* 어맨다 빈센트(Amanda Vincent)와 레일라 새들러(Laila Sadler)는 자신들의 논문 「야생 흰해마의 충실한 쌍 결속Faithful Pair Bonds in Wild Seahorses, Hippocampus whitei」에서 그 춤에 대해 이렇게 묘사했다. "두 해마 모두 몸 색깔이 짙은 갈색이나 회색에서 옅은 노란색 또는 미색으로 밝아졌다. 이후 그들은 서로 나란히 마주 보며 머리와 머리, 꼬리와 꼬리가 일직선이 되도록 정렬했다. 그들은 꼬리로 포시도니아(Posidonia) 해초 줄기를 붙잡은 채 수컷이 바깥쪽을 도는 오월제 장대 춤처럼 같은 방향으로 원을 그리기 시작했다. 이 쌍은 때때로 붙잡고 있던 해초를 놓고 바닥을 가로질러 나란히 헤엄쳤는데 이때 수컷이 암컷의 꼬리를 붙잡기도 했다. 원을 그리는 행동과 나란히 헤엄치는 행동, 이 두 가지 패턴은 한쪽이 몸 색깔이 어두워지며 상대에게 반응을 멈출 때까지 교대로 나타났다. 암컷이 멀어지면 수컷이 암컷을 뒤쫓기도 하고 그러면 암컷은 완전히 떠나기 전 잠시나마 인사 행동을 재개하기도 했다."

내 몸을 가누기조차 힘들어졌다. 물살과 싸우는 동안 가오리 떼가 내 곁을 지나갔다. 수면 근처에서 힘차게 조류를 거슬러 나아가는 이들은 소코가오리cow-nosed rays였다. 다이아몬드 같은 이들의 몸 형태와는 전혀 어울리지 않는 이름이었다. 그들은 마치 거대한 찌르레기 떼처럼 보였다. (이전 장에서 찌르레기 떼를 '머머레이션'이라 부른다고 언급한 바 있다. 가오리 떼는 '피버fever'라 불리는데, 그 모습이 정말 딱 어울렸다.) 그러고는 그들은 이 거센 물살을 내뿜는 강 쪽으로 사라졌다.

나는 더 이상 몸을 가눌 수 없었다. 결국 거센 물살에 몸을 맡기자, 바람 빠지는 풍선처럼 속절없이 떠밀려 갔다. 그렇게 떠밀려가던 중, 해면 위에 붙어 있는 훨씬 더 작고 연약한 노란 해마 한 마리를 스쳐 지나갔다. 길이가 4센티미터도 채 안 되어 보이는 그 작은 암컷 해마는 머리카락 한 올처럼 가느다란 꼬리 하나로 버티고 있었다. 내가 맹렬한 속도로 곁을 지나치는 와중에도 해마는 더없이 차분하고 우아하게 그 자리를 지키고 있었다.

노래

이 장 서두에 등장한 앵무새처럼 많은 새는 단순한 울음소리calls는 낼 수 있지만 **노래**song는 부르지 못한다. 노래란 지속적이고 조직적인 소리의 체계를 의미한다. 정교한 노래를 부르는 새들은 대부분 특정 그룹에 속하는데, 바로 명금류songbirds 또는 oscines다. 이들은 앞서 모든 조류의 대다수를 차지한다고 언급한 참새목에 속하는 한 분파다. 물론 모든 명금류가 노래를 부르는 것은 아니지만 그들은 모두 놀라운 소리의 경지에 이를 수 있게 해 주는 독특한 발성 기관을 공통적으로 가지고 있다.

현재 학계에서는 거대한 집단인 참새목 전체와 명금류가 약 4700만 년 전 호주에서 기원했다고 본다. 당시의 호주는 지금은 분리된 다른 육지가 붙어 있던 큰 땅이었다. 하지만 이 이론이 받아들여지기까지는 꽤나 복잡하고 격렬한 논쟁이 있었다. 팀 로우Tim Low가 그의 책 『노래가 시작된 곳Where Song Began』에서 언급했듯, 이토록 찬란한 조류 세계의 발원지가 호주일 수 있다는 생각은 상당한 저항에 부딪혔다. 그 저항의 중심에는 20세기 조류학을 호령했던, 새를 닮은 진화론자 에른스트 마이어Ernst Mayr가 있었다. 그때는 호주가 나이팅게일nightingales과 종달새larks를 탄생시킨 그룹의 고향이 되기에는 지나치게 거칠고 초라한 곳이라는 듯한 분위기가 감돌았다. 편견을 딛고 뒤늦게나마 진실이 인정되면서 최근에는 명금류를 포함한 전체 조류 종의 대다수가 속한 거대한 계통의 가지에 오스트랄라베스Australaves라는 이름이 붙었다.

오늘날 호주에서는 명금류 계통수에서 가장 초기에 갈라져 나온 것으로 알려진 이들이 살아 있다. 우리는 이제부터 그 분기점에서 태어난 존재들 중 몇몇을 만날 것이다.

명금류의 계통수가 처음으로 갈라진 분기의 한쪽에는 금

조Lyrebirds와 덤불새Scrubbirds라는 오늘날 겨우 몇몇 종만이 명맥을 잇는 새들이 나타났고, 다른 한쪽에서는 거대한 조류 집단이 탄생했다. 가늘게 뻗어 나온 금조와 덤불새의 가지에는 오늘날 각각 두 종씩, 단 네 종만이 살아남았다. 이 쪽의 계통수는 120쪽에 실린 첫 번째 조류 계통도의 오른쪽 부분을 확대한 것으로 이 관계의 일부를 보여 준다.

흔히 금조를 '고대의' 새, 가장 오래된 명금류라고들 말한다. 이런 식의 화법은 어떤 면에서는 혼란스럽다. 오늘날의 금조는 다른 어떤 살아 있는 새와 마찬가지로 긴 세월간의 진화의 산물이다(당신도 그렇다). 금조가 다른 명금류의 먼 사촌인 것은 맞지만, 당신의 먼 친척이 가까운 사촌보다 더 '고대'의 존재가 아닌 것과 마찬가지다. 또한 오늘날 금조가 아주 소수만이 살아남았다고 해서 그들을 고대의 존재라고 할 수는 없다. 그저 수많은 친척들 사이에서 홀로 떨어져 나와 독자적인 길을 걷게 된 다른 새들의 먼 사촌일 뿐이다.

그럼에도 불구하고, 금조가 과거의 존재로 보이는 것은 사실이다. 적어도 내게는 공룡처럼 보인다. 그들의 화석 기록은 아주 오래전까지 거슬러 올라간다. 그리고 그들은 고대의 특징을 몇 가지 지니고 있다. 금조와 덤불새는 다른 명금류와는 다른 종류의 명관syrinx, 즉 울음관을 가지고 있다.

금조는 꿩만 한 크기로 꽤 크고 어두운 깃털을 가졌으며, 특히 수컷은 긴 꼬리를 자랑한다. 이마는 툭 튀어나와 있어 약간 중생대 동물의 느낌을 주기도 한다. 금조는 대부분의 시간을 땅에서 보내지만 마음만 먹으면 날 수도 있다. 비록 그 모습이 마치 비행의 초기 형태를 보는 듯, 어설픈 흉내에 가깝게 보이지만 말이다. 하지만 땅 위에서는 날렵하다. 펄럭이는 듯한 걸음걸이로 도약하며 빽빽한 숲속을 빠르게 헤쳐 나간다. 긴 다리에는 땅을 파헤쳐 먹이를 찾는 데 쓰는 커다란 발톱이 있다.

금조는 3장의 서두에서 소개한 블루마운틴 계곡의 계단과 사다리를 타고 내려가야만 닿을 수 있는 그 숲에서 꽤 흔하게 볼 수 있다(내가 만난 금조는 큰거문고새Superb lyrebird인데 유일하게 직접 본 종이다). 한번은 아침 열 시쯤 조용히 앉아 있는데 갑자기 예기치 못한 소리가 두어 번 들렸다. 돌아보니 금조 한 마리가 아주 가까이에 와 있었다. 언제 왔는지는 눈치채지 못했다. 밤에 나무 위에서 잠을 자다가 요란한 소리를 내며 내려온 모양인데 이 녀석은 꽤나 여유로운 아침 시간을 보내고 있었다.

몸을 일으켜 세운 암컷은 몸집 작은 공룡이 잠에서 깨어나 높은 나무에서 뛰어내렸다가 어설프게 착지한 뒤 정신을 차리려고 애쓸 때 낼 법한 소리를 냈다. 나직한 한숨과 억눌린 비명이 뒤섞인 소리였다.

몇 분 뒤, 또 다른 한 마리가 갑자기 나타났지만 이번에도 나는 떨어지는 모습은 보지 못했다. '쿵' 소리가 나고 세 번째 녀석이 나타났다.

나는 한동안 숲속에서 땅에 내려온 금조들을 따라다녔다. 그들은 주변을 돌아다니며 이것저것 파헤쳤다. 몇몇 금조보다 훨씬 작은 새들이 그 뒤를 바싹 따라다니는데, 커다란 발톱에 차여 나온 먹이 조각을 찾는 것이 분명했다. 나는 굴뚝새wren 한 마리가 금조의 발밑에 너무 가까이 다가갔다가 발에 채이는 바람에 공중에서 빙글 돌다가 바닥에 나뒹구는 장면을 보았다. 그 모습을 보니 사냥하는 문어의 뒤를 따르며 떨어진 것을 주워 먹으려는 작은 물고기들이 떠올랐다.

한번은 이른 저녁, 금조 한 마리가 긴 코스의 아주 지저분한 저녁 만찬을 마친 뒤 시냇물에 몸을 씻는 모습을 보았다. 먼저 다리를 씻고 나서는 물을 튀기며 거의 온몸을 씻었다. 그러고는 땅 위에 있는 나뭇가지로 가 앉았다. 거기서 몸을 말리고 깃털을 다듬는 듯 보였다. 저녁 식사 후의 목욕이었다.

많은 이들이 동의하듯 금조는 모든 명금류를 통틀어 가장 경이로운 존재다. 그 경이로움의 원천은 바로 경탄할 만한 흉내내기 능력에 있다. 수컷은 다른 종의 울음소리를 거의 완벽하게 복제해내고, 이를 폭포수처럼 빠르게 연달아 쏟아낸다. 그렇게 복제된 소리들은 서로 연결되거나 때로는 뒤죽박죽 섞이며 그 누구의 것도 아닌 자신들만의 기계적인 소리와 한데 어우러진다. 암컷 또한 흉내내기에 능하지만, 수컷과는 다른 종류의 소리를 낸다.

한 연구에 따르면, 다른 새들조차 금조가 흉내낸 소리와 자기 종의 진짜 울음소리를 항상 구분해 내지는 못한다고 한다. 구분이 가능할 때도 있는데, 금조의 흉내가 지나치게 '격식'을 차리는 것처럼 들릴 때가 그렇다. 오페라 소프라노가 너무 조심스럽게 민요를 부르는 느낌과 비슷할 것이다. 또한 금조가 흉내내는 소리는 원본보다 더 멀리 울려 퍼지기도 한다. 장황하고 복잡하게 생각할 것 없이, 금조의 능력은 그저 경이로울 따름이다! 적어도 수컷의 경우, 스스로 새로운 소리를 만들 수도 있지만 레퍼토리의 대부분은 다른 금조에게서 배우는 것으로 보인다. 수컷이 이렇게 소리를 내는 이유는 짝에게 깊은 인상을 주고 유혹하기 위해서다. 암컷 노래의 기능은 그보다 덜 명확한데, 어떤 노래는 영역을 두고 벌이는 다른 암컷과의 경쟁과 관련이 있는 것으로 보인다.

다음 장에서는 철학자 킴 스터렐니Kim Sterelny가 발전시킨 인간의 행위와 진화에 대한 몇 가지 아이디어를 만날 것이다. 킴과 그의 파트너인 역사학자인 멜라니 놀란Melanie Nolan은 금조가 많이 서식하는 호주의 어느 숲속에 집을 한 채 두고 있다. 금조 무리 때문에 주변은 종종 온갖 소리로 혼란스러워진다. 앵무새 무리가 자신들의 울음소리에 뜻밖의 답가가 들려오자, 언짢다는 듯 입을 다무는 모습도 목격되었다. 헌신적으로 정원을 돌보는 멜라니는 끊임없이 식물을 심고 가꾸는데, 종종 울타리를 만들기 위해 커다란 금속 말뚝을 땅에 박기도 한다. 어느 날, 킴은 멜라니에게 잠시 쉬는 것이 어떻겠냐고 물었고, 이에 수긍한 멜라니가 집 안으로 들어갔다. 그런데 잠시 후 킴의 귀에 또다시 말뚝 박는 소리, 곧 쇠와 쇠가 부딪치며 나는 특유의 쨍하는 소리가 들려왔다. 그는 아내를 말리려고 밖으로 다시 나갔다. 그러나 그곳에 있던 것은 금조였다. 킴은 이 소리는 본래 금조가 내는 돌발적인 기계음과는 달랐지만, 아마도 그 소리를 변형한 것처럼 들렸다고 했다.

바우어

명금류의 진화 과정에서 금조는 일찍부터 한쪽으로 갈라져 나온다. 그 후 또 한 번의 초기 분기가 일어나는데 한쪽 가지는 오늘날 소수의 종만이 살아남은 작은 무리로, 다른 쪽은 수천 종에 이르는 거대한 집단으로 이어진다. 작은 무리에는 지난 장에서 우리가 분류했던 행위의 관점에서 특히 주목할 만한 새들이 있다. 그들은 바우어새 bowerbird 다.

금조가 어딘가 공룡 같은 모습을 하고 있다면, 바우어새는 평범한 새처럼 보인다. 바우어새는 마치 (금조의 비행과 마찬가지로) **걷기**라는 진화 프로젝트를 끝내지 못한 것처럼 어색한 깡충걸음으로 이동한다. 그들의 진정한 장기는 수집과 엔지니어링이다. 수컷 바우어새는 땅 위에 둥지 같은 구조물bower을 짓지만, 이것은 오직 과시display를 위한 것이다. 이 바우어는 식물 줄기로 만드는데, 바우어새의 많은 종이 우아하게 휘어진 두 개의 벽을 세우는 방식을 사용한다. 이 벽들은 꼭대기에서 만나거나 거의 닿을 정도로 휘어져서 터널을 형성한다. 다른 종들은 오두막이나 오월제의 장대maypole처럼 보이는 것을 짓기도 한다. 그 앞에는 수집된 물건들을 놓는다.

바우어새는 종에 따라 각기 다른 색을 선호한다. 내가 사는 곳의 토착종인 새틴바우어새Satin Bowerbird는 밝은 파란색 물건을 수집한다. 덤불 속에서 그들이 만든 바우어를 찾으려면 그 파란 물건들을 찾으면 된다. (문어를 찾는 방법과 비슷하다. 요는, 동물이 남긴 흔적을 찾으면 된다는 거다.) 플라스틱 빨래집게나 병뚜껑처럼 인간이 만든 것들이 대부분인 이 파란색 물건들 사이에는 밝은 노란색 물건들이 몇 개 섞여 있다. 이 두 색의 조합은 특별한 역할을 하는 것으로 보인다. 수컷은 때때로 부리에 파란색 물건과 작은 노란 꽃잎을 함께 물고 있다가, 이 물건이나 노란 꽃잎에 관심을 보이는 암컷에게 이것들을 내민다.

수컷들은 단지 자신의 바우어에 무언가를 계속 더하기만 하는 것이 아니다. 수시로 물건들의 자리를 바꾸어 다시 배열하고, 고심 끝에 일부를 빼내는 듯한 행동도 보인다. 색깔 있는 물건들을 모아 놓은 전시장 역시 정성껏 관리하고 배치를 바꾼다. 내가 본 가장 인상적인 수집품 콜렉션은 바닥에 가느다란 노란 풀줄기와 깃털을 규칙적으로 깔고 그 위에 수십 개의 파란색 물건을 올려 놓은 형태였다. 여기에 마치 고딕적인 느낌을 더하려는 듯 작고 하얀 동물 머리뼈가 하나 놓여 있었다.

    그들은 왜 파란색을 좋아할까? 바우어새의 색깔 선택은 종마다 다른데, 그 방식이 자못 흥미롭다. 예를 들어, 파란색을 수집하는 새틴바우어새는 강렬한 파란색 눈을 가지고 있으며 다 자란 수컷의 경우 청흑색 깃털을 가졌다. 반면 호주 북부의 큰바우어새Great Bowerbird는 파란색 물건은 외면한 채, 주로 흰색과 옅은 색의 물건들을 모은다. 이 새는 옅은 회색 깃털을 가졌는데, 내가 직접 본 개체의 경우 그 깃털 색이 자신이 모은 장식품의 색과 아주 비슷했다. 이 종의 수컷은 또한 라일락 핑크색 볏을 가지고 있다. 실제로 본 적은 없지만 점박이바우어새Spotted Bowerbird는 특정한 색을 선호해 수집하지는 않는다고 알려져 있는데, 그 몸의 색은 갈색, 회색, 녹색, 그리고 역시 라일락색 볏 등 여러 색이 뒤섞여 있다. 보았듯이 나는 장식물의 색과 새의 몸 색깔 사이의 유사성에 호기심을 느낀다. 물론 확고한 원칙은 아니지만, 몇몇 사례에서 보이는 일치를 단순한 우연으로 넘기기 어렵다.

    파란색 선호에 대한 한 가지 유력한 가설은 희귀성이다. 인간이 만든 온갖 플라스틱이 흔해지기 전에는 자연 속에 파란색 물건은 매우 드물었을 것이다. 문명과 멀리 떨어진 곳의 바우어에서 발견되는 파란색 물건들은 주로 앵무새의 깃털이나 꽃이다. 따라서 희귀한 색에 대한 관심은 설득력이 있다. 적어도 인간이 파란색의 희소성을 무너뜨리기 전까지는 말이다. 물론, 다른 종에 대한 연구에서는 희귀한 물건이 선호되지 않는다는 상반된 결과도 있다. 하지만 모든 바우어새 종이 똑같이 행동한다고 가정할 필요는 없다. 종마다 자신만의 시스템을 따라 각기 다른 방향으로 진화했을 수 있기 때문이다. 새틴바우어새의 경우, 나는 자꾸만 그 새의 빛나는 푸른 눈과의 연관성에 생각이 미친다.

그렇다면 새틴바우어새가 과시에서 중요하게 사용하는 파란색과 노란색의 조합은 어떻게 설명할 수 있을까? 식물학자 캐서린 프레스턴Katherine Preston이 지적했듯 한 가지 가능성은 두 색의 대비 효과다. 어떤 색 구성표에서 노란색과 파란색은 '보색complementary' 관계라 그 대비가 특히 강렬할 것이다. 게다가 노란색은 다 자란 수컷 새틴바우어새의 부리 색과도 일치하는데, 어쩌면 이 모든 요인이 함께 작용하는지도 모른다. 한편, 재러드 다이아몬드Jared Diamond는 뉴 기니 산맥에서 화려한 바우어를 만드는 한 종에 대한 대담한 연구를 수행하는 과정에서, 지역 특이적인 "문화적 전통"의 단서를 발견했다. 이는 아마도 어린 새들이 나이 든 새를 모방하면서 발생한, 가까운 지역끼리 저마다 다른 선호와 스타일이 나타나는 현상을 말한다. 이러한 문화적 전통의 가능성은 이제 여러 종에서 제기되고 있다.

그들의 색깔 선택에 대한 설명이 어떻든 이 병뚜껑과 꽃잎, 여타 수집품들은 이전 장에서 소개했던 의미의 도구tools다. 다만 그것은 건축을 위한 도구가 아니라, 사회적 상호작용을 위한 도구라는 점이 특별하다. 보통은 이런 물건들을 도구라 칭하지 않는데, 이는 아마도 우리가 도구를 더 실용적인utilitarian 과업과 연관시키는 습관 때문일 것이다. 하지만 바우어새의 물건들은 '다른 존재(이 경우에는 다른 바우어새)에게 영향을 미칠 목표를 가지고 하나의 물체를 조작하는 행위'라는 도구의 정의를 정확히 만족시킨다.

이 도구들(바우어새의 수집품과 바우어 그 자체)이 목표로 하는 효과는 바로 상대방의 평가와 감상이다. 다시 말해, 깊은 인상을 남기기 위한 것이다. 이는 함께 여행했던 조류 가이드 로리 로스Laurie Ross가 들려 준 이야기에서 잘 드러난다. 한 바우어새가 공들여 지은 멋진 바우어를 지켜보고 있었다고 한다. 그런데 그 새는 자신의 작품이 잠시 동안 여러 암컷에게 아무런 반응도 얻지 못하자, 미련 없이 그것을 허물고 다른 바우어를 짓기 시작했다.

바우어새는 단지 수집가나 건축가에 머무르지 않는다. 그들은 모든 면에서 경이로운 과시의 명수이자 광

고의 대가다. 자신의 수집품을 내보이고, 춤을 추며, 낮고 부드럽게 "구구" 소리를 내며 노래한다. 그들은 금조처럼 소리를 약간 흉내 내기도 한다. 그들의 구애 행위를 보고 있노라면, 마치 인상을 남기기 위해 동원할 수 있는 모든 수단을 다 쏟아붓는 것처럼 느껴진다. 자신의 몸과 소리, 주워 온 물건과 직접 지은 구조물까지, 그야말로 모든 것을 말이다.

바우어새는 과시와 평가라는 상호 연관된 활동이 새를 어떻게 이끌어 왔는지를 극명하게 보여 주는 사례이며, 이들은 그 활동을 아주 독특한 방향으로 발전시켰다. 모든 종을 통틀어 오직 이 작은 새 무리만이 이런 식의 수집과 건축에 참여한다는 사실은 참 놀라운 일이다. 물론 몇몇 다른 새들도 드러내기에 도구를 사용한다. 수컷 붉은눈썹핀치Red-browed Finch는 구애를 할 때 가느다란 줄기를 잘라 물고 깡충깡충 뛰기도 한다. 호주 최북단에 서식하는 야자앵무Palm Cockatoo는 짝을 유인하기 위해, 자신이 직접 자르고 다듬은 나뭇가지를 일종의 드럼 스틱 삼아 마른 나무를 리드미컬하게 두드린다. 어떤 종들은 깊은 인상을 주려는 것처럼 깃털이나 꽃으로 둥지를 장식하기도 한다. 하지만 바우어새가 짓는 정교한 구조물에 비할 만한 것은 없어 보인다. 바우어새들을 폭넓게 연구한 제럴드 보르지아Gerald Borgia는 그 기원에 대해 흥미로운 가설을 제안했다. 바우어는 본래 암컷이 원치 않는 짝짓기의 가능성을 피하면서, 수컷의 과시와 장식품을 안전하게 관람할 수 있는 장소로서 시작되었다는 것이다. 짝짓기를 시작하려면 수컷은 바우어 정면의 메인 전시 공간을 벗어나 바우어의 뒤쪽으로 돌아가야만 한다. 바로 이 구조가 암컷에게 자리를 피할 시간을 벌어 준다는 설명이다. 이 안전장치에서 시작된 바우어는 점차 정교해졌다. 암컷들은 수컷의 과시뿐 아니라 바우어 그 자체를 통해서도 수컷의 자질을 평가하기 시작했다. 이 관점에 따르면 장식물과 과시에 대한 면밀한 관찰이 먼저 생겨났고, 최초의 바우어는 마치 오페라 박스석처럼 보호된 관람 공간이었으며, 그 후에야 암컷의 미학적 평가의 대상이 되었다. 이 모든 설명에도 불구하고, 왜 장식물을 수집하는 행위 자체가 그토록 드문지에 대한 질문은 여전히 남아 있다.

정교하게 만들어진 바우어는 공작의 꼬리나 다른 수컷 새들이 가진 값비싸 보이는 과시용 보조 도구들을 떠올리게 한다. 생물학계에서는 이런 특징을 두고 오랫동안 팽팽한 논쟁이 이어져 왔다. 한 관점에서는, 이러한 특징을 수컷이 자신의 건강과 활력을 과시하는, 속이기 어려운 '정직한 신호'로 본다. 건강한 수컷만이 그런 사치스러운 특징을 감당할 여유가 있다는 논리다. 다른 관점은, 이 특징들이 "폭주" 과정의 결과라는 주장이다. 수컷의 특정 신체 형질과 그에 대한 암컷의 선호(처음에는 다소 자의적이었던)가 유전적으로 연결되면서, 세대를 거듭하며 각 특징이 점점 더 극단으로 치달았다는 말이다. 이 해묵은 논쟁의 승자가 누구인지는 나의 더 큰 주제에 영향을 미치지 않는다. 즉, 살아 있는 세계, 특히 동물 세계의 핵심 요소로서 과시와 평가, 매혹이 갖는 그 순수한 중요성 말이다. 특히 새들을 보면, 인간이 이런 일들을 시작하기 훨씬 전에 별

개의 진화 계통 안에서 이 모든 정교한 소통과 과시가 그토록 사치스러운 스타일로 자리잡고 있었다는 점이 참 매력적이다.

덤불 속의 오르페우스

신화 속 인물 오르페우스는 리라를 연주했다. 그의 연주는 들을 수 있는 모든 존재와 심지어 돌멩이의 마음까지 사로잡았고, 훗날 최초의 오페라들에 영감을 주었다. 그런데 세상에서 가장 뛰어난 명금류가 바로 그 리라를 자신의 몸에 지니고 있다는 사실은 실로 장엄하고 서정적인 우연이자, 진화가 빚어낸 기적 같은 연금술이다.

금조Lyrebird라는 이름에 '리라'가 들어가는 이유는 수컷의 꼬리 깃털 때문이다. 먼저 악기 리라를 떠올려보자. 리라는 보통 악기 몸체 양옆으로 활처럼 휜 나무 팔 두 개가 뻗어 나와 끝이 가로대에 연결되고, 그 가로대와 몸체 사이에는 여러 개의 현이 걸려 있다. 수컷 금조는 바깥쪽에 위치한, 길고 구부러진 띠무늬 깃털 두 개(리라깃lyrates)가 있다. 과시 행동을 할 때 이 두 깃털을 밖으로 펼치면, 그 사이로 수많은 더 가늘고 옅은 색의 깃털들이 드러난다.

금조와 제대로 마주친 첫 경험은 열대우림 오솔길을 걷고 있을 때였다. 어디선가 채찍새Whipbird 소리가 들려왔다. 채찍새는 몸집이 작아 여간해서는 보기 힘든 새로, 짝과 신호를 주고받는 소리 끝에 이름처럼 날카로운 채찍 소리를 섞어 내는 것이 특징이다. 방금 들은 소리도 그와 아주 비슷했지만 어딘가 미묘하게 달랐다. 내가 앞서 금조의 흉내를 두고 '지나치게 격식 차린 오페라 같다'고 평했던 것처럼 실제 채찍새의 소리라기엔 너무 맑고 선명하게 울려 퍼졌다. 나는 길을 벗어나 소리가 나는 덤불 쪽으로 발걸음을 옮겼다.

내가 걷던 길은 사람들이 많이 다니는 평범한 오솔길이었다. 그러나 길에서 벗어나 1분쯤 걸어 들어가자, 나는 완전히 다른 장소에 와 있었다. 숲은 빽빽해지고 길은 가팔라졌다. 내가 건드리는 것들의 절반은 나를 따끔하게 찌르거나 놀래켰다. 나는 낮은 그루터기 위에 서 있는 오르페우스를 발견했다. 그는 순식간에 채찍새가 되었다가, 검은유황앵무가 되고, 웃음물총새Laughing Kookaburra와 까치, 그리고 내가 알지 못하는 수많은 새로 변신했다. 나는 그만의 영역을 침범하지 않으려 조심하며, 그를 향해 조금씩, 그리고 빙 돌아서 다가갔다. 처음에 그는 슬쩍 몸을 피했지만 잠시 후에는 나를 신경 쓰지 않는 듯했고 나는 꽤 가까이 다가갈 수 있었다. 나는 그곳에서 약 30분 정도 머물렀다.

도리고 열대우림Dorrigo Rainforest 캠핑장 주차장에서 차 문을 잠갔다. 삑 하는 잠금음에 맞춰 곧장 메아리가 들려왔다. 나는 문을 열었다 다시 잠가 보았다. 이번에도 어김없이 자동차의 삑 소리와는 미묘하게 다르지만 비슷한 소리가 울려퍼졌다. 소리의 주인공은 끝내 만나지 못했지만 아마 금조였을 것이라 짐작한다. 과학 문헌들에는 적어도 야생에서 인간이 만든 소리를 흉내낸다는 주장에 대해서는 다소 회의적으로 기록되어 있다. 과학계가 이처럼 회의적인 이유는 초기에 과장된 이야기들이 퍼졌기 때문일 것이다. 하지만 논의의 범위를 사육 상태의 금조까지 넓힌다면 이야기는 명확해진다. 실제로 시드니 동물원의 한 금조가 인간이 만들어 낸 여러 소리를 흉내내는 소리가 녹음되기도 했다. 그 금조가 낸 아기 울음소리는 정말 놀라운 수준이다. 적어도 나는 실제 사람의 울음소리와 구별할 수 없었다.

앞서 수컷 금조가 주로 다른 종의 울음소리를 직접 복제하여 조합하는 것이 아니라, 다른 금조들이 부르는 짜여진 노래를 통째로 복제하는 방식으로 레퍼토리를 습득한다고 말했다. 어떤 지역의 새들 사이에서는 어느 단계에선가 채찍새나 앵무새 소리를 처음 복제하는 일이 일어나야만 하겠지만, 그 소리는 그 후 복제를 통해 그 자리에 남게 된다. 다른 새들도 흉내를 잘 내지만, 특히 일부 앵무새나 찌르레기가 그렇다. 하지만 다른 새들이 이런 식으로 소리를 서로에게 전파할까? 만약 금조의 이 능력이 오래된 것이라면, 이것이야말로 지구상에서 가장 오래된 녹음 매체인 셈이다.

이 시스템은 소리를 상당 기간 보존할 수도 있다. 나를 덤불 속 오르페우스에게로 이끌었던 것은 바로 채찍새의 소리였다. 호주 최남단의 섬인 태즈메이니아에는 채찍새가 살지 않는다. 하지만 1930년대에 금조가 그곳에 들어오게 되었고, 그들은 채찍새의 지글거리는 날카로운 소리를 함께 가져갔다. 1964년, 그곳의 금조들은 분명히 그 소리를 재현하고 있었다. 1984년에 이루어진 (인간의) 녹음에는 여전히 그 소리의 "겨우 알아들을 수 있을 정도의" 흔적이 남아 있었다. 30년 동안 금조의 정신적 기록은 온전하게 유지되었고, 수십 년이 지나자 희미해진 것이다. 금조의 수명이 약 20년이니, 이 소리의 기억은 불과 두어 세대만에 전해졌을 수도, 혹은 그보다 더 길었을 수도 있다. 만약 근처 어딘가에서 또 다른 젊은 금조가 나와 함께 오르페우스의 노래를 듣고 있었다면, 그 노래의 세세한 가락은 사라질지라도 그 정수만큼은 다음 세대로 이어져 시간을 관통하는 하나의 흐름이 되었을지도 모른다.

2부.
우리는
누구인가

WHO WE ARE

5. 인간이라는 존재

또 다른 숲

지구 반대편의 또 다른 대륙인 중앙아프리카 르완다로 가 보자. 농지 한가운데에 숲이 우거져 있다. 다채로운 초록빛 농작물 사이로 난 길을 걷다 보면 길은 곧 빽빽한 대나무 숲으로 이어진다. 높게 자란 대나무 줄기들이 이리저리 자라나 서로에게 몸을 기대고 서 있다.

 길은 점점 더 가팔라진다. 대나무는 점점 가늘어지고, 그 옆으로 쐐기풀이 자라고 있다. 얼마 지나지 않아 길은 형체 모를 무성한 녹색 덩굴 사이로 구불구불 이어진다. 마침내 가이드들이 손으로 그들을 가리킨다. 마운틴고릴라mountain gorilla, 숲의 녹음 속에 사는 거대하고 검은 동물이다.

 우리가 처음 마주친 고릴라들은 이기샤Igisha라는 명칭의 대가

족에 속한 이들로, 그 수는 약 36마리였다. 마운틴고릴라 무리는 혈연관계인 성체 수컷, 즉 실버백silverback들을 중심으로 이루어져 있고, 그중 한 마리가 우두머리가 된다. 거기에 혈연관계가 아닌 성체 암컷들, 그리고 여러 어린 수컷과 암컷, 다양한 나이의 새끼들이 무리를 이룬다. 무리마다 대략적인 핵심 지역과 주변부로 이루어진 고유한 서식 영역을 갖고 있다. 이 영역은 엄격하게 지켜지지는 않아서 서로 겹칠 수도 있지만, 다른 무리끼리는 서로 마주치기를 피한다.

다 자란 고릴라들은 육중하다. 수컷이 팔 하나만 쭉 뻗어도 얼마나 큰지 보는 사람의 눈이 휘둥그레진다. 하지만 무리 사이에 아무런 문제 없이 평온할 때는 은근하고 잔잔한 애정이 감돈다.

우리가 처음 만난 무리는 흩어져 있었다. 몇 마리는 땅 위에, 다른 몇 마리는 낮게 우거진 나뭇가지 위를 돌아다니고 있었다. 둘째 날에는 약 다섯 마리의 고릴라가 꽤 가까이 모여 앉은 모습을 발견했다. 땅에 앉아있던 수컷 한 마리는 나무 위를 오르내리는 새끼들을 꽤 세심하게 살피는 것처럼 보였다.

그곳에는 조용히 모여 있는 작은 우리 인간 무리와, 비슷한 규모의 고릴라 무리가 있었다. 우리는 모두 영장류이자 유인원이다. 기나긴 역사와 수많은 DNA를 공유하지만 분명히 달랐다. 특히 우리 쪽은 옷과 카메라를 걸치고 세계 각지에서 이곳까지 먼 길을 왔다는 점에서.

고릴라들은 우리에게서 아무것도 바라지 않는다. 이따금씩 관심을 보이며 옆을 스쳐 지나가기도 하지만, 그들에게 우리는 그다지 중요하지 않다. 우리가 지켜보는 동안에도, 그들은 묵묵히 나뭇잎을 떼어 내고 줄기와 가지를 해체한다. 그러고는 싱싱한 녹색 먹이를 끊임없이 입으로 가져간다. 이곳을 방문할 때마다 고릴라들과 함께할 수 있는 시간은 정확히 한 시간이다. 시간이 되면 우리는 말없는 작별 인사를 남기고 언덕을 다시 걸어 내려온다.

거의 내려왔을 무렵, 아래에서 산을 올려다보니 거대한 혹 모양의 형체 몇 개가 눈에 들어온다. 조금 전에 보았던 무성한 녹색 수관이, 이제는 등을 구부린 거대한 고릴라의 모습처럼 보인다. 마치 숲 전체가 그들의 존재를 온몸으로 표현하고 있는 듯하다.

문화

포유류는 공룡이 지배하던 시절에 처음 등장했다. 하지만 포유류의 위대한 여정 대부분은 공룡 시대를 끝낸 대멸종 사건 이후에 본격적으로 펼쳐졌다. 지난 장에서 우리는 명금류를 살펴보며 한 가지 흥미로운 패턴을 발견했다. 계통수에서 아주 일찌감치 갈라져 나온 몇몇 무리가, 기나긴 시대를 거치며 가느다란 명맥을 이어 온 끝에 오늘날에는 소수의 종만이 남았다는 사실이다. 포유류의 역사에서도 똑같은 현상이 일어났다. 오리너구리platypus와 가시두더지echidnas가 속한 알을 낳는 포유류인 단공류monotremes는 초기에 갈라져 나와서, 현재는 단 다섯 종만이 살아남았다(다른 기준을 적용하면 그보다 적다). 또 다른 초기 분기에서는 한쪽은 캥거루 같은 유대류 marsupials, 다른 한쪽은 훨씬 더 큰 집단인 진수류eutherian 또는 태반류placental 포유동물로 이어졌다. 명금류와 마찬가지로 오래 전에 갈라져 나온 단공류와 유대류 생존자들은 오늘날 대부분 호주에 터잡고 살아간다.

진수류 포유류 중에서도 영장류는 대멸종 직후 화석 기록에 등장하는 그룹 중 하나다. 하지만 그보다 더 이전부터 공룡의 마지막 시대를 눈에 띄지 않게 살아갔을 가능성도 있다.

영장류의 한 갈래는 약 1500만 년 전에 나타난 대형 유인원, 즉 사람이다. "사람과Hominid"라는 용어의 의미는 시대에 따라 변해 왔다. 과거에는 우리 인간과 몇몇 아주 가까운 친척만을 지칭하고 고릴라 등은 포함하지 않았다. 하지만 이제는 고릴라, 침팬지, 보노보, 오랑우탄, 그리고 우리 인간과 같은 가지에 속했지만 멸종된 종들까지 모두 포함하는 더 큰 무리를 가리키는 데 사용된다. 이 중에서 우리와 가장 가까운 현존하는 친척은 침팬지와 보노보이며, 그 다음이 고릴라다. 오랑우탄은 우리와 조금 멀리 떨어져 있다.

우리의 친척인 다른 대형 유인원들은 숲에서 살아간다. 이들은 대체로 매우 사회적이다(오랑우탄은 상대적으로 덜 사회적이다). 약 500만 년 전 어느 시점, 한 영장류의 갈래가 숲을 떠나 아프리카의 사바나로 향했다. 그곳에서 이 모험심 강한 유인원들은 더 복잡하고 통합된 사회를 형성하기 시작했다.

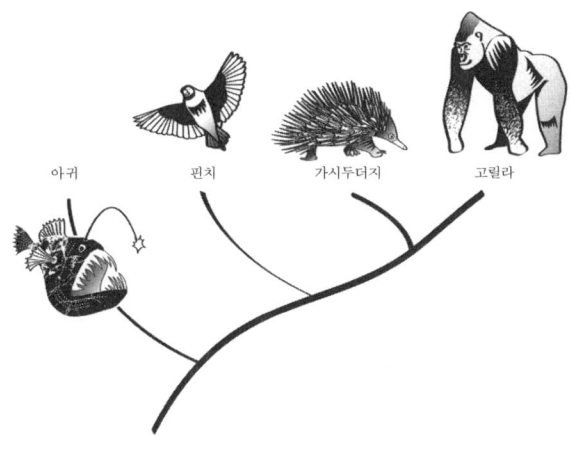

아귀　　　펀치　　　가시두더지　　　고릴라

　　인간의 사회생활 방식은 동물 중에서도 특별하다. 혈연관계가 없는 수많은 개체가 서로 협력하며 살아가기 때문이다. 심지어 인간 사회에서 보이는 관용과 같은 태도는, 적어도 영장류 사이에서는 이례적이다. 영장류학자 새라 허디Sarah Hrdy는 이를 생생하게 묘사하는 사고 실험 하나를 제시한다. 수백 명의 낯선 이들이 금속으로 만들어진 비행기 안에 빽빽이 들어찬 상황을 상상해 보자. 이때 모든 승객이 갑자기 침팬지 무리로 변한다면 과연 어떤 일이 벌어질까? "우리 중 누구 하나라도 열 개의 손가락과 발가락이 온전한 상태로 내릴 수 있다면 행운일 것이다." 인간의 비행기 여행이 언제나 순탄한 것은 아니지만 신체 부위는 대체로 제 주인에게 붙어 있기 마련이다. 물고기로 변한다면 그나마 침팬지가 되는 것보다는 상황이 괜찮을 것이다. 문어라면, 아마 대참사가 벌어질 테니 생각조차 하지 않는 편이 좋겠다. 인간 사회의 공존 방식은 많은 동물들, 특히 우리와 가까운 친척들의 밀집 생활 방식에서 한 걸음 벗어나 있다.

낯선 이에 대한 관용(그 정도가 어떻든 간에)과 타인과 협력하려는 의지에는 개인의 심리적 변화가 필요했지만, 이 장에서 내가 무엇보다 강조하려는 인간 삶의 특징은 바로 **문화의 등장과 그 역할**이다. 이 책에서 문화는 베토벤만을 말하는 것은 아니다(물론 우리는 결국 그 수준까지 도달하지만 말이다). 나는 문화라는 용어를 생물학과 인류학에서 사용하듯이 넓은 의미로 사용하고자 한다. 이 의미에서 문화란 유전이 아닌 학습과 모방, 이끎과 가르침을 통해 한 세대에서 다음 세대로 그리고 같은 세대의 구성원 사이에 전파되는 모든 행동 방식과 그 발전 과정을 의미한다. 음식을 만들고, 옷을 입고, 결혼 상대를 규정하는 이 모든 규칙 등이 이런 넓은 의미의 문화에 속한다.

행동이 문화적으로 확산되는 과정은 어떤 사람이 다른 누군가가 하는 일이 효과가 있다고 보고 그대로 모방하는 것만으로도 시작될 수 있다. 하지만 이런 습관, 규칙, 기술이 전수되고 퍼져나가는 과정은 의사소통과 의례를 기반으로 더욱 체계화될 수 있다. 그렇게 되면 표준화된 도구를 만들고 사용하는 것뿐 아니라, 주변 환경을 의도적으로 변형시키는 행위까지 포함하는 '물질material 문화'로 확장된다. 결국 사회는 행동 양식을 공고히 하고 미래로 계승하려는 명시적 역할을 지닌 사물, 표식, 사회적 행동을 만들어 낸다.

바로 "이것이 우리가 사는 방식"이라고 선언하듯이.

문화는 행동을 공고히 할 뿐 아니라 행동의 새로운 변화를 일으키기도 한다. 행동을 모방하고, 장려하고, 계속 알려주면서 서서히 개선될 수도 있다. 세부적으로 더 정교해지고, 기술이나 습관이 다른 것들과 결합되어 더 유용한 연속적 행동으로 발전되기도 한다. 만약 작은 혁신(예를 들어 더 나은 직조법)이 널리 퍼지면 이를 기반으로 더 많은 실험이 이루어진다. 인간의 행동은 개인의 실험과 지속적인 문화적 흐름이 뒤섞인 혼합물이다.

문화적으로 내재된 학습 형태 중에는 킴 스터렐니(이전 장에서 금조에게 속았던 바로 그 철학자)가 "스캐폴딩 학습scaffolded learning"이라 부른 특별한 형태가 있다. 이는 한 세대가 자신의 행동을 통해 다음 세대에게 특정 기술이나 사고방식을 배우도록 독려하는 것을 말한다. 이는 단순히 모방을 통한 학습이 아니라 다른 이들의 적극적인 도움으로 이루어지는 학습이다. 스터렐니에 따르면, 인간 사회는 아이들이 성장하며 의존하는 사회적, 물질적 발판을 끊임없이 재구축한다. 이 과정은 문화 내에 일종의 '순환looping' 고리를 만들어 낸다. 즉, 기존 구성원들의 행위가 새로 합류한 이들의 경험의 토대가 되고, 이들은 다시 그 관행을 이어나간다. 스캐폴딩 학습의 대표적인 예는 도제식 교육으로, 숙련된 기술을 가진 사람을 보고, 돕고, 그로부터 배우며 기술을 습득하는 것이다. 인간의 양육 과정에는 겉으로 드러나지 않을 뿐 수많은 도제식 교육이 포함되어 있다. 이 주제를 다룬 스터렐니의 저서 『진화한 도제The Evolved Apprentice』

의 제목 자체가 이 개념을 잘 요약한다. 스캐폴딩 학습은 동물에게서는 흔하지 않은 방식이다. 어미가 몇 가지 기술을 가르치는 종이 있기는 하지만, 이 영역에서 인간은 특별한 위치에 있다.

우리 조상들 사이에서 문화가 이러한 역할을 수행하기 시작한 시기는 언제일까? 이 장에서 자주 언급되는 인류학자 조지프 헨릭Joseph Henrich은 이 변화가 점진적으로 이루졌지만, 그 과정 중에 "루비콘을 건넌다"고 표현할 만한 변곡점이 있었다고 본다. 이 단계 이후에는 문화 없이는 살아가는 것이 어렵거나 불가능해지고, 문화의 역할이 점점 더 커진다. (루비콘은 기원전 49년에 율리우스 카이사르가 로마 공화국에 반란을 일으킨 초기에 건넌 강으로, 이를 건넌 후에는 되돌아가는 것이 무의미해지며 로마로 진군하는 것만이 유일한 선택이었다.)

여기서 마음 속에 간직해야 할 그림은 단 하나의 종, 즉 우리 인간만이 이 단계를 향해 발걸음을 내디딘 모습이 아니다. 헨릭은 돌아올 수 없는 지점의 시기를 약 200만 년 전으로 본다. 이 시기는 우리 호모Homo 속genus의 역사 초기에 해당하며, 우리 종인 호모 사피엔스가 출현하기 이전이다.

최근까지 많은 연구자들은 이 특징에 대해 인간과 현존하는 다른 모든 동물 사이에 뚜렷한 경계가 있다고 여겼다. 비인간 동물 사이에서는 다양한 형태의 사회적 생활은 흔히 관찰되지만, 문화라는 틀 안에서 이루어지는 정보 공유는 거의 존재하지 않는다고 본 것이다. 그러나 이제는 이 생각이 틀린 것으로 보인다. 특히 침팬지를 비롯한 많은 동물에게서 문화적으로 학습된 행동 목록이 점점 늘어나고 있기 때문이다. 4장에서 다룬 금조와 바우어새도 그 예다. 금조는 노래 레퍼토리를, 바우어새는 (아마도) 장식 양식을 학습했다. 심지어 꿀벌도 단순한 형태의 문화 학습을 보여 준다. 이제는 "왜 다른 동물들에게는 문화가 없는가?"라는 질문이 "왜 인간에게서는 문화가 이렇게 발전하고 정교해졌으며, 다른 종들에게는 오랫동안 거의 눈에 띄지 않는 부차적인 요소로 남아 있었는가?"라는 새로운 질문으로 대체되었다. 두뇌 능력 때문일까? 아니면 이미 우리 계통에서 자리잡고 있었던 협력적인 사회생활 방식이 작은 불꽃으로 시작된 문화를 쓸모있게 만들고 계속 키워 왔기 때문일까?

마지막 질문엔 여전히 대답할 수 없지만, 나는 협력적인 사회생활이라는 생각에 어느 정도 무게를 두고 싶다. 더 넓게 보면, 문화는 앞 장들에서 살펴본 여러 형태의 행위들을 하나로 결합시키는 것으로 이해할 수 있다. 문화에는 거의 항상 사회적 상호작용이 포함되며(몰래 관찰하고 모방할 수도 있지만), 문화가 단순한 형태를 넘어가면 조금 전에 언급한 "물질 문화"라고 할 수 있는 엔지니어링(제작과 변형)이 개입하기 시작한다. 머지않아 이렇게 형성된 물질 문화 중 일부는 사회적 상호작용을 돕거나 의례와 문화적 기억을 지원하기 위한 용도로 만들어진다. 이 과정을 순전히 실용적인 방식으로만 생각할 수도 있는데, 실제로는 여기에 상당한 과시와 평가가 관여한 것으로 보인다. 문화는 이러한 오래된 행위 형태를 한데 모으고, 그것을 확장하며 더욱 강력하게 만든다.

이같은 사회적 환경에서 살아가는 것은 우리의 심리에 흔적을 남긴다. 이를 보여 주는 흥미롭고 동시에 어쩌면 다소 불편하게 느껴질 수 있는 행동의 한 가지 예가 있다. 어린아이들의 규범에 대한 인식, 즉 사람들이 어떻게 행동해야 하는지를 인식하는 능력이다.

　아이들은 일상적인 행동에서 위반이나 일탈을 유난히 잘 발견한다. 이런 능력은 원래라면 상당한 사회적 경험을 통해 배워야 하는 특성으로 여겨진다. 그러나 놀랍게도 일련의 연구 결과에서, 매우 어린 아이들조차 자신이 본 다양한 행동을 규범의 관점에서 해석하도록 준비되어 있었다. 그리고 실험을 거듭할수록 이 현상이 나타나는 연령대가 점점 더 어려지고 있다.

　초기 연구 중 하나는 두세 살 아이들을 대상으로 했다. 아이들은 시연자가 장난감을 가지고 자신들에게는 새로운 간단한 놀이(가령, 노란 블록을 미는 놀이)를 하는 모습을 지켜보았다. 시연자는 아이들이 이 새로운 행동을 잘 파악할 수 있도록 의도적인 방식으로 수행했다. 그 다음에 인형이 나타나 앞서 본 시연자와 다르게 행동했을 때, 아이들은 곧바로 항의하며 인형의 행동을 바로잡으려 했다. 두 살 아이들은 "안 돼!"라고 외치며 인형을 제지했고, 세 살 아이들은 한 술 더 떠 "그렇게 하는 게 아니야!"라며 규범적인 항의까지 했다. 아이들은 규범을 찾고, 또 이를 강제하도록 타고난 것처럼 보였다.

　나는 앞서 이런 행동이 다소 불편하다고 말했지만, 타인이 자의적으로 설정된 규칙을 위반하는 모습에 아주 어린 아이들이 화를 내는 실험 장면에는 나름의 매력이 있다. 또 다른 연구에서는 심지어 18개월 된 아이들조차도 비슷한 행동을 보인다. 일부 실험자들이 언급했듯이, 아주 어린 아이들이 새로운 상황에서 그곳의 규범을 따르고 이를 주시하려는 경향은 놀랍지 않다. 그러나 세 살짜리 아이가 다른 사람들에게 이러한 규범을 강요하려는 모습을 보이는 것은 예상 밖의 일이다. 기존 연구에서는 아이들이 누군가에게 도움을 주는 맥락에서 규범을 예의주시한다는 것이 알려져 있었다. 새로운 연구에서는 이것이 도움주기와는 전혀 관련 없는 상황으로까지 확장되는 것을 본다. 놀이의 규칙은 순전히 자의적이었다. 그러니까, 노란 블록을 꼭 그렇게 밀어야만 할 이유같은 건 없었다.

이것이 규범을 찾고 강제하려는 성향이 "유전자에 새겨져" 있음을 의미하는가? 그렇지 않다. 인간의 거의 모든 발달 과정에는 처음부터 유전적 요인과 환경적 요인이 함께 뒤엉켜 영향을 미친다. 하지만 이같은 행동은 인간의 평범한 발달 과정 속에서 우리가 생각한 것보다 많은 교육이 없이도 매우 이른 시기에 저절로 나타나는 경향이 있음을 알게 되었다. 여기에는 두 가지 조건이 필요하다. 첫째, 이 행동은 특정한 사회적 상황에서만 나타난다. 둘째, 아이들은 그 상황에서 무엇이 적절한 규칙인지 반드시 배워야만 한다. 가령, '노란 블록을 미는 것이 규칙'이라는 것은 알지만, 그것을 이 도구로 밀어야 할지 저 도구로 밀어야 할지는 외부에서 보고 배워야 한다. 하지만 일단 규칙의 구체적인 내용만 주어지면, 아이들은 별다른 지시나 재촉이 없어도 스스로 규범을 구분하고 그에 따라 행동하려는 강력한 경향을 보일 것이다.

이와 같은 사례를 통해, 어떤 행동에 처음에는 학습이 깊이 관여하다가 점차 그 역할이 줄어드는 일련의 과정을 생각해 볼 수 있다. 올바른 행동 방식을 감지하는 것이 중요한 고도로 조직화된 사회 환경에서는, 어떤 행동들은 처음에는 거의 전적으로 학습을 통해서만 습득될 것이다. 그런데 만약 새로운 세대에서 그 과업을 살짝 거들어 주는nudge along 유전적 돌연변이가 나타난다면, 그 유전 형질은 퍼져 나갈 것이다. 괜찮은 행동과 그렇지 않은 행동의 차이에 민감하게 주의를 기울이는 것, 즉 주변에서 일어나는 일을 이런 방식으로 해석하려는 경향은, 고도로 조직화된 사회에서 매우 유리하게 작용할 수 있다. "살짝 거들어 주다"라는 표현이 암시하듯, 이 모든 것은 정도의 문제다. 처음에는 주변 상황에 약간의 주의력을 가진 개체가 나타나고, 세대를 거치며 그보다 조금 더 많은 주의력을 가진 개체가 나타나는 식으로 점진적인 변화가 일어났을 것이다. 그 결과, 처음에는 전적으로 학습이 필요했던 행동과 습관이 점차 인간의 보편적인 발달 경로 안에 더 견고하게 자리잡게 되었다는 것이다. 문화는 이런 식으로 본성에 스며든다. 그리고 이러한 작동 방식이, 인간의 삶은 '빈 서판'이냐 '유전자'냐 하는 낡은 이분법을 무력하게 만든다.

∽

지금까지 나는 인간의 삶에서 문화가 지닌 역할을 개략적으로 설명하며 조지프 헨릭의 설명을 꽤 충실히 따랐다. 그는 유용한 지식, 습관, 기술의 발전을 강조한다. 사실 그의 책 『호모 사피엔스』의 내용은 혹독한 환경에 적응하기 위해 도구와 기술을 축적하는 과정에 대한 이야기다. 헨릭은 전 세계의 전통 사회에서 발견되는 지식에 경외감을 느끼는데, 이는 마땅하다. 그는 아무도 그 이유를 제대로 이해하지 못하는데도 확실하게 작동하는, 복잡한 식품 가공법과 해독 방법을 개발해 낸 전통 사회 능력에 감탄한다. 장비를 잘 갖추고 전통사회 지역에 도착한 유럽 탐험가들은 죽거나, 잘 차려입은 시신들을 뒤로하고 절망 속에서 철수했다. 바로 그 환경에서 전통 사회의 사람들은 살아가고 있었다. 원주민과 침입자의 이 극명한 차이는, 내가 앞에서 언급한 문화적 루비콘 강을 잘 보여 준다. 조지프 헨릭이 말하는 루비콘 강은, 한 사회의 구성원으로 태어난 평범한 개인이 아무리 노력해도 생존에 필요한 모든 기술과 습관을 혼자 힘으로 알아내는 것이 사실상 불가능한 단계이다. 그들은 자신이 속한 문화를 받아들이고, 이를 흡수하고, 전승하며, 때로는 고쳐나가는 과정을 계속할 수밖에 없다.

이렇게 문화 속에 자리잡은 모든 것이 반드시 유익한 것은 아니다. 문제 해결책과 세밀한 지식의 축적 속에는 더 해로운 관습이 섞여 있을 수 있다. 꽤 많은 전통 사회는 해로운 주술을 행하는 자들을 색출하고 처단하는 관습에 막대한 사회적 자원을 쏟아붓는다. 이 관습은 그들의 삶의 중요한 부분이지만, 그만큼 혹독한 대가를 치르게 한다. 이는 극단적인 예시이고, 그 외의 다른 경우들은 그저 도움이 되지 않는 자의적인 형태로 나타난다. 문화 전승의 본질을 생각하면, 전통 사회나 현대 사회, 아니 그 어떤 문화에서나 제대로 작동하는 관습과 단지 '굳어진' 관습이 공존하는 것은 자연스러운 일이다.

헨릭이 설명하는 인간의 진화에서 문화가 성장하는 과정에는 이러한 비효율적인 측면이 너무 배경으로 밀려나 있어서, 그가 이런 면이 존재한다고 믿는지 의문이 들 정도다. 아니면 어쩌면 그는 문화가 너무도 촘촘하게 엮여 있어서 매우 효과적인 부분과 더 비용이 많이 들거나 자의적으로 보이는 요소들을 분리하는 것이 애초에 불가능하다고 생각하는지도 모른다. 이를 보여 주는 몇몇 사례는 흥미롭다. 남아메리카 최남단에 사는 티에라 델 푸에고 사람들은 전통적으로 굳이 휜 나뭇가지를 골라 고생스럽게 펴서 화살을 만들었다. 각각의 화살대를 홈이 파인 돌로 누른 뒤 여우 가죽으로 문질러 펴는 것이다. 화살깃을 붙일 때 오른손잡이 궁수는 거위의 왼쪽 날개 깃털을 사용해야 하고, 왼손잡이 궁수는 그 반대로 해야 했다. 우리는 이 설명을 읽고 어떤 요소가 유용하고 어떤 요소가 아무런 유익이 없음에도 굳어진 자의적인 선호인지 가려낼 수 있다고 생각하기 쉽다. 그러나 헨릭의 메시지는, 우리가 그 두 요소가 어떻게 얽혀 있는지 보지 못한 채 스스로를 속이고 있을 가능성이 높다는 것이다.

의사소통 다시 보기

초기 인간 사회에 뿌리 내린 모든 문화적 양식에 언어가 필요하지는 않았을 것이다. 하지만 언어가 등장하면서 거의 모든 것이 변했다.

진화적 관점에서 언어가 언제 생겼는지는 여전히 불확실하다. 아마도 우리 종이 나타나기 오래 전, 초기 호모 속 인류의 삶 속에서 어떤 형태론가 나타났을 가능성이 크다. 20세기 동안 많은 언어학자들은 우리가 다른 동물과 공유하는 모든 다른 행위들과 완전히 구별되는 특징으로 언어를 꼽았다. 이 관점을 주도한 사람은 미국 언어학자 노엄 촘스키Noam Chomsky였다. 그는 언어는 사회적 삶 속에서 점진적이고 느린 개선을 통해 생겨날 수 없으며, 반드시 우리의 내적 세계의 결정적인 전환, 즉 우리 정신 내부의 급격한 변화로 인해 생겨났다고 주장했다.

그러나 촘스키의 생각과 달리, 인류학, 심리학, 동물 행동학 등의 다양한 분야의 연구 결과로는 언어가 점진적인 단계를 거치며 발생했을 가능성에 설득력이 생겼다. 초기 단계에서는 음성보다 몸짓이 언어의 주요 매체였을 가능성이 있다. 일부 비인간 영장류 사이에서도 음성은 단순하고 다양하지 않지만 몸짓은 풍부하고 복잡하다. 우리의 언어도 먼저 몇 가지 고유한 특징을 갖춘 뒤에 음성 형태가 되었을 수도 있다. 음성을 사용하는 것은 손이 자유롭다는 점에서 분명히 유리해 보인다. 이러한 전환은 당시 사람들이 어떤 내용을 전달하고자 했는지와도 관련이 있을 것이다. 언어의 기원을 생각할 때, 우리는 보통 일대일에 초점을 맞춘 의사소통을 상상한다. 하지만 초기 인류의 의사소통은 집단을 향해 널리 전달되고 사람들을 독려하는 형태였을 가능성이 크다. "자, 모두 집중! 우리 이제 이 일을 하고, 그 다음엔 저 일을 할 거야…자, 다같이 해보자!" 같은 방식으로 말이다.

앞 장에서는 새들이 지저귀는 모습을 통해 의사소통에 대한 일반적인 관점을 살펴보았다. 나는 송신자와 수신자 간의 상호작용, 기호와 상징의 '양쪽 측면'에서 발생하는 행동의 맞물림에 기반한 분석 틀을 제시했다. 의사소통은 생성과 수용, 말하기와 듣기, 제스처와 해석 사이의 상호작용이다. 인간의 언어도 이 패턴을 따르지만, 특별한 특징을 지닌다. 그중 두 가지를 살펴보려 한다. 두 가지 특징 모두 몇몇 비인간 동물의 의사소통에서도 희미한 형태로 발견된다.

촘스키의 '언어는 특별하다'는 관점을 뒷받침하는 언어의 특징은 통사론syntax, 즉 문법이다. 언어는 기본 요소를 결합하고 재결합하며 또다시 재결합할 수 있는 규칙을 지니고 있다. 이를 통해 이전에 존재하지 않았던 표현이나 새로운 문장을 무한히 만들어 낼 수 있다. 언어는 ('독수리가 접근한다' 같은) 단순히 고정된 신호의 집합이 아니어서, 단어들을 나열하면 새로운 조합을 계속해서 만들어 낼 수 있다. 이 무한함은 언어의 힘과 창의성의 바탕이며, 사회적 삶과 우리의 사고에서 중요한 역할을 한다.

이 특징의 단순한 버전은 꿀벌의 춤에서 볼 수 있다. 꿀벌의 춤은 먹이 채집을 마친 벌이 벌집으로 돌아왔을 때 먹이까지의 거리와 방향을 전달하는 규칙에 기반을 두고 있다. 이 시스템은 언어처럼 창의적이지는 않지만, 요소를 결합하는 원리를 가지고 있다. 이는 또한 앞 장에서 본 것처럼 일부 영장류의 복잡한 경고 신호에서도 나타난다.

언어의 두 번째 특징은 사회적인 것과 심리적인 것을 연결한다는 것이다. 나는 이 특징을 강조하고 싶다. 인간의 언어는 일반적으로 송신자와 수신자 간의 상호작용에 기반을 둔다. 그러나 때로는 언어의 목적은 화자와 청자의 **생각**, 곧 사적인 내면 상태를 연결하는 데 있다.

철학자들이 제시한 오래된 언어 이론 중 일부도 같은 측면을 강조했다. 1600년대 후반, 존 로크John Locke는 언어를 우리의 정신적 삶의 사적인 영역을 이어 주는 매개체로 보았다. 우리의 머릿속에는 자신뿐만 아니라 다른 사람들에게도 "유익과 기쁨"을 줄 수 있는 온갖 생각이 떠오른다. 하지만 로크의 말처럼 "그 모든 생각은 각자의 가슴 속에 보이지 않게 숨겨져 있다." 로크는 언어가 우리의 보이지 않는 아이디어가 공개되어 사용될 수 있게 하기 위해 발생했다고 주장했다.

진화적 관점에서 보면, 여기에는 또 다른 단계가 있어야만 한다. 말하기와 듣기는 일종의 실질적인 이익이 있을 때만 생겨나고 확산될 수 있다. 개인이 삶을 헤쳐나가는 데 도움이 되거나 사회가 기능하는 데 도움이 되거나, 아니면 둘 다여야 한다(아마 둘 다일 것이다). 이는 언어가 생각뿐만 아니라 행동도 이끌어야 한다는 것을 의미한다. 진화적 관점에서는 바로 이 지점에서 앞으로의 운명이 결정된다. 언어가 이 지점을 넘어 계속 유지되고 제 역할을 할 수 있었던 이유는, 서로 다른 개인들의 인상, 성찰, 사색을 연결하는 능력에 있다고 본다. 철학자 조시 암스트롱Josh Armstrong의 표현을 빌리자면, 언어 사용은 "마음으로 하는 의사소통"의 한 형태이다. 이는 행동뿐만 아니라 마음의 연결이 의사소통 방식의 일부인 경우를 설명한다.

어떤 경우에는 한 동물이 상대방이 무엇을 보거나 들었는지 파악하고 그에 따라 자신의 울음소리나 제스처를 조절하기도 한다. 이처럼 송신자가 청중의 지식이나 선호를 추측하여 자신의 행동을 바꾸는 것을 '청중 효과audience effects'라고 한다. 이는 단순히 송신자와 수신자 사이의 조율을 넘어, 우리 마음속에 숨겨진 생각을 드러내는 길로 나아가는 첫걸음으로 볼 수 있다.

구조, 관습, 상상력

어떤 영장류는 나무 위에 잠자리로 사용할 구조물을 만드는데, 이는 단순하고 임시적이다. 이에 비해 새들의 둥지는 매우 정교한 것들이 많다. 아프리카의 베짜기새Weaverbird는 특히 인상적이다. 나는 케냐에서 시냇물 위에 드리워진 나뭇가지에 정교한 구체 형태의 둥지들이 매달려 있는 모습을 보았다. 여러 둥지가 복잡하게 얽혀 있는 모습은 마치 도시처럼 보였다. 인간이 진화 초기 단계에 살던 은신처에 대해서는 잘 알 수 없다. 하지만 석기 도구의 역사는 비교적 잘 알려져 있다.

석기 도구의 첫 흔적은 약 340만 년 전으로 거슬러 올라간다. 이 시기에는 도구를 적극적으로 가공하지 않고, 자연 상태의 도구가 자르거나 긁는 데 적합하다면 그대로 사용했을 가능성이 크다. 의도적으로 형태를 가공한 도구는 약 260만 년 전부터 등장했고, 이 때쯤에는 뼈와 뿔로 만든 도구도 세트에 추가되었다. 약 100만 년 전부터는 불을 사용하기 시작했다. 이 장의 앞에서 문화적으로 행동이 전승되는 예로 들면서 요리를 언급했는데, 요리라는 행동은 분명히 '유전자에 새겨져 있는' 것이 아니다. 이는 인간이 자라면서 속한 사회적 환경에서 배우고 재생산되는 행동이다. 그러나 또 다른 의미에서 요리는 유전자에 흔적을 남겼다. 음식을 요리하기 위해 불을 사용함으로써 우리의 내장 구조(처음보다 작아졌다)와 우리의 치아도 변형되었다. 요리가 흔한 사회적 환경에서는 음식을 항상 날것으로 먹을 때 유리한 유전자와는 다른 유전자가 선호된다. 요리가 문화적으로 유지된다는 사실은 그것이 우리 유전자에 흔적을 남겼다는 점과는 별개의 문제다.

석기 도구와 우리의 손 사이에도 유사한 관계가 존재했을 가능성이 높다. 손가락과 엄지 사이의 '정밀 그립precision grip'은 약 300만 년 전 호모 속이 등장하기 전에 이미 형성되었는데 이는 도구 사용으로 인해 우리 삶에서 조작 능력이 중요해졌기 때문일 것이다. 문화에 기반한 행동은 유전적 진화에 피드백 작용을 하고 변화시킬 수 있다.

초기 인간들 사이에서 은신처를 짓는 행태가 흔했을 수는 있지만, 그랬다 하더라도 그 흔적은 거의 남아 있지 않다. 약 50만 년 전부터는 지속 가능한 구조물을 건축한 확실한 증거가 있고, 그보다 이전의 증거도 곳곳에 남아 있다. 그러나 여기에서는 석재를 대규모로 사용한 가장 오래된 집단 수준의 건축 프로젝트로 알려진 하나의 이정표로 바로 건너뛰고자 한다. 이는 현재 튀르키예에서 발견된 괴베클리 테페Göbekli Tepe 유적이다. 이 건축물들은 기원전 9500년부터 8000년까지 사용된 것으로 보인다. 이 시기는 특히 중요한데, 이는 적어도 유럽과 중동의 역사적 맥락에서 농업과 정착 사회가 시작되기 이전 또는 그와 맞물리는 시기이기 때문이다.

괴베클리 테페의 규모는 상당하다. 한때 지붕을 지탱했을 것으로 보이는 조각된 석주들이 몇만 제곱미터의 대지에 펼쳐져 있다. 이 대규모 건축 프로젝트는, 겉으로 보기에는 **정착 사회**에서 비롯된 것이 아니었다. 최초의 영구 건축물은 농업과 식량의 저장을 위해 만들어졌다는 것이 일반적인 가정이다. 하지만, 괴베클리 테페는 오히려 그 반대의 가능성을 제기할 만큼 오래되었다. 괴베클리 테페는 종교적이고 의례적인 관습에 대한 큰 투자와, 많은 사람의 노동력을 동원할 힘이 있었음을 보여 준다. 이 유적은 종교적이고 의례적인 생활이 먼저 발전해서 정착과 농업 사회의 시작을 이끌었을 가능성을 시사한다.

많은 초기 정착 생활에는 괴베클리 테페 규모의 건축물이 없었을 가능성이 크다. 유목 생활에서 농업과 정착 생활로의 전환은 한때 인간 진보의 자연스러운 예로 여겨졌다. 그러나 최근의 논의는 이러한 관점에 의문을 제기한다. 초기 단계의 농업에 의존하기에는 삶이 불안정했을 가능성이 크다. 아마도 평범한 사람들에게는 수렵-채집 생활보다 덜 매력적이었을 것이다. 하지만 농업과 함께 정착 생활로 인해 더 많은 인구, 그리고 훈련된 군인과 집행자가 나타났으며, 이는 농업 공동체가 정착한 환경에서 지배적인 위치를 차지할 수 있게 해 주었다.

수렵-채집 생활에서 농경 사회로의 전환 과정에 대한 우리의 인식은 종종 고정관념으로 가득하다. 수렵-채집 생활은 단순하고 소박한 삶, 좋게 보아도 매우 평등주의적인 사회로 그려진 한편, 정착 생활은 더 복잡하고 체계적인 삶을 가져왔다고 생각한다. 그러나 농업 이전의 삶은 다채로웠고, 때로는 정착하고 번영을 누렸으며(특히 해안 지역에서), 다면적이고 역동적인 사회 조직이 존재했다. 특히 원주민 사회를 둘러싼 고정관념이 유달리 뿌리 깊고 해로웠던 호주에서는 유럽인들이 도래하기 이전 수천 년간 꽃피웠던 이들 문화의 풍부한 복잡성에 대한 새로운 인식이 생겨났다. 농업이든 다른 방법을 통해서든, 잉여 생산물이 늘어나면서 불평등의 새로운 단계로 들어섰다는 점은 여전히 사실로 보인다. 위계 질서와 지배 체계는 일상생활 속에 더욱 큰 영향을 발휘해 갔다.

정치학자 제임스 스콧James Scott이 이 주제에 관해 쓴 책 『농경의 배신』에는 "야만인들의 황금시대The Golden Age of the Barbarians"라는 장이 있다. 이는 의도적으로 어울리지 않게 만든 표현인데, 우리가 흔히 야만인을 불결하고 미개한 부류로 생각하기 때문이다. 스콧이 "야만인"이라고 지칭하는 것은 단지 정착 국가 밖에서 살아가는 사람들을 의미한다(이는 그 용어의 옛 의미였다). 각 지역에서 국가로의 전환은 점차 더 조직화되고, 밀도가 높아지며, 더 불평등해지는 생활로 인해 점차 불가능해지는 생활 방식의 황혼기를 거치며 이루어진다(여기서는 침략 없이 지역적으로 일어나는 전환을 가정한다. 침략으로 인한 국가로의 전환은 다른 이야기가 필요하다).

지역에 따라서도 큰 차이가 있었을 테고, 개인의 선호에 따라서도 다르겠지만, 많은 지역에서 평균적인 국가 거주자가 평균적인 비국가 거주자, 즉 "야만인"보다 더 나은 삶을 살았던 첫 시점은 수백 년 이후였을 것이다. 언젠가 고대 수렵-채집인 성인 유골의 치아 상태가 현대의 기준으로도 꽤 양호했다는 사실을 처음 알았을 때 놀랐던 기억이 있다. 이들은 평생 칫솔이나 치과를 본 적이 없었음에도 불구하고 말이다. 반면 초기 농업 사회의 사람들의 치아는 그보다 훨씬 더 나빴다. 오물이 쌓이고, 세금 고지서가 날아오고, 가축으로부터 전염되는 온갖 질병이 닥칠 때 여기에 처음으로 대항해야 했던 초기 농부들은 자신들이 새로 정착한 땅 변두리에서 밀려나던 마지막 야만인들의 삶을 꽤나 그리워했을 것 같다.

중세 시대, 대관식 의식이 거행되고 갑자기 한 개인이 엄청난 수의 사람들을 움직이는 능력을 얻게 되면 전체 국가가 이쪽이나 저쪽으로 움직이게 된다. 만약 왕관을 씌워 주는 손 아래 다른 젊은이가 있었다면, 수많은 사람들은 다른 길을 갔을 것이다.

대관식은 우리가 지금까지 살펴본 흐름, 즉 인간이 의도적인 행위를 통해 자연을 오랫동안 통제하려는 경향이 어디까지 이어질 수 있는지 극적으로 보여 준다. 이 경향은 인간 삶의 매우 광범위한 영역에 영향을 미친다. 그것이 발현되는 방식은 상황과 문화의 세부 요소에 따라 다르지만, 인간이라는 동물이 이러한 능력을 갖게 만든 두 가지 일반적인 특징이 있다.

첫째는 특히 언어에 의해 가능해진 거대한 사회적 협력이다. 둘째는 심리적 특징으로, 상상 속에서 계획하고 가능성을 따져 보고 먼 미래의 새로운 목표를 설정하는 능력이다. 이로써 인간의 행위는 '가능성', 곧 생각과 언어로 표현된 미래를 실현하려는 새로운 지향점을 갖게 된다.

우리는 3장에서 습관 기반 선택에서 계획 기반 선택으로의 전환에 대해 살펴보았다. 단순히 이전에 효과가 있었던 행동을 따르는 대신, 계획자는 상황을 모델링하고, 선택지를 평가하며, 가장 적합해 보이는 것을 선택하려고 한다. 이것은 습관대로 하는 것보다 느릴 수 있지만, 때로는 그럴 만한 가치가 있다. 이러한 전환이 시작되면서 세상의 작동 방식인 인과의 흐름에 변화가 생겼다.

이 책에서 목표와 목적을 처음 논의한 2장에서, 예상되는 효과가 원인이 되어 어떤 일이 일어나는 두 가지 경로를 구분했다. 한 가지 방식은 과거 사례에서의 피드백을 통해서다. 과거의 결과, 즉 성공과 실패가 현재의 행동에 영향을 미치는 경우를 말한다. 이를 뒷받침할 수 있는 다양한 유사한 메커니즘들이 존재한다. 당시 나는 두 가지를 논의했는데, 하나는 다윈의 진화론적 메커니즘이고, 다른 하나는 효과가 있었던 행동은 계속하고 그렇지 않았던 것은 피하는 시행착오를 통한 학습 방식이었다. 이번 장에서 새로 소개한 또 다른 학습도 이 역할을 할 수 있다. 바로 성공한 다른 사람들을 모방하여 배우는 것(그리고 실패를 모방하지 않도록 피하는 것)이다. 이것은 집단 규모에서 작동하기에 다윈적 진화의 성격을 띠면서도, 개인의 학습과 같은 특징이 혼합되어 있다. 다시 말해, 개인 수준에서 벌어지는 시행착오가 문화적 차원으로 확장된 형태인 것이다.

이 모든 것은 어떤 일이 그 효과 때문에 발생할 수 있는 경로 중 첫 번째, 즉 과거 사례로부터의 피드백이 포함된 넓은 범주에 속한다. 두 번째 범주는 미래의 결과를 상상하고 이를 목표로 삼는 것인데, 이전에는 한 번도 일어나지 않은 결과를 추구할 수도 있다. 여기에는 두 가지 경우가 있다. 목표(Y)는 익숙하지만 거기에 도달할 방법(X)이 새로운 경우도 있고(가령, X가 더 빠른 지름길일 때), 목표(Y) 자체가 완전히 새로운 경우도 있다.

계획과 습관의 구분은 다소 모호할 수 있고, 행위에는 두 가지 요소가 모두 어느 정도 섞여 있을 수 있다. 약간의 계획이나 새로운 방법의 사용이, 더 확고히 자리잡은 습관 위에 덧붙여질 수도 있다. 아무리 몸에 밴 습관이라도 늘 그 상황에 맞는 약간의 미세 조정을 거쳐야만 한다. 바로 이 지점에서 습관이 계획으로 넘어가는 전환이 시작될 수 있다. 하지만 어느 시점에서는 정말로 새로운 선택을 해야 한다. 이것은 인간에게서만 발견되는 것이 아니다. 쥐들은 뇌 속의 내적 지도를 사용해 가능한 경로들을 시험해 보는, 상상 속 "예행연습" 같은 행동을 한다. 그리고 마침내 인간은 의식적으로 계획을 세우는 단계에 도달한다. 인간은 언어를 도구 삼아 무엇을 원하고 어떻게 이룰지를 구체화하며, 상상을 통해 만들어 낸, 역사에 전례가 거의 없는 목표까지도 추구하게 되었다.

역할놀이 같은 명시적인 가정을 포함하는 놀이는 어린 아이들에게 매우 이른 시기에 나타난다. 이러한 놀이는 생후 18개월 무렵(이 장에서 언급한 규범 준수 행동과 비슷한 시기)에 시작된다. 이는 인간에게만 완전히 고유한 것은 아니지만, 일부 다른 영장류에서 나타나는 사례는 드물다.

상상의 역할에 대한 강조는 유발 하라리가 『사피엔스』에서 제시한 관점을 떠올리게 한다. 하라리는 인간의 행동, 특히 사회적 행동을 한 단계 발전시킨 결정적 요인은 허구를 따르는 능력이라고 주장한다. 그는 어떤 의미에서 허구는 종교, 기업(예: 푸조), 화폐 등을 포함한다. 나는 허구가 어느 정도 역할을 한다고 생각하지만, 그것이 주요한 메커니즘은 아니라고 본다. 하라리가 허구라고 설명하는 많은 행동은 관습이라는 개념으로 볼 때 더 잘 이해된다. 관습 안에는 공동체 안에서 구성원들의 행동과 기대를 서로 맞물리게 하여 거대한 협력을 조율해내는 힘이 있다. 언어가 바로 그 대표적인 예다. 언어는 순전히 **관습**, 즉 우리가 서로의 말을 알아들을 것이라는 상호 기대감만으로 유지되는 행동 패턴이다.

이러한 관점은 하라리가 허구 또는 신화라고 말한 많은 사례에 적용할 수 있다. 그것들은 실제로 존재하지 않는 어떤 것(즉, 허구)에 의존하지 않는다. 그것들은 지금껏 안정적으로 유지되어 왔고, 그 체계의 일부인 우리 역시 앞으로도 계속될 것이라고 믿을 만한 근거가 있는, '관습에 기반한 행동 양식'에 의존한다.

하라리가 논하는 사례 중, 허구라는 개념이 가장 그럴듯하게 들어맞는 경우는 바로 화폐다. 오늘날 우리는 활동의 상당 부분을, 원래는 아무런 쓸모가 없는 이 대상들(종잇조각, 조개껍데기, 컴퓨터 파일 속 기록)을 얻기 위해 하고 있다. 화폐를 둘러싼 행동이 그 내재적 가치에 대한 허구적 믿음에서 비롯되는 경우도 있을 것이다. 하지만 일반적으로 화폐가 통용되는 관행은 상호 기대감에 의해 유지된다. 그것은, '내가 노동의 대가로 받은 이 돈을 다른 사람들도 가치 있게 여겨줄 것'이라는 집단적인 기대다. 이 과정에서 정부가 특별한 역할을 하기도 한다. 예를 들어, 국가는 세금을 반드시 특정 화폐(달러나 유로)로만 내도록 강제한다. 그렇다고 정부가 화폐의 본질을 결정한다고는 말할 수 없다. 국가가 나타나기 전에 등장한 화폐가 처음부터 이같은 메커니즘으로 작동했을 리는 없기 때문이다.

허구라는 관점은, 인간의 거대한 협력 체계 전체를 위태롭고 취약해 보이게 만들기에 매력적일 수 있다. 그리고 실제로 인간 사회는 취약하다. 관습이란 본질적으로 취약하기 때문이다. 우리 모두가 서로 맞물려 돌아가는 행동들을 그만두는 순간, 이 모든 것은 무너져 내린다. 그러나 대부분의 경우 인간의 사회적 행동은 허구에 의해 지탱되지 않는다. 그런 의미에서 인간 사회는 허구에 의존하지 않으며, 그보다 훨씬 더 자립적으로 작동한다.

글쓰기와 시간

종이 위의 흔적이든 화면에 있는 이미지든 글자는 우리를 연결한다. 말도 마찬가지지만, 글쓰기는 시간과 독특한 관계를 맺고 있다. 글로 남긴 것은 사라지지 않고 남아서 사람 사이뿐 아니라 시간의 간극도 연결한다. 메모, 비망록, 일기처럼 스스로를 위해 글을 쓸 때 우리는 시간의 단절을 넘어 발신자이자 수신자가 된다.

인류학자 클로드 레비스트로스Claude Levi-Strauss는 냉소적이고 우울한 회고록 『슬픈 열대Tristes Tropiques』("나는 여행과 탐험가들을 싫어한다"라는 문장으로 시작한다)에서 글쓰기의 이같은 측면을 다음과 같이 논했다. "글쓰기는 기묘한 발명품이다. 언뜻 보기에는 글쓰기의 출현이 인간의 존재 양식에 심대한 변화를 가져왔음이 틀림없어 보인다… 글쓰기를 인공 기억 장치라고 생각한다면, 글쓰기의 발전을 통해 과거에 대한 더 분명한 인식이 가능해지고, 따라서 현재와 미래를 더 잘 조직할 수 있게 되었어야 마땅하다." 어쩌면 읽고 쓰는 능력literacy은 원시적 삶에서 문명으로의 전환을 보여 주는 그럴듯한 지표가 아닐까? 하지만 그는 곧 이렇게 덧붙인다. "그렇지만 우리가 아는 글쓰기가 인간 진화에서 맡았던 역할은 이러한 관점을 뒷받침해 주지 않는다." 레비스트로스가 지적하듯, 인간 생활에서 가장 중요한 전환은 대부분 글쓰기 없이, 그리고 글쓰기가 등장하기 훨씬 전에 일어났으며, 글쓰기가 발명된 이후로도 오랜 문화적 정체기가 있었다. 그가 보기에 글쓰기의 진정한 **효용**은 사람들을 통제하는 것, 곧 "수많은 개인을 하나의 정치 체제로 통합하고 그들을 카스트나 계급으로 등급을 매기는 것"이다. 엄격한 사회적 통제는 글쓰기 없이도 가능하지만, 글쓰기는 그것을 한층 더 공고히 한다.*

레비스트로스가 제시한 이 밑그림은 지금 통용되는 글쓰기의 기원에 대한 관점과 대체로 일치한다. 글쓰기는 대략 기원전 3200

---

* 정치학자 제임스 C. 스콧(James C. Scott)는 『조미아, 지배받지 않는 사람들』에 다음과 같이 썼다. "초기 식민 시대의 역사에서는 최초의 식민 인구조사에 대한 토착민들의 저항 사례가 넘쳐난다. 농민과 부족민 모두가 인구조사가 세금과 부역 노동의 필수 전단계임을 너무도 잘 알고 있었기 때문이다. 글쓰기와 기록에 대한 비슷한 태도는 식민 지배에 맞선 농민 반란의 역사 전반에서 발견된다. 농민들의 분노가 가장 먼저 향했던 대상은 식민 관료 그 자체라기보다, 관료들이 지배를 행사하는 데 활용한다고 여겨졌던 종이 문서들—토지 문서, 세금 목록, 인구 기록 등—이었다." (원문을 한국어로 옮김)

년 무렵 메소포타미아에서 처음 등장했고, 그 직후(아마 독립적으로) 이집트에서, 이후 중국과 중앙아메리카에서도 나타났다고 여겨진다. 글쓰기는 처음부터 사라지는 말소리를 영구적으로 기록하려는 시도에서 생겨난 것이 아니라, 주로 기록 보관과 행정 관리 같은 특정 목적에 특화된 시스템이었다. 많은 '상형문자graphic codes'는 아예 단어의 소리를 바탕으로 하지 않았고, 소리 기반 문자 중 몇 가지는 이름과 같은 고유명사를 기록할 필요가 생기면서 나타났을 것이다. 그 이후, 글쓰기의 사용 범위가 넓어졌다. 메소포타미아의 수메르에서는 기원전 약 2600년 무렵부터 찬가, 시, 신화, 우화 등을 담은 점토판이 발견된다. (이 시간을 길다고 봐야 할까? 아니면 짧다고 봐야 할까? 내겐 수백년이라는 이 시간이 아주 길게만 느껴진다.)

프랑스의 인지과학자 올리비에 모랭Olivier Morin에 따르면, 레비스트로스와 내가 이 단락 앞부분에서 강조한 '유연하고 널리 적용 가능하며 새로운 형태의 기억'이라는 글쓰기의 특징은 상당히 늦게 정착되었을 수 있다고 한다. 기록 보관 역할을 제외하면, 초창기 글쓰기의 연결하는 역할은 정보를 전달하는 다른 방법의 보조수단에 불과했다는 것이다.

모랭은 고대 세계의 많은 지역에서 암기가 매우 중요한 기술이었음을 지적한다. 암기는 문자를 사용한 사회(메소포타미아, 유대교, 헬레니즘 전통 사회 등)에서 필수 교육 과정에 들어갔다. 고대 그리스와 로마에서는 '기억의 궁전memory palace' 또는 '장소 기법method of loci'이라는 정신적 기술이 널리 가르쳐지고 사용되었다. 이 방법은 먼저 특정 건물(실재 혹은 상상 속 건물)을 떠올리고, 그 안의 특정 장소에 암기할 항목들을 배치해서 방대한 양을 암기한다. 그러면 나중에 상상 속에서 그 건물 안을 되짚어 가며 해당 항목을 만나서 기억을 인출할 수 있다. 호주의 원주민Aborigin 문화에서 사용되던 오래된 암기 전통은 상상이 아닌 실제 장소와 이야기를 결합한다. 기억해야 할 항목을 특정 풍경에 배치한 이야기를 만들어서 나중에 그 풍경 속을 실제로 또는 머릿속으로 거닐며 기억을 떠올린다. 이것을 더욱 큰 규모에서 영구적으로 구현한 '송라인songlines' 혹은 '싱잉 트랙singing tracks'은 노래와 풍경을 결합해 항해술, 종교 의례, 생태학적 지식을 하나로 엮어 보존하는 방식이다.

이처럼 문자를 사용한 고대 사회에서조차 정신적 기억을 우선시한 것은 소리 내어 말하는 낭송을 중시했던 전통과도 관련이 있다. 조약이나 동맹을 맺을 때(모랭은 고대 메소포타미아를 예로 든다), 비록 문자가 기억을 돕는 역할은 했지만, 그보다 중요한 것은 말로 하는 맹세였다. 또한, 주술사는 주문을 외우는 동안 기억을 되살리기 위해 문자와 그림의 중간쯤으로 보이는 부호들을 사용하기도 했다. 이같은 부호들은 말을 돕는 보조 수단으로 다른 지식을 기억하고 있어야만 사용할 수 있었다. 글쓰기의 이러한 사용 방식은 전혀 다른 곳이나 먼 미래의 누군가에게 완전히 새로운 정보를 전하는 오늘날의 글쓰기의 역할과 대조적이다. 글쓰기의 역할이 현대적으로 전환되기 위해서는 문자가 더욱 자립적이 되어야 한다. 언어나 부호를 알아야 한다는 점은 변함없지만, 많은 맥락이나 배경

설정 없이도 텍스트가 홀로 의미를 전달할 수 있어야 한다. 호주 원주민의 메시지 스틱message sticks은 전환의 중간 지점을 보여 주는 흥미로운 사례이다. 이 기호가 새겨진 막대기는 이들은 먼 거리에 소식을 전할 때 사용되었다. 전달자는 메시지를 말로 전달했고, 이 공예품은 (메소포타미아의 조약에서처럼) 기억과 낭송을 보조하는 역할을 했다. 하지만 예외적인 경우에는 전달자가 없어도 막대기에서 메시지의 의미를 읽어낼 수 있었다.

모랭과 레비스트로스는 지금 우리에게 당연해 보이는 것, 즉 글쓰기가 열어젖힌 시간에 대한 무한한 가능성이 처음부터 분명하지는 않았다고 강조한다. 하지만 결국 글쓰기는 그 사용 범위가 폭발적으로 넓어지면서, 거의 모든 것을 담는 범용적이고 장기적이며 매우 정밀한 기억 수단으로 자리잡았다. 글자처럼 외부에 기록된 표상들의 특징은 조작과 변형이 쉽다는 것이다. 특히 수학 기호 체계가 그렇다. 수학 기호를 다룰 줄 아는 것은 더 나아가 새로운 공식을 만들어낼 수 있다는 의미다. 사회 통제를 위한 장치로 시작된 기술은 전복과 혁명의 역사에서도 중심적 역할을 하게 되었다. 토머스 페인의 『인권』, 마르크스와 엥겔스의 『공산당 선언』처럼 말이다. 인터넷에서도 이 흐름은 계속 이어지고 있다.

글쓰기의 시간을 연결하는 측면, 그리고 조금 넓게 보면 글쓰기라는 현상 전체는, 어떤 보편적 현상의 한 형태이거나 발현된 모습이다. 그 현상을 '순환looping' 패턴이라고 한다. 이는 미래의 지각에 영향을 주기 위해 현재 어떤 행동을 하는 것을 말한다. 물론 다른 사람에게 실시간으로 메시지를 전달하기 위해 쓰는 글(휴대폰 문자 메시지 등)은 순환처럼 보이지 않고, 말하기와 크게 다르지 않은 역할을 한다. 하지만 글쓰기의 영속성을 핵심으로 하는 또 다른 역할이 있다. 관점을 더 넓혀 보면, 문화 전체가 하나의 거대한 순환을 만들고 있음을 알 수 있다. 문화는 자신들의 삶의 방식을 시간을 뛰어넘어 전달할 목적으로, 미래 세대가 읽게 될 표시들을 끊임없이 남기는 것이다.

인지과학에서는 어떤 사람이 다시 보거나 활용하기 위해 일종의 표시를 남기는 행동을 종종 '오프로딩offloading'이라고 한다. 뇌에 있는 정보가 외부 세계로 내려지고, 이후 다시 수용된다. 이러한 행위는 오프로딩이라는 용어가 암시하는 것보다 훨씬 더 변혁적이다. 이런 행위를 통해 아이디어는 단순히 외부화되는 것에 그치지 않고, 여러 방식으로 다룰 수 있는 새로운 형태를 갖게 된다(앞서 말한 수학 기호 체계가 그 예다). 그림이나 회화, 고대의 기호가 새겨진 막대기 등 다양한 표시 방식도 마찬가지다. 이 모든 것은 앞 장들에서 다룬 여러 형태의 행위가 결합된 것이다. 표시를 남긴다는 것은 환경을 변형하는 작고 간단한 '엔지니어링' 행위이기도 하고(3장), 송신자-수신자 행위이기도 하다(4장). 비록 그 수신자가 이후의 자기 자신일지라도 말이다.

문자 언어written language는 송신자-수신자 간 상호작용과 엔지니어링의 단순한 결합 이상의 의미를 지닌다. 그것은 이 두 요소의 힘을 독특한 방식으로 구현해 낸 방법이다. 세상에는 보여지기 위한 표시를 만들려는 다양한 방법이 존재해 왔다. 수많은 '시각적 부호'가 있고 전통적으로는 그림으로 의미를 전달했다. 사회적 삶 속에서 다듬어져서 엄청난 표현력과 유연성을 갖게 된 말은 비로소 문자 언어를 통해 기록의 영역으로 옮겨졌고, 그곳에서 새로운 방식으로 다뤄지며 영속성을 얻게 되었다.

글쓰기에서 한 걸음 물러나 이 장에서 논의된 모든 행위 방식을 살펴보면, 우리가 어떤 존재로 발전했는지에 대한 이야기 중 상당 부분이 바로 이러한 행위 양식들의 이야기임을 알 수 있다. 우리는 진화한 특정 형태의 몸과 뇌를 지닌 존재이지만, 우리의 정체성은 우리가 무엇을 했는지에 더욱 크게 좌우된다. 지금까지 우리가 만들어왔고 계속해서 만들어가는 것, 우리가 가르치고 모방하며 장려하는 행동, 그리고 우리의 주변 환경을 바꾸는 방식이 곧 우리를 이루는 결과다. 20세기 생물학자 리처드 르원틴Richard Lewontin은 이를 사유하는 여러 철학적 성격의 글을 썼는데, 그중 「진화의 주체이자 객체로서의 생물The Organism as the Subject and Object of Evolution」에서 생물은 진화적 힘을 수동적으로 받기만 하는 존재가 아니라, 자신의 발달과 진화 과정에서 능동적이라고 주장했다. 르원틴은 이를 일반적으로 적용했으며, 생물이 주체가 된다는 자신의 설명에서 그는 이 책의 초기 장들에서 다룬 여러 현상—예컨대 생태적 지위 구축, 생명의 화학적 영향 등—을 활용했다. 모든 생물이 진화 과정에서 능동적 역할을 어느 정도 한다는 점은 어느 정도 타당하지만, 이 메시지가 모든 영역에 동일한 방식으로 적용되는 것은 아니다. 인간은 문화와 기술을 통해 진화에 각별히 큰 영향을 끼쳐 왔고, 이 단락에서 논의된 여러 순환들이 바로 그 일부다. 우리가 특징적으로 세계 속에서 정보를 '오프로딩'하고, 그 결과로 지각을 보충하는 행위는 곧 인간이 지닌 고유한 자리와 관련되어 있다.

∞

그리스 철학자 소크라테스는 기원전 400년 무렵, 독서와 글쓰기에 과도하게 의존하는 것에 대해 경고했다. 그는 그것들이 피상적인 이해를 불러오며, 기억력을 감퇴시킨다고 보았다. 그는 이집트 왕이 문자의 발명자에게 말하는 상황을 상상했다 "당신은 학생들에게 지혜의 겉모습을 제공할 뿐, 진정한 지혜는 주지 않는다."

이는 소크라테스의 제자인 플라톤에 의해 전해진 그의 견해이다. 소크라테스는 철학적 사상을 글로 남기지 않았다. 플라톤이 그것들을 글로 옮겼으며, 그 대부분을 소크라테스의 언설로 전했다. 역사학자들은 플라톤의 소크라테스가 실제 소크라테스와 얼마만큼 일치하는지를 두고 논쟁한다. 문헌 기록이 부재할 때, 후대의 서술은 서술자의 의도를 따르게 마련이다. 사상이 글로 기록될 때조차도, 이런 일은 여전히 많이 일어난다. 사람들이 선택하고, 편집하고, 번역하기 때문이다. 하지만 문자 기록은 매우 다른 차원의 안정성을 제공할 수 있다.

새로운 기술에 대한 불안감을 보수적이고 근시안적인 것으로 볼 수도 있을 것이다. (인쇄술이 등장했을 때도 어떤 사람들은 정보 과부하나 허위 정보에 대해 우려했다.) 하지만 신경과학과 심리학은 여기에 진짜 문제가 있다고 말한다. '인지 기술cognitive technologies'은 우리의 사회생활뿐 아니라 정신에도 변화를 일으킨다. 특히 문해력literacy은 뇌에 중요한 영향을 미친다. 문해력은 좌우 뇌반구를 이어주는 주요 연결 부위인 뇌량corpus callosum의 크기를 키운다. 이 변화는 유전이 아니라, 개인의 경험에 의해 일어난다. 또한 문자가 아닌 다른 대상들―얼굴과 집―이 시각적으로 처리되는 방식도 바꾸어서, 문해력이 있는 사람들이 보다 전체론적인 접근법에서 특정 특징들을 추적하는 방식으로 전환하게 한다. 스캔된 문해력자의 뇌는 그렇지 않은 뇌와 다르게 보인다. 문해력자가 글자를 볼 때 뇌의 한 영역이 너무나 일관되게 활성화되어서 '시각적 단어 형태 영역'이라고 불릴 정도다.

　이러한 변화들은 어린 시절에 읽기를 배울 때만 일어나는 것이 아니다. 훨씬 나중에 읽기를 배우더라도 뇌가 이런 식으로 영향을 받을 수 있다. 오늘날 이런 종류의 주요 우려는 스마트폰 기술의 영향, 특히 주의력과 기억력에 미치는 영향과 관련이 있지만, 우리 마음이 작동하는 방식의 변화는 훨씬 이전부터 시작되었다.

　이러한 변화들은 어린 시절에 읽기를 배울 때만 일어나는 것이 아니다. 훨씬 나중에 읽기를 배우더라도 뇌가 이런 식으로 영향을 받을 수 있다. 오늘날 이런 종류의 주요 우려는 스마트폰 기술의 영향, 특히 주의력과 기억력에 미치는 영향과 관련이 있지만, 우리 마음이 작동하는 방식의 변화는 훨씬 이전부터 시작되었다.

이러한 전환이 있을 때마다 생각해 볼 수 있다. "과연 이게 정말 나아진 걸까?" 이를 살펴보기 위해 정보를 다루는 두 가지 방식을 대조적으로 그려 볼 수 있다. 첫째, 아이디어를 외부(잠재적으로 공적 공간)에 '오프로딩'해 둔다. 이를 통해 아이디어가 새로운 방식으로 조작될 수 있고, 오랜 시간 안정적으로 유지될 수도 있다. 둘째, 더 심리적으로 '적극적'인 형태로 아이디어를 온전히 기억과 발화에 의존하게 두며, 아이디어가 다른 방식으로 변형되어 전승되는 경우다.

음악의 사례를 보면, 악보 표기에 의존하는 전통과 구두 기억에 의존하는 전통은 충돌 없이 공존할 수 있다. 악보 표기는 안정성과 휴대성을 지닌다. 프랑스 작곡가 올리비에 메시앙Olivier Messiaen은 제2차 세계대전 중 독일 포로수용소에서 "세상의 종말을 위한 사중주Quartet for the End of Time"를 작곡했는데, 이 작품은 음 하나까지 정확히 전 세계 앙상블에 전해져 새롭게 연주될 수 있다. 구두 기억에 기반한 음악 전통, 즉 매번 적극적인 재창조에 의존하는 전통도 고유한 위엄과 함께 계속된다. (음원에 가까이 의존하는 음악은 양쪽의 중간쯤이지만, 문자 기록 없이 전해지는 전통과 더 유사하다.) 문화의 다른 영역에도 이런 공존이 있지만 많은 상황에서 실제로 이러한 두 가지 정보 처리 방식, 곧 '외부화하여 저장'하는 방식과 '머릿속에서 전승'하는 방식 사이에서 일련의 분기점이 존재해 왔을 것이다.

앞으로 다가올 선택의 양상은 다를지도 모른다. 가령 뇌에 직접 심어서 평소 감각이나 행동 채널을 거치지 않고도 인지 능력을 보조하는 수단이 등장한다면 어떨까? 그런 도구들이 과거의 인지 방식을 되살려 우리의 자유롭고 유연한 내적 사고 능력을 강화할 수 있을까? 텍스트가 여전히 중요한 역할을 하는 한 그런 도구들도 우리를 완전히 과거로 되돌려놓지는 못할 것이며, 나는 이 논의가 소크라테스 같은 문자 이전의 삶에 대한 향수로 읽히지 않았으면 한다. 이 대목에서 호주 소설가 리처드 플래너건Richard Flanagan의 인터뷰 내용이 떠오른다. 그의 조부모 중 몇은 문맹이었고 아버지만이 독서를 중요하게 생각했다고 한다. "아버지는 말년에 이르기까지도 '이 26가지 기호로 우주의 비밀을 읽어낼 수 있다'는 사실에 놀라움을 금치 못했다. 여러 세대에 걸쳐 문해력을 가져온 사람들은 문자의 초월적이면서 해방적인 힘을 깨닫지 못했을 것이다."

왜 우리인가?

이 장을 마무리하며 자연스럽게 한 가지 질문을 던져 보자. 왜 우리 종種이, 하필 그때 그곳에서 이같은 길을 택했을까?

이는 사실상 두 개의 질문이다. 왜 하필 우리(영장류, 포유류)였을까, 그리고 누군가(어떤 종)가 지금의 우리처럼 될 가능성이 얼마나 높거나 필연적이었는가? 첫 번째 질문을 여기서 다루고, 두 번째 질문은 나중에 다시 살펴보겠다.

생물학자들은 일반적으로 우연성, 곧 돌연적 사고 같은 요소가 얼마나 중요한지를, 또 우연에 쉽게 휘둘리는 경로를 통해 우리가 지금 위치에 이르게 되었음을 강조한다. 스티븐 제이 굴드Stephen Jay Gould는 캄브리아기 시점으로 "진화의 테이프"를 되감아 재생한다면 같은 역사로 귀결되지 않을 것이라고 주장했다. 진화의 후기 단계만을 살펴보는 생물학자들도 같은 말을 한다. 재러드 다이아몬드는 『제3의 침팬지』에서 우리를 처음엔 별 볼 일 없었지만 놀라운 일을 해낸 종으로 묘사한다. 그 반대편에는 우연성에 저항하는 이들이 있다. 고생물학자 사이먼 콘웨이 모리스Simon Conway Morris는 굴드가 진화는 우연이라는 생각을 하게 만든 바로 그 캄브리아기 화석을 연구했다. 하지만 그는 우리가 아는 경로는 크게 놀랍지 않으며, 테이프를 되감아 처음부터 다시 시작해도 결국 유사한 결과를 보게 될 가능성이 높다고 본다.

인류 진화 경로의 대안을 상상할 때, 사람들은 흔히 지능의 관점에서 묻는다. 다른 동물 중 누가 아주 영리해질 수도 있었을까, 혹은 인류가 사라진 뒤 그런 수준에 이를 수 있을까? 그러나 이 장에서 내가 강조해 온 대로 인간의 전문성은 지능 그 자체라기보다 문화임을 기억해야 한다. 모든 개체가 '고독한 천재'로 태어나지만, 지식을 서로 공유하거나 축적하는 문화가 전혀 없는 종을 상상해보자. 이 종은 결코 인류처럼 세상을 바꾸는 역할을 해낼 수 없을 것이다. (사실 그런 종은 진화 자체가 불가능할 가능성이 높다. 인간이 가진 깊고 성찰적인 지능은, 문화라는 토양 안에서만 비로소 나타나고 발전할 수 있는 특성이기 때문이다. 물론 문화 속에서도 '고독한 천재'처럼 보이는 개인이 나타날 수는 있지만, 그 천재성 역시 문화가 있기에 발현될 수 있는 것이다.)

앞서 이 장에서 여러 번 언급한 인류학자 조지프 헨릭은 "왜 우리인가?"라는 질문에 자신만의 이야기를 펼친다. 영장류(육상 포유류)인 우리 선조는 숲에서 진화해 나무 위에서 살았다. 이는 우리에게 움켜쥘 수 있는 강력한 손을 주었다. 이후 우리는 어느 시점에 숲을 벗어나 아프리카 사바나로 나갔고, 이때부터 두 발로 어느 정도 일어서게 되면서 우리는 물건을 다루는 데 손을 자유롭게 쓸 수 있게 되었다.

나는 장 초반에 소개한 르완다의 고릴라를 보며 이 점을 새삼 느꼈다. 어마어마하게 굵은 팔을 가진 수컷 고릴라가 앉아, 길고 가느다란 가지와 줄기를 끈기 있게 집중해서 만지작거리는 모습을 한동안 지켜봤다.

조지프 헨릭의 이야기를 이어가면, 사바나로 나온 이 영장류들은 커다란 고양잇과 동물들을 비롯한 많은 포식자들을 만나게 된다. 그런 환경에서 잠을 자야 한다고 생각해 보자. 이같은 위협에 대응해 영장류가 택하는 일반적인 전략은 무리를 키우는 것이다. (이와 달리 킴 스터렐니는 무리 확대가 위협보다는 협동 사냥에서 얻는 이익을 위해 진행되었다고 본다. 아마 둘 다 어느 정도 작용했을 것이다.) 이런 식으로 무리가 커지면서, 가족 생활과 아이를 기르는 패턴도 변화했다. 그와 함께 유년기가 길어지고, 아이가 어릴 때부터 가족과 친족 네트워크가 함께 돌보는 체계가 생겼으며 안정적인 짝 관계가 정착하는 등 여러 사회적 변화가 일어났다. 어떤 시점에 언어가 자리잡으면서, 나머지는 말 그대로 역사가 되었다.

또 다른 생물학자인 안톤 마르티뉴-트러스웰Antone Martinho-Truswell은 조류와 우리를 비교하면서 지적 능력과 문화가 진화해 온 경로에 관한 자신만의 이야기를 제시한다.

인간은 여러 면에서 전형적인 포유류와 다르다. 글을 쓰고 커피를 만드는 것 등의 명백한 차이 외에도, 우리는 긴 수명과 독특한 번식 습성, 자녀를 돌보는 방식 등에서도 다른 포유류와 구별된다. 인간은 다른 포유류에 비해 일부일처에 가깝고 우리 아이들은 어릴 때 홀로 살아남을 수 없다. 이런 특징들은 포유류에서는 이례적이지만 많은 새들, 특히 앵무새에서는 비슷한 면을 볼 수 있다. 이런 공통점을 주목한 마르티뉴-트러스웰은 새들이 먼저 밟았고, 이후 인간이 변형된 형태로 따라간 독특한 진화 경로가 있다고 말한다.

마르티뉴-트러스웰의 이야기에서 새들이 밟은 이 경로의 출발점은 포식자를 피하는 데 매우 유용한 비행 능력 덕분에 얻어진 이례적으로 긴 수명이다. 여기에서 파생된 여러 특징이 있지만, 그가 특히 강조하는 것은 번식과 새끼 양육을 둘러싼 일부 특성이다. 생물학자들은 태어나거나 부화하자마자 스스로 움직이고 먹이를 찾을 수 있게 되는 **조성성**precocial 새끼와 혼자 살아남을 수 없고 상당한 돌봄이 필요한 **만성성**altricial 새끼로 구분한다. 대부분의 새는 만성이며 일부일처monogamy에 가까운데, 그렇지 않더라도 양쪽 부모가 함께 돌봄에 참여한다. 물론 예외도 많다. 외견상 일부일처로 보이는 종에서도 암컷이 짝의 눈을 피해 다른 수컷들과 교미하는 일이 잦다. 이런 경우에는 사회적 일부일처socially monogamous라는 용어를 쓰며, 전체 새의 절반 이상을 차지하는 참새목에서는 이런 형태가 매우 흔하다. 이 참새목과 가까운 앵무류 중 상당수는 좀 더 진정한 일부일처가 보이고, 짝 사이에 강한 유대가 자주 관찰된다.

마르티뉴-트러스웰에 따르면, 긴 수명과 긴밀한 가족 유대가 앵무류와 일부 조류에서 강력한 소통 능력을 가능케 한 지적 능력을 불러왔다고 한다. 그리고 이 특성들, 즉 높은 지능, 사회성, 긴 유년기 등은 맞물려서 서로를 보강한다. 이를 모두 종합하면, 진화적 "로켓"이라 부를 만한, 극단을 향해 나아가는 경로가 형성된다는 것이다.

마르티뉴-트러스웰은 수천만 년 후 인간도 비슷한 일을 했다고 본다. 우리에게는 일종의 초기 지적 능력이 있었다. 그것이 발판이 되어 긴 수명을 얻었으며, 그와 함께 번식과 자녀 양육을 둘러싼 동일한 특성의 묶음이 나타났다는 것이다. 그 결과 앵무새처럼 인간도 매우 사회적이고 소통 능력이 탁월한 지성을 갖추게 되었고, 그로부터 문화와 기술이 뒤따랐다는 이야기다.

마르티뉴-트러스웰의 이야기에서는, 인간의 고도화된 사회적 생활 방식이 육아와 번식 특성의 "하류(결과물)"로 등장한다. 반면 헨릭이 그리는 그림에서는, 숲을 떠나 맞닥뜨린 문제들을 해결하는 과정에서 우리가 사회적 존재가 되었고, 그 과정에서 새로운 가족 제도를 발진시켰으므로 시회적 삶이 오히려 "상류(선행 원인)"였다고 본다.

동물들은 인간이나 새와는 다른 방식으로 살아가면서도 매우 사회적이고 영리해질 수 있다. 예컨대 돌고래는 큰 뇌를 지닌 동물이고, 거울 자아인식이 가능하고 놀이를 하는 등 인간과 유사한 면모도 많다. 이들은 조성성으로 어릴 때 무력하지 않고(바다에서 무력한 새끼를 키우기는 쉽지 않을 듯하다), 아비가 새끼를 돌보지도 않고, 일부일처도 아니다. 그럼에도 매우 사회적이고 소통 능력이 뛰어나다. 사회성 자체가 이들의 높은 지능의 동력으로 보인다.

이처럼 발달된 사회성과 지능을 지닌 돌고래가, 인간과 유사한 길을 걸어 지구를 지배할 만한 복잡한 기술 문화를 발전시킬 수 있을까? 혹은 우리가 사라진 뒤라면 그들이 그렇게 할 수 있을까? 돌고래에게도 문화의 흔적이 조금 있기는 하다. 그러나 기술의 영역을 생각해 보면, 사물을 조작하는 능력이 문제가 된다. 물고기처럼 돌고래의 몸 역시 헤엄에 최적화되어 있어서, 물체를 제대로 다룰 수 없다. 앞서 3장에서 언급했듯이 바다에서는 조작이 더욱 어렵다. 설령 어떤 시나리오에서는 돌고래가 양서류처럼 물과 육지를 오가게 될 수도 있지만 그 과정에서는 신체적 변화가 필요하다. 물론 돌고래에게서도 약간의 도구 사용이 나타난다. 도마뱀이나 해저를 뒤질 때 코를 보호하려고 해면동물을 이용한다. 이번 장을 준비하며 알게 된 사실인데, 어떤 돌고래들은 등지느러미에 풀이나 해초 덩어리를 걸치고 다니며 다른 돌고래의 관심을 끄는 사회적 행동을 보인다고 한다. 그렇지만 이 모든 행동에 제약이 있다. 돌고래는 고도로 사회적인 동물이지만 기술이나 도구, 혹은 지위 구축에 투자하지는 않는다. 그들의 먼 미래를 상상해도, 인간처럼 되려면 지금의 경로에서 너무 멀리 돌아가야 할 듯하다.

더글러스 애덤스Douglas Adams의 『은하수를 여행하는 히치하이커를 위한 안내서』라는 웃기고도 통찰력 있는 소설에서는 돌고래가 사실 지구에서 가장 똑똑한 동물이지만, 인간처럼 번잡하고 복잡한 삶이 아니라 지금의 자유로운 상태를 더 선호한다고 가정한다. 만일 그 설정이 사실이고 지금의 삶이 돌고래에게 더 낫다고 해도, 그들 중에 기술을 향한 첫걸음을 내딘 개체에게 조금이라도 이점이 주어졌다면 기술적인 삶을 향한 진화의 길로 들어섰을 것이다. 여기서 이점은 결국 동종 내에서 생존과 번식의 차이를 만들어 내는 것이다. 인류는 초기 농경사회에서보다 수렵채집인으로 살아갈 때 더 행복했을지도 모른다. 하지만 그 행복감만으로는 더 크고 정착한 집단과의 경쟁에서 뒤처지는 것을 막을 수 없었다. 돌고래가 기술이나 국가 기반 삶으로 이어지는 명확한 진화 경로를 상상하기는 쉽지 않다. 사바나에 살았던 우리 영장류 조상은 물건을 움켜쥘 수 있는 손을 갖추었고, 건조하지만 안정된 환경에서 지위 구축과 기술 개발이 비교적 용이한 여건에 놓여 있었다. 그리하여 인간은 (마르티뉴-트러스웰의 표현을 빌리자면) '진화적 로켓' 뿐만 아니라 실제 로켓도 날릴 수 있게 되었다.

바다로 시선을 돌리자, 문득 문어는 어떨까 하는 의문이 들었다. 문어는 뛰어난 조작 능력과 새로운 물체를 다루려는 호기심을 지녔으며, 종에 따라 둥지를 만들고 가꾸는 데 많은 노력을 기울이기도 한다. 하지만 이들이 인간이 밟았던 유사 경로를 걷기는 어렵다. 다시 말하지만, 단순히 똑똑함이 핵심이 아니라, '문화적 존재'가 되어야 한다.

어떤 동물은 비록 지금은 그렇지 않지만 문화 발전에 유리한 조건을 갖고 있고, 어떤 동물은 그렇지 않다. 문어는 후자에 해당한다. 문어는 사회적이지 않으며(낳은 알이 부화한 뒤에는 새끼를 돌보지 않는다) 수명도 짧다. 3장에서 다뤘던 문어의 고밀도 서식지(옥토폴리스와 옥틀란티스)는 분명 특별해 보이는 예외적 환경이며, 그 야생에서 새끼를 가르치거나 문화를 전수하는 모습은 아직 발견되지 않았다. 조금 앞에서, 새로운 기억 체계인 모방, 도제 제도, 글쓰기의 진화에 대해 이야기했다. 이것들은 모두 지식과 기술을 축적하는 방법들이다. 정확히 말하면 문어는 이런 종류의 거의 모든 일에 거의 흥미가 없다.

ღ

3장을 쓸 때 도움을 받은 책 『동물의 건축Built by Animals』에서 생물학자 마이크 한셀Mike Hansell은 지금으로부터 수백만 년 전 초공간에 있는 한 술집에서 만나 이야기를 나누는 화성인 우주 여행자와 금성인 시간 여행자의 대화를 상상한다. 이 중 시간 여행자는 미래에 갔다가 막 돌아온 참인데, 얼마 전까지 지구를 둘러보고 온 화성인 여행자를 깜짝 놀라게 하는 소식을 전한다. 몇백만 년이 지나면 지구의 동물 중 일부가 고도의 기술 문명을 갖추고 우주여행 초기 단계에 이르며, 그 주인공이 영장류가 될 것이라고 덧붙인다.

화성에서 온 우주 여행자는 방금 지구를 둘러보고 온 참이어서 이렇게 말한다. "뭐라고? 저 녀석들 중에서? 농담도 참…. 나한테 몇 번인가 막대기를 휘두르는 걸 봤고, 돌을 조금 다듬을 줄은 안다고 들었지만, 내 돈을 걸라고 하면 새 쪽에 걸겠어."

그렇다. 꽤 오랫동안 새들은 훨씬 더 정교한 건축가이자 엔지니어였다. 그렇지만 나는 화성인의 베팅이 틀렸다고 생각한다. 지상에서 비행이라는 기적을 이루기 위해서는, 즉 그러한 몸체와 사지를 감당할 수 있으려면 상당한 비용과 그로 인해 다른 면에서 겪게 되는 한계가 뒤따른다. 이 장 앞부분에서 베짜기새의 둥지를 묘사했다. 한셀은 책에서 이것이 실제로나 이론상으로나 새들의 엔지니어링이 도달할 수 있는 정점에 가깝다고 말한다. 이와 대조되는 것은 우리 영장류의 삶이다. 땅에 발을 붙이고, 손으로 무엇이든 움켜쥐며, 식물의 뿌리를 파내듯 사물의 근원을 파고들며 살아가는 방식 말이다.

그리스 신화와 이를 해석한 후대의 사상가들은(특히 니체) 빛, 태양, 음악과 춤의 신인 아폴론과, 포도주, 초목과 과일, 도취와 의식적 광기의 신인 디오니소스 사이에 일종의 큰 분기점이 있다고 보았다. 소행성 충돌로 공룡이 멸종한 이후, 지구의 새로운 주인이 되기 위해 나아간 동물들의 장대한 행렬이 나에게는 이와 같은 구도로 보인다. 한쪽에는 공기와 음악의 창조물인 아폴론적인 새들이 있고, 다른 한쪽에는 초목의 거주자로서 지상의 위험에 내몰려 거대한 집단을 이루고 마침내 문화에 이르게 된 디오니소스적인 영장류가 있다.

6. 의식

경험과 동물의 삶

앞 장에서는 삶의 방식과 정신이 문화에 깊이 스며든 영장류 동물, 바로 인간을 만나보았다. 문화는 세상에서의 인간의 기능과 역할을 규정했다. 이 모든 현상에는 또 다른 측면이 있다. 그러한 진화적, 역사적 과정의 결과물이 된다는 것이 '어떻게 **느껴지는가**'이다. 그것이 바로 이 장의 주제, 즉 인간의 경험이자 우리 종이 지닌 고유한 의식의 형태다. 인간의 의식적 경험은 우리의 동물로서의 본성과 삶에 스며든 문화가 함께 어우러져 만들어 낸 공동의 산물이다.

논의의 출발점은 우리가 삶에서 만나는 사건들, 혹은 적어도 그 일부가 내면으로부터 어떤 식으로든 느껴진다는 사실이다. 우리로 존재한다는 것은 어떤 느낌을 갖는다는 의미다. 이러한 특징은 오늘날 흔히 '의식consciousness'이라고 한다. 여기서 의식은 넓은 의미로 사용되는 것으로, '나는 존재한다' 같은 종류의 인식 또는 그와 비슷한 성찰적인 인식을 반드시 필요로 하지는 않는다. 오늘날 의식이라는 용어는 가장 단순한 종류의 느낌에까지 적용되는 추세다. 당신으로 존재하는 어떤 느낌이 있다면, 당신은 의식이 있는 것이다. 이와 동일한 현상을 '감각 경험felt experience', '주관적 경험subjective experience', 또는 '지각력sentience'이라고 부르기도 한다(물론 지각력이라는 단어에는 쾌락이나 고통과 같은 특정한 함의가 있다). 이 분야의 연구가 계속되다 보면 지금 일어나고 있는 현상을 기술하고 분류하는 더 새롭고 나은 방법이 나올 것이다. 따라서 나는 용어 문제에 크게 얽매이지는 않으려 한다. 이 책의 대부분은 '의식'이라는 단어가 더 명확하게 어울리는 우리의 경험을 다루지만, 그럼에도 나는 이 폭넓은 현상을 지칭하기 위해 일반적으로 '감각 경험'이라는 용어를 사용하겠다.

 이 영역에는 아직 알려지지 않은 것이 많고, 따라서 어느 정도의 추측은 불가피하다. 내 기본적 관점에 대한 자세한 논증은 나의 다른 책에 맡기고, 여기서는 그 관점의 윤곽을 그려 보고 적용해 볼 것이다.

 나는 감각 경험이 동물의 삶 속에 널리 퍼져 있다고 본다. 이러한 경험을 가능하게 하는 몇 가지 특징은 이 책의 앞선 장들에서 이미 등장했다. 나는 행위의 진화, 그리고 감각을 통한 행위의 통제 과정을 살펴보았다. 동물은 감각과 행위가 만나는 하나의 연결점이며, 수많은 인과 관계의 선들이 이곳으로 들어오고 다시 밖으로 퍼져나간다. 동물이라는 생명의 이같은 특성은 이 책의 주요 주제인 행위와 변형이라는 측면에서 중요하다. 동시에 이 특성은 관점을 가진 시스템을 탄생시킨다. 다시 말해, 단순한 사물이 아닌 세상을 경험하는 존재, 즉 객체what가 아닌 '누군가whom'가 되는 시스템을 탄생시키는 것이다.

그러한 시스템의 역사는 단세포 생물에서 시작해, 통제된 움직임의 진화를 거쳐 동물의 등장으로 이어진다. 동물에서는 수많은 세포가 협력하여 움직임을 만들고, 감각 세포는 여러 세포가 체계적으로 조직된 감각기관이 되고, 이렇게 구성된 전체를 조율하는 신경계가 등장한다. 신경계는 처음에 다루기 어려운 신체들을 하나로 묶어 행위를 가능케 하는 수단으로 나타났을 가능성이 크다. 5억 년 전 캄브리아기에 동물들이 보다 활발해지면서 신경계는 한층 더 풍부해진 감각 체계와 함께 세상을 향해 열리게 되었다. 이때는 다른 동물들과 더 많은 관계를 맺고 실시간으로 의사결정을 내려야 하는 삶의 필요에서 비롯된, **주관성이 집중**된 시기였다.

내가 "주관성의 집중focusing of subjectivity"이라고 부르는 이 특징은, 서로 다른 감각에서 오는 정보의 통합, 감각과 기억 속 과거의 흔적들의 뒤섞임, 더불어 이 책의 여러 장에서 다루었던 감각과 행위 사이의 순환 고리가 확립되면서 생겨난다. 움직이는 동물은 자신의 행위가 감각에 미치는 결과를 계산에 넣고 감각 정보를 처리해야만 한다. 그렇게 함으로써 동물이 세상과 관계 맺는 방식 안에는 "자신과 타자"에 대한 암묵적인 구분이 생겨난다.

감각 경험의 어떤 측면들은 동물이라는 존재 방식이 낳은 자연스러운 결과이다. 이는 동물이 단순한 사물이 아닌, "누군가"로 기능하는 시스템으로 진화했다는 사실에서 기인한다. 여기까지가 내가 구상한 경험 생물학의 첫 번째 요소다. 두 번째 요소는 그 내부의 통제 장치인 신경계 자체다. 사람들은 흔히 신경계를 옛날식 전화 교환기처럼 연결과 중계로 이루어진 네트워크로 생각한다. 신경계는 각기 분리된 뉴런이라는 단위로 구성되어 있고, 이 뉴런들은 서로에게 신호를 발화시키는 방식으로 작동한다는 것이다. 뉴런 A가 발화하면 뉴런 B에 영향을 미치고, 그 영향이 다시 C로 이어지는 식이라고 생각한다. 이런 관점에서는, 신경계의 기능은 생물학적 세포가 아닌 다른 장치로도 같은 구조로 연결해서 구현할 수 있다.

하지만 실제로 우리의 뇌에서 벌어지는 일은 그보다 훨씬 더 복잡하고 중요할 것이다. 신경계는 물리적으로도 매우 특이한 구조를 가졌고, 그 특이성이 감각 경험이 어떻게 존재하게 되었는지를 설명하는 데 핵심적일 가능성이 높다. 뇌에는 앞서 언급한 뉴런 간 연결뿐 아니라, 뇌의 대부분에 걸쳐 퍼져 있는 리듬과 전기적 진동의 패턴이 존재한다. 나는 이러한 현상을 '대규모 동적 패턴large-scale dynamic patterns'이라고 부를 것이다.

한 가지 예로, 우리 뇌의 전기적 활동으로 만들어지는 진동이 있다. 이 진동은 머리에 쓰는 그물망 형태의 뇌전도electroencephalogram, EEG 측정 장치로 포착할 수 있다. 뇌전도 측정값은 우리가 잘 아는 뉴런 간의 신호 전달, 즉 셀 수 없이 많은 세포의 "스파이킹spiking" 또는 "발화firing"가 모여서 형성된 전기적 흐름이다. 하지만 뇌전도는 그보다 느리거나, 특정 부위에 국한되지 않고 넓게 퍼진 패턴도 함께 감지한다.

이 대규모 패턴이 감각 경험과 어떤 관련이 있을까? 이 질문에 답하기 위해 진화적 측면과 함께 다양한 동물을 살펴보려 한다. 수십 년 전, DNA 구조 발견으로 잘 알려진 프랜시스 크릭Francis Crick과 크리스토프 코흐Christof Koch가 속한 연구진은 이러한 대규모 동적 패턴이 인간의 시각적 경험에 중요한 역할을 한다고 주장하기 시작했다. 우리가 지각하는 다양한 특징을 통합하는 데 이 패턴이 기여한다는 것이다. 예컨대, 우리는 어떤 물체의 색과 형태를 연결해서 하나의 대상으로 인식한다. 이때 이 대규모 패턴은 일정한 박자를 갖는 리듬의 형태로 나타난다. 하지만 크릭과 코흐가 주목한 이 대규모 리듬 패턴은 인간만이 가진 특이한 요소가 아니다. 그 패턴은 시각 능력이 전혀 없는 동물에게도 있을 정도로 동물계 전반에 널리 퍼져 있다. 물론 그 패턴이 모든 동물에서 동일한 형태로 나타나는 것은 아니며, 패턴의 속도나 유발 요인도 다양하다. 하지만 이 패턴은 동물 세계 어디에나 있다. 그것들은 왜 존재할까?

1960년대, 신경생물학자 맥 파사노L. M. "Mac" Passano는 (주로 C. B. 맥컬로프McCullough와 협업했다) 히드라Hydra라는 해파리와 비슷한 단순한 동물에서 보이는 대규모 전기적 리듬을 관찰하고 기술했다. 파사노는 이 자연적인 리듬 활동이 아주 초기의 신경계에서 보이는 특징이며, 먹이 섭취와 같은 행동에 관여했을 것이라고 추측했다. 이같은 자연적으로 발생한 활동 패턴이 자리를 잡으면, 그 패턴은 외부의 감각 정보나 주변에서 벌어지는 다양한 상황에 따라 조절될 수 있다. 이러한 패턴은 사건이 기록되고 반응이 조율될 수 있는 플랫폼이 된다. 파사노는 이 고대의 리듬이 다른 동물에서 보이는 보다 정교한 전기적 패턴으로 진화했을 수 있다고 보았다. 이 그림은 리듬 활동이 동물 진화의 아주 이른 시점부터 시작되었음을 보여 준다. 이 리듬 활동은 각 개체가 신경계를 갖추게 될 때마다 다시 만들어졌다. 그리고 오랜 세월에 걸쳐 종에서 종으로 이어져 왔다. 이 리듬은 한 개체의 내부에서도, 예컨대 잠을 잘 때와 깨어 있을 때처럼 상황에 따라 계속 변한다. 그리고 오랜 진화 과정 속에서 이 리듬은 새로운 형태가 되었으며, 결국 우리처럼 더 복잡한 신경계를 가진 생물에서 더욱 새로운 모습에 이르렀다.

감각 경험을 생물학적 현상으로 설명하려는 시도에 있어, 이러한 그림이 갖는 첫 번째 의의는 신경계가 어떤 것인지, 그리고 그 안에서 어떤 종류의 활동이 일어나는지에 대한 우리의 기존 관점을 바꾸어 놓는다는 것이다. 뇌의 작동 방식에는 네트워크와 유사한 단위 대 단위의 정보 흐름과, 동물이 마주치는 사건들에 의해 끊임없이 변화하고 조절되는 확산적이고 거대한 규모의 전기적 활동 패턴이 관여한다. 이 모든 패턴들이 동물의 "내면으로부터" 어떤 느낌으로 다가온다는 생각은 내게 조금도 놀랍지 않다. 물론 이러한 리듬이나 대규모 패턴만이 전부는 아니지만, 신경계를 자연의 에너지를 고유한 방식으로 조직하는 아주 특별한 물리적 실체로 만드는 핵심 요소 중 하나이다.

신경계에 대한 이같은 설명은 감각 경험과도 연결지을 수 있다. 다시 시간을 조금 거슬러 올라가 보자. 파사노는 신경계의 활동이 이런 식으로 조직되어서 생긴 한 가지 능력을 암시한다. 신경계는 이 능력으로 매우 미묘한 신호, 예컨대 시야에 잠깐 스치는 짧은 영상 같은 자극에도 민감하게 반응할 수 있게 된다. 먼저 대규모 활동 패턴이 형성되고 사건이 발생해 패턴이 조절되면, 이러한 과정은 자연스럽게 통합, 즉 처리 과정이 하나로 모이는 현상을 낳는다. 앞서 나는 뇌의 대규모 전기 패턴이 시각이나 촉각 같은 감각을 통해 들어오는 정보뿐만 아니라, '혹시 배가 고프지는 않은가?' 같이 동물의 내면에서 일어나는 다른 일들에도 영향을 받는다고 말했다. 뇌의 전체적인 활동 상태는 여러 요인들이 동시에 함께 미치는 영향으로 인해 끊임없이 변화한다. 이는 동물이 무엇을 해야 할지 결정하는 데 도움이 될 뿐 아니라, 감각 경험의 본질과도 깊이 연결된다. 최근의 과학적 논의에서는 이 점이 축소되거나 부정되기도 하지만, 우리는 항상 매 순간 수많은 측면을 동시에 의식하는 것을 경험한다. 설령 우리가 이 책을 읽는 일이나 운전, 혹은 대화하는 상대방처럼 한 가지에 꽤 깊이 집중하고 있더라도, 그 순간의 총체적인 '느낌'은 다른 수많은 것들이 보내는 미미한 단서들에 영향을 받는다. 당신이 감지하는 다른 자극들, 당신의 기분, 당신의 몸의 자세, 에너지 수준 등 수많은 요소들이 이 느낌에 얽혀 있다. 이 모든 요소는, 각각의 영향력은 미미할지라도 그 순간을 이루는 하나의 **게슈탈트**gestalt, 즉 총체적 형태의 일부다. 경험이 이처럼 다면적인 성격을 지닌다는 사실은, 방금까지 펼쳐 온 뇌의 작동 방식에 대한 관점과 아주 잘 들어맞는다. 그 경험을 만들어 내는 우리의 뇌 역시 수많은 영향력을 동시에 통합하는 방식으로 작동하기 때문이다.

이같은 뇌의 리듬 활동은 신경계가 만들어질 때 자연스럽게 함께 발생하는 것일 수도 있다. 적어도 그 신경계가 지구상의 동물을 구성하는 재료로 만들어졌다면 말이다. 어쩌면 동물이 자신의 역할 수행을 돕기 위해 특별히 구축하고 장착한 메커니즘일 수도 있다. 혹은 이 둘이 조금씩 뒤섞인 상태일 수도 있다. 초기 신경계가 수행했던 과업과, 생물체에 주어진 재료가 지닌 고유한 성향 사이에는 아직 잘 알려지지 않은 상호작용이 존재한다.

내가 구상한 감각 경험 생물학의 첫 부분, 즉 동물이 더 활발해지면서 생겨난 '주관성의 집중'이라는 개념을 떠올려보자. 어떤 동물들은 더 많이 행동하고 더 많이 감각하며 이 둘 사이의 연결고리를 더욱 정교하게 발전시켰다. 우리가 처음에 이 모습을 상상할 때는, 좋은 감각 기관(예컨대 눈), 기억, 처리 과정을 통합하는 방법 등이 있으면 로봇도 동물만큼이나 이 모든 일을 잘 해낼 수 있을 것처럼 보일 수 있다. 하지만 나는 우리의 동물적 속성이 가진 역할이 이보다 더 크다고 생각한다. 아무 통제 장치나 모아 놓는다고 감각 경험이 생겨나지는 않는다. 마찬가지로 동물의 정교한 행위도 아무 장치로나 구현할 수 있는 것이 아니다. 나는 여기서 동물이 하는 일과 그들 내면에 존재하는 것, 즉 동물의 존재 방식을 가능하게 하는 내적 자원 사이의 연결에 대해 하나의 추론적 주장을 하고자 한다.

이것이 내가 그리는 감각 경험 생물학에 대한 그림이다. 물론 여전히 많은 부분이 빠져 있고, 정교하게 다듬어진 이론이라기보다는 스케치에 가깝다. 하지만 이 그림은 기존의 다른 스케치들과는 달리 우리가 알고 있는 동물의 삶, 경험의 실제 느낌, 그리고 동물계 전반에 존재하는 신경계의 몇몇 놀라운 특징들과 맞닿아 있다. 이 관점에서는 감각 경험이 인간처럼 대뇌피질이 발달한 종들(영장류나 포유류)에만 제한적으로 존재하지 않는다. 오히려 문어나 게, 벌처럼 우리와 진화적으로 거리가 먼 수많은 동물에게도 존재할 가능성이 있다. 감각을 지닌 동물들의 목록은 아마도 꽤 길 것이다. 덧붙여 감각 경험이 존재하는지는 그렇다, 아니다로 나뉘는 문제가 아닌, 회색 지대가 넓은 연속적인 스펙트럼, 즉 "점진적" 현상일 것이다. 동물 생명의 역사에는 감각 경험이 있는 동물과 없는 동물을 가르는 명확한 선이 없었을 것이다. 지렁이, 가리비, 말미잘 같은 동물들은 경험이 완전히 존재하지도, 완전히 부재하지도 않는 경계의 영역에 놓여 있을 것이다.

만약 이 관점이 옳다면, 미래에 인공적인 정신이 만들어진다 하더라도 그것은 지금 우리가 사용하는 컴퓨터와는 물리적 구성이 달라야 할 것이다. 단순히 현재 우리에게 주어진 컴퓨터 구조 위에서 작동하는 아주 복잡한 프로그램을 짜는 것으로는 새로운 의식 있는 존재를 만들어 내기란 불가능할 것이다. 하지만 매우 빠르게 발전 중인 또 다른 기술에서는 상황이 다르다. 그것은 바로 '뇌 오가노이드neural organoid'를 만드는 기술이다. 이 방식은 동물(때로는 인간)의 줄기세포를 배양해 그것들이 스스로 조직화되어 작은 살아 있는 뇌 모델을 형성하도록 한다. 이 방식은 세포로부터 자라난 시스템을 만드는 것이니 완전히 인공적인 정신을 만드는 방법이라고는 할 수 없다. 그러나 이 살아 있는 부분이 비생물적 부품과 결합할 수 있고, 그 결과 새로운 유형의 감각을 지닌 존재가 등장할 가능성이 열린다. 만약 이 피조물이 실제로 감각과 의식을 갖게 된다면, 특히 그 의식이 시작되는 초기 단계에서 어떤 경험을 하게 될까? 그리고 그 경험은 과연 긍정적인 것일까?

한번은 생물학과 인공지능에 대한 강연을 했다. 그 강연을 마치며, 이 발표 내용 중 일부는 새로운 형태의 하드웨어를 만들자는 초대로 받아들여도 좋다고 말했다. 그런데 다음 날 아침에 깨어나 문득 이런 생각이 들었다. '그게 정말 좋은 생각일까?' 아마도 지금의 기술로 만들어 낼 수 있는 기계에는 AI의 '지능' 측면과 감각 경험 사이에 본질적인 경계가 존재할지도 모른다. 새로운 하드웨어를 통해 그 경계를 넘어서는 시도를 할 수는 있겠지만, 정말 그래야 할까? 이 경계가 미래에 AI 시스템이 일으킬 온갖 문제를 막지는 못할 것이다. 그렇지만 만약 AI가 지각을 지니지 않는다면, 우리가 그들을 어떻게 대해야 하는지에 관한 윤리적 문제는 훨씬 단순해질 것이다. 어쩌면 그 경계는 축복인지도 모른다.

여기까지의 논의를 통해 우리는 감각 경험 생물학에 대한 하나의 큰 그림을 얻게 되었다. 이제 우리는 그 그림을 마음에 간직한 채, 그 특별한 예외인 우리 자신에 대해 생각해 볼 것이다.

인간의 정신

인간 의식의 이야기 중 한 부분에는 동물의 감각 경험 전반이 자리하고 있다. 또 다른 부분은 앞 장에서 다루었던 우리 삶의 단면들, 즉 문화, 언어, 기술, 사회성과 관련이 있다. 우리의 정신은 문화에 흠뻑 젖어 있다. 그렇다면 이 사실이 경험을 담당하는 뇌에 어떤 변화를 가져올까?

문화의 여러 요소들 중에서도 뇌와 정신에 가장 크게 영향을 미치는 것은 언어일 것이다. 인간이 발전시켜 온 여러 기술도 중요하지만, 언어는 그보다 더 넓고 오래되었으며, 모든 인간 사회에 존재하고 중요한 역할을 한다. 여기서 나는 이 언어의 역할을 살펴보려 한다.

언어는 사회적 상호작용의 패턴으로 시작해 사유를 위한 도구로 발전한다. 그러나 언어가 얼마나 깊이 정신에 관여하는지에 대해서는 여전히 많은 부분이 불확실하다. 언어는 때때로 복잡한 사고 처리를 위한 **매개체**로 간주되어 왔다. 하지만 이런 관점은 언어를 사용하지 않는 동물의 능력을 과소평가하게 만든다. 예컨대 쥐는 마치 지도 같은 표상을 활용해 자신이 지나온 길을 기억할 뿐 아니라, 새로운 경로를 계획할 수 있다. 2022년에 발표된 한 연구에 따르면, 까마귀는 인간의 수학 체계나 언어에서 볼 수 있는, 하나의 구조 안에 또 다른 구조가 포함된 "재귀적recursive" 패턴을 학습할 수 있다고 한다. 우리 인간의 경우, 프랑스 신경과학자 스타니슬라스 드앤Stanislas Dehaene은 최근 몇몇 동료 연구자와 함께 인간의 정신이 우리가 실제로 사용하는 언어와 구별되는 여러 "내적 코드inner codes"를 활용한다고 주장했다. (드앤은 나의 정신에 관한 논의에 큰 영향을 준 인물이기도 하다.)

그럼에도 불구하고, 언어는 우리의 정신 안에서 여러 중요한 역할을 수행한다. 어떤 역할은 뚜렷하게 드러나지만 쉽게 보이지 않는 미묘한 역할도 있다. 나는 그중 미묘한 역할들부터 살펴보려 한다. 언어가 우리의 몸에 물리적으로 자리잡으며 남긴 흔적들을 통해 언어의 역할을 살펴보고, 만약 언어가 없다면 우리가 어떤 존재일지를 짐작해 볼 것이다.

언어, 특히 말하기는 우리 뇌의 한쪽에 편재되어 있는데, 이는 대뇌의 좌우 반구가 서로 다른 역할을 수행하기 때문이다. 우리 뇌의 부위는 대부분 좌우 양쪽에 나란히 존재하는데, 그중에서도 두 개의 대뇌 반구가 가장 거대하다. 이 좌우 대칭 구조에서 비롯된 좌뇌와 우뇌의 기능적 차이는, 뇌전증 치료를 위해 양쪽 반구를 연결하는 주요 부위를 절단한 사람들에게서 볼 수 있다. 이들은 이른바 "분리뇌split-brain" 환자들이다. 나는 이전 책들에서 이 예사롭지 않은 사례를 통해 동물과 인간 정신의 수수께끼를 풀어 보려 했다. 그러나 이번에 다룰 내용은 이보다는 실험적이지 않다. 양쪽 뇌 사이가 인위적으로 분리되지 않은 평범한 사람의 뇌에서 좌우의 차이를 보여 주는 중요한 실마리를 찾을 것이다.

인간의 일반적인 언어, 그중 적어도 말하기는 주로 좌뇌에서 조절한다. 또한 좌뇌는 오른손을 통제하고 주로 오른쪽에서 오는 감각 정보를 받아들인다. 우뇌는 그 반대 역할을 한다. 대부분의 인간(아마도 90퍼센트가량)은 오른손잡이이고, 이 사실이 곧 좌뇌가 더 "우세한" 역할을 맡고 있다고 여기게 만든다. 하지만 '우세하다 dominant'는 개념을 지나치게 확대 해석해서, 뇌 전체를 통제하거나 성격까지 좌우한다고 생각해서는 안 된다. 여기서 말하는 우세는 어디까지나 물체를 잡거나 가리킬 때 주로 어느 쪽 손이나 팔을 사용하는지를 설명하는 정도로 이해해야 한다.

그렇다면 왼손잡이는 말을 할 때 우뇌를 사용할까? 대체로 그렇지 않은 것 같다. 전체 왼손잡이의 70퍼센트 이상이 오른손잡이와 마찬가지로 말할 때 좌뇌를 사용한다. 그 이유는 아직 밝혀지지 않았다.

좌뇌는 언어를 제어할 뿐 아니라 여러 단계로 이루어진 행동을 순차적으로 계획하고 실행하는 데에도 중요한 역할을 한다. 또, 충동을 억제하고 계획적으로 생각하며 목표를 향해 조절하는 "집행 기능executive function"과도 밀접하게 연관되어 있다.

그렇다면 우뇌는 어떤 기능을 담당하고 있을까? 하나의 예로, 선율melody을 처리한다. 이는 꽤 흥미로운데, 우리는 선율이 말과 비숫하다고 생각하기 쉽기 때문이다. 또 다른 중요한 예는 촉각이다. 촉각은 우뇌와 왼손이 크게 관여하는 영역이다. 예컨대 당신이 손에 쥔 물체의 모양을 촉각만으로 알아맞혀 보라는 요청을 받았다고 하자. 두 물체가 같은지 다른지를 판단하는 과제는 왼손으로 만질 때 더 성공률이 높다. 우뇌는 일반적으로 공간적 과제를 더 잘 수행하는 것으로 보인다. 혹시라도 우뇌가 좌뇌보다 더 원시적이라고 생각했을 수도 있는데, 우뇌는 좌뇌보다 숫자 처리에 뛰어나다. 이 사실은 조금 전 언급한 선율에 대한 의문을 이해하게 해 준다. 뇌는 음악을 언어보다 수학에 더 가깝게 인식하기 때문이다.

얼굴 인식과 감정의 인식은 모두 주로 우뇌의 기능에 가깝다. 이를 보여 주는 간단하지만 인상적인 연구가 있다. 연구자들은 한 사람의 얼굴 사진을 조작해 한쪽에는 감정 표현(기쁨, 놀람, 분노 등)을 담고, 다른 반쪽은 무표정한 이미지로 만들었다. 그리고 이렇게 만든 두 가지 버전, 즉 왼쪽에만 감정 표현이 있는 얼굴과 오른쪽에만 감정 표현이 있는 얼굴을 한 쌍으로 나란히 보여 준다. 이런 얼굴들은 관찰자에게 얼마나 감정적으로 보일까? 실험 결과, 관찰자 기준으로 얼굴의 왼쪽에 감정 표현이 있을 때 얼굴 전체가 더 감정적으로 보이는 경향이 나타났다. 우뇌는 시야의 왼쪽에서 들어오는 시각 정보를 처리하기 때문이다. 다음 쪽 그림은 이 효과를 보여 주는 예시이다. 윗줄의 얼굴들은 모두 왼쪽 반쪽에만 감정 표현이 있고(순서대로 행복, 슬픔, 분노), 오른쪽은 무표정이다. 아랫줄 얼굴들은 그 반대로 구성되어 있다. 실험에서는 보통 합성된 얼굴 두

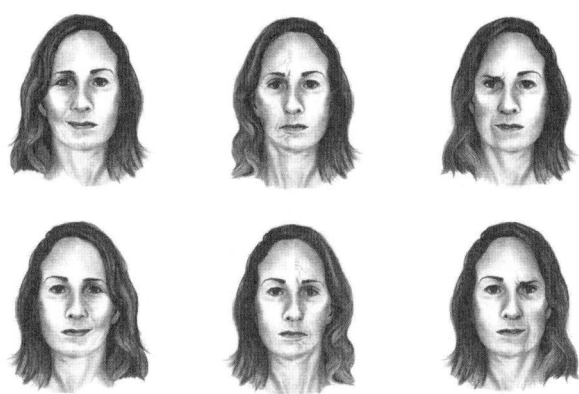

개를 한 쌍으로 동시에 보여 주고 피실험자가 그중 하나를 고르게 한다. 즉, 한쪽 얼굴에만 감정이 나타나도록 조작된 사진들을 좌우로 나란히 제시하는 것이다. (따라서 실제 연구에서는 이 쪽의 삽화처럼 얼굴들을 한 번에 여러 개 보여 주지 않는다.) 흥미롭게도 일부 사람들에게는 긍정적인 감정이 부정적인 감정보다 더 강하게 작용하는 경향이 나타난다. 나 역시 '행복' 사진에서 이런 효과가 특히 강하게 나타났으며, 한꺼번에 볼 때도 마찬가지였다.

이처럼 좌우 반구 간에 기능이 분화되어 있는 구조는 충분히 타당하다. 다양한 작업을 좌우의 특화된 메커니즘을 통해 독립적으로 처리함으로써 얻을 수 있는 이점이 많기 때문이다. 중요한 것은, 필요할 때 모든 것을 하나로 통합할 수 있어야 한다는 점이다. 그리고 그러한 통합은 좌우 반구를 연결하는 고속도로인 '뇌량'이 수행한다. 뇌량은 포유류에서만 발견되는데, 모든 포유류가 가진 것도 아니다. 예컨대 유대류나 알을 낳는 단공류(오리너구리)는 뇌량이 없다. 분리뇌 연구의 대가 중 한 명인 마이클 가자니가Michael Gazzaniga에 따르면, 이 고속도로의 존재 덕분에 양쪽 뇌의 기능적 분화가 더욱 정교하게 발전했다고 한다.

뇌량이 절단되면 우리 좌우 뇌의 차이는 더 뚜렷하게 드러난다. 그중 하나는 좌뇌의 독특한 인지 스타일이다. 가자니가의 관찰대로, 언어를 담당하는 좌뇌는 자신이 알지 못하고 알 수도 없는 것들에 대해 이야기를 지어낸다. 좌뇌는 어떻게든 서사와 패턴, 통일성을 찾아내어, 이치에 맞지 않는 상황조차 말이 되게 만들려고 애쓴다. 실험을 통해 이 놀라운 능력을 확인할 수 있다. 분리뇌 환자의 우뇌(왼손을 통제)와 좌뇌(언어를 통제)에 각기 다른 정보를 주입하고 그 반응을 관찰하는 것이다. 한 실험에서, 연구진은 환자의 우뇌에는 "종"이라는 단어를, 좌뇌에는 "음악"이라는 단어를 보여 주었다. 그 후 '관련된 그림을 왼손으로 가리키라'는 지시를 받은 환자는, "종"이라는 단어를 본 우뇌의 통제에 따라 왼손으로 종 그림을 정확히 가리켰다. 하지만 연구진이 "왜 종을 가리켰느냐"고 묻자, 대답은 언어를 담당하는 좌뇌의 몫이 되었다. 좌뇌는 자신이 본 "음악"이라는 단서와, 영문 모를 왼손의 행동을 연결하기 위해, "마지막으로 들었던 음악이 근처의 종소리였다"는 그럴듯한 이야기를 즉석에서 창조해낸 것이다. (가자니가는 실제로 근처에 종이 있기는 했지만, 그렇다고 해도 그 설명은 좌뇌가 지어낸 것이라고 덧붙인다.)

좌뇌는 이렇게 이야기를 지어내는 것 외에도, 다른 재미있는 실수를 저지르는 경향이 있다. 몇몇 추가 실험에서, 연구진은 분리 뇌 환자들에게 일상적인 사건을 담은 사진을 몇 장 보여 주고, 몇 시간 뒤 새로운 사진들을 보여 주며 그중에 이전에 봤던 것이 있었는지 물었다. 뇌의 좌우 반구 모두 이전에 본 그림은 똑같이 잘 알아보고, 새로운 그림은 정확히 거부했다. 단, 새 그림이 기존 그림들과 무관한 주제였을 때에만 그랬다. 좌뇌의 경우 새 그림이 기존 그림과 연관이 있는 주제라면 보지도 않은 그림을 본 것으로 잘못 '기억'하는 오류를 범했다. 예를 들어, 실험의 첫 단계에서 좌뇌가 한 남자가 자명종을 쳐다보는 사진을 보고, 나중에 그 남자가 양치하는 새로운 사진을 본다면, 좌뇌는 양치질 사진도 이전에 보았다고 기억하는 경향이 있었다. 반면 우뇌는 그런 착각을 하지 않았다.

가자니가의 해석에 따르면, 우리의 좌뇌에는 일종의 "해설자 interpreter"가 있다. 이는 호기심이 많고, 패턴을 추구하며, 서사를 사랑하는 특정한 스타일을 가진 마음의 한 측면이자 거의 하위 정신 sub-mind이라고도 할 수 있는 존재다. 이 해설자는 통일성과 이야기 구조에 너무 집착한 나머지, 필요하다면 실제로 존재하지 않는 것까지 만들어 낸다. 물론 뇌가 온전하게 연결된 사람의 경우, 이를 "하위 정신"으로 간주하는 건 다소 과한 해석일 수 있다(이 용어는 가자니가가 아닌 내가 붙인 것이다). 그러나 좌뇌가 특정한 인지적 스타일을 지니고 있고 가능하다면 우리를 이 통일성과 일관성을 추구하는 길로 이끈다는 생각은 매우 설득력 있다.

사람들은 이 모든 현상을 통합(!)하고 해석(!)할 수 있는 여러 진화적 서열을 제안해 왔다(물론 이것들도 '서사'라는 점에서!). 나는 이 중 몇 가지를 활용하되, 내 나름의 견해를 추가해 보고자 한다.

좌우 대칭의 신체 구조는 동물 진화 초기부터 등장했다. 이 구조는 새로운 형태의 행위를 가능하게 했으며, 동시에 많은 신체 부위와 뇌의 일부까지도 대칭으로 복제되도록 만들었다. 척추동물뿐만 아니라 많은 동물들의 뇌의 양쪽은 어느 정도 특화된 기능이나 '스타일'의 차이를 보인다. 물론 모든 동물에서 동일한 기능이 같은 쪽에 위치하는 것은 아니다. 특히 좌우 신경이 교차되어 왼손을 우뇌가 조절하고, 오른손을 좌뇌가 조절하는 구조는 척추동물만의 특징이다. 척추동물의 경우, 우뇌는 특히 사회적 관계와 공간적 관계에 민감하며, 좌뇌는 사물의 분류나 범주화하려는 경향이 있다. 뇌의 기능 분화lateralization를 연구하는 레슬리 로저스Lesley Rogers는 의식 경험과 관련된 한 가지 재미있는 차이를 지적한다. 그녀는 좌뇌가 특정 대상에 "집중된" 주의력을 기울이는 경향이 있는 반면, 우뇌의 주의력 범위는 더 넓고 개방적이라고 말했다. 이런 좌우의 차이는 인간뿐 아니라 비인간 동물에게서도 관찰된다.

그리고 나서 우리 조상에게서 언어가 나타난다. 언어는 뇌의 왼쪽에 자리잡았고(심지어 대부분의 왼손잡이들도 그렇다), 일단 자리잡은 언어는 사회적 행동은 물론, 사고 방식에도 연쇄적으로 영향을 미친다. 언어는 이야기를 만들고 이론을 추구하는 좌뇌의 스타일이 우리 정신에 확고히 자리잡게 만드는 매개체가 된다.

물론 우뇌가 반사회적이라는 뜻은 아니다. 앞서 살펴보았듯이,

우뇌는 얼굴을 인식하고 감정을 파악하는 데 더 뛰어나다. 따라서 좌우의 차이를 고립된 정신과 사회적으로 연결된 정신이라는 이분법으로 나눌 수는 없다. 하지만 바로 그 서사를 추구하고 이야기를 만들려는 좌뇌의 경향 속에서, 우리는 언어와 문화가 우리의 사고를 어떻게 빚어왔는지에 대한 단서를 발견하게 된다. 이는 좌우 뇌가 같은 방식으로 정보를 처리하지만 단지 왼쪽만이 그것에 대해 이야기를 만들 수 있다는 식의 상황이 아니다. 앞서 본 기억 실험들처럼, 양쪽 뇌는 애초에 정보를 처리하는 방식 자체가 다르다.

조금 전 언급한 기억 실험에서는 좌우 뇌 사이에 뚜렷한 경향 차이가 드러났다. 좌뇌는 서사의 흐름에 부합하는 경우라면 실제로 벌어지지 않은 사건까지도 잘못 기억하는 경향이 있었고, 반면 우측 뇌는 그런 실수를 하지 않았다. 그렇다면 자연스럽게 이런 질문이 떠오른다. 보통의 인간, 즉 뇌량이 온전히 연결된 사람들의 행동은 어느 쪽에 더 가까울까? 이 질문에 대한 답은 비교적 알아보기 쉽다. 이후의 몇몇 연구에서, 가자니가는 정상적인 뇌를 지닌 사람들이 좌뇌 특유의 패턴을 그대로 보인다는 사실을 발견했다. 예컨대, 이전에 본 적 없는 항목이라도, 이미 봤던 것과 "관련이 있는 주제"라면 그 항목을 본 적이 있다고 착각하게끔 만들기 쉽다. 적어도 이러한 유형의 과제에서는 통일성을 추구하고 의미 있는 서사를 구성하려는 좌뇌의 사고 스타일이 더 우세하게 작동한다.

☙

감각이나 기억에 관한 미묘한 심리 실험들 속에서는 때때로 우리 정신의 한 측면이 간과되기 쉽다. 그것은 바로 의식적 사유, 특히 잠시 멈추어서 하는 성찰이다. 이같은 사고는 인간이 하는 크고 중요한 일들, 특히 계획을 세우고 새로운 일을 시작할 때에 중요한 과정이다. 이 결정들은 사회적 성격을 띠기도 한다. 심사숙고와 선택은 종종 타인과의 토론과 설득 과정 속에 얽혀 있기 때문이다. 하지만 그러한 결정에는 심리적인 측면이 내포되어 있으며, 의식적인 성찰 또한 중요한 역할을 한다.

이러한 종류의 사유에서, 언어는 독특한 성질들이 결합된 도구이다. 언어를 통해 우리는 정신적 **유사-행위**mental quasi-acts, 즉 머릿속에서 말하고 되뇌는 행위를 할 수 있다. 이러한 내면의 언어 활동은 우리가 어떤 생각을 평가하고, 기억하고, 확신하는 데 도움을 준다. 언어의 도움으로 당신은 거의 모든 아이디어를 다른 어떤 아이디어와도 연결할 수 있다. 이 아이디어를 자유롭게 재조합하는 능력은 언어에 막대한 사회적 중요성을 부여할 뿐만 아니라, 우리 정신 속에서도 막강한 힘을 발휘한다. 어떤 면에서는 밖으로 내뱉은 언어보다 내면에서 작동하는 언어가 더 멀리 나아갈 수 있다. 우리는 머릿속에서 독백을 이어가면서, 이미지나 냄새처럼 언어가 아닌 요소를 마치 또 하나의 단어처럼 불러올 수 있다. 내면의 언어는 이처럼 내면에서 멀티미디어 이벤트를 연출할 수 있다.

지금 내가 이야기한 것의 일부는 **추론**reasoning의 범주에 속한다. 프랑스의 인지과학자 위고 메르시에Hugo Mercier와 당 스페르베르Dan

Sperber는 그들의 저서 『이성의 진화』에서, 철학자들이나 많은 이들은 추론을 내면에서만 작동하는 개인 사고의 전형으로 보아 왔지만, 추론의 진화적 기원은 훨씬 더 사회적이었을 것이라고 주장한다. 추론의 기원은 사회적 삶을 조율하고, 특히 타인에게 어떤 생각과 행동을 하도록 설득하는 기획이었다는 것이다. 메르시에와 스페르베르에 따르면, 우리는 결론을 **찾기** 위해 추론하는 것이 아니라, 다른 사람들이 우리의 결론에 **동의하게** 만들기 위해 추론한다. 물론 인간의 뇌 안에서는 무엇을 생각하고 어떻게 행동할지를 결정하는 수많은 '추리inference' 과정이 일어난다. 하지만 그 과정의 대부분은 무의식 수준에서 작동한다. 이들이 말하는 추론은 그중에서도 훨씬 구체적인 활동이다. 추론이란, 하나의 아이디어를 다른 아이디어의 근거로 삼아 명시적으로 제시하는 과정이다. 즉, 'Y를 근거로 X를 믿어야 한다'는 논리적 구조를 만드는 일이다. 이러한 이유로 추론에는 언어가 거의 필수적이다. 언어는 아이디어들을 올바른 형태로 묶어서 하나의 아이디어를 다른 아이디어를 정당화하는 근거로 제시할 수 있게 해 주는 유일한 도구이기 때문이다.

메르시에와 스페르베르는, 인간의 인지적 강점과 약점, 그리고 우리가 흔히 저지르는 논리적 실수까지도 추론의 역할이 본질적으로 사회적임을 보여 주는 증거라고 주장한다. 이러한 '오류'들이 추론이 본래의 목적에 적합하지 않은 도구라는 의미는 아니다. 오히려 우리가 추론의 기원과 그 목적을 오해했음을 보여 준다. 우리 모두가 저지르기 쉬운 오류의 한 예는 확증 편향confirmation bias, 즉 우리의 현재 견해를 지지해 주는 것들을 찾고, 다른 방향을 가리키는 증거는 보지 않으려는 태도다. 다른 사람들을 설득하여 우리를 따르게 하려는 과업에서는, 이것은 전혀 오류가 아니다.

추론의 기원에 대한 메르시에와 스페르베르의 이러한 아이디어는 생각보다 꽤 합리적으로 보인다. 다만 그들의 그림과 내 관점 사이의 한 가지 차이점은, 이러한 기원이 오늘날의 활동에 얼마나 강하게 드리워져 있는가다. 설령 추론이 설득이라는 목적에서 비롯되었다 하더라도, 이 능력은 개인의 내면에서 전혀 다른 방식으로 작동할 수 있다. 개인의 내면에서는 추론이 새로운 결론을 찾아내고, 미지의 영역을 탐사하고 숨겨진 진실을 파헤치는 수단이 될 수 있다.

그들의 이야기에서 뒷전으로 밀려난 범주는 숙고deliberation다. 여기서 숙고는, 예컨대 배심원단 같은 집단이 아닌 개인이 하는 숙고를 이른다. 메르시에와 스페르베르는 대부분 무의식적인 '추리'와, 의식적인 '추론'을 구분한다. 그들에게 추론이란 "왜 이 결론이 타당한가?"를 명시적으로 설명하는 행위를 의미한다. 그러나 숙고는 이와 다르다. "뭔가 잘못됐다. 이제 어떻게 해야 하지?" 같은 질문이 여기에 속한다. 이 활동은 언어가 핵심적인 역할을 한다는 점에서 추론과 유사하지만, 보다 더 개방적이고 탐구적인 성격을 지닌다. 그리고 이처럼 결론이 정해져 있지 않은 "열린openness" 느낌이 단지 자기 합리에 불과한 환상일 필요는 없다. 오래된 도구에도 새로운 역할을 부여할 수 있다. 우리는 이 사회적 상호작용에서 만들어진 도구를 사용하여 한 걸음 물러나 성찰할 수 있다. 예컨대 "내가 생각할 수 있는 모든 요소를 고려할 때, 내가 정말로 먹어야 할 음식은 어떤 것일까?" 같은 질문을 스스로에게 던질 수 있다.

언어와 문화는 또 다른 방식으로 우리 정신에 영향을 미치는데, 바로 **자아**의 본질을 형성하는 과정에 관여하는 것이다. 이 주제는 우리를 몇 페이지 전에서 강조했던 서사에 대한 생각으로 다시 데려간다. 우리가 스스로를 하나의 명확한 자아self로 느끼는 이유는, 부분적으로 우리가 시간의 흐름이 이어지는 일관된 이야기 속의 주체subject라는 느낌에서 비롯된다. 물론 자아성selfhood의 일부는 이러한 서사 감각 없이도 성립한다. 진화의 결과로 우리 같은 동물이 지닌 신체적 통합성, 그리고 과거 사건들에 대한 기억만으로도 자아의 일부가 형성된다. 그러나 단순한 기억 이상의 것이 있다. 그것은 서사를 엮어 내고자 하는 우리의 충동이다. 우리는 오래된 기억들을 하나의 이야기로 엮고, 변화 속에서도 일관성을 찾으려 한다. 이것은 아마도 우리의 서사 도구인 언어에 의존할 것이다. 이런 방식으로 이야기를 구성할 때, 우리가 도달한 결과는 그 정도는 다르지만 '조작된' 것이다. 허구가 끼어들기도 하고, 거친 부분을 매끄럽게 다듬기도 한다. 하지만 내면의 이야기꾼은 단지 일이 벌어진 뒤에 나타나는 해설자에 그치지 않으며, 앞으로 마주할 선택과 도전을 어떻게 다룰지를 형성한다. 이런 서사가 바로 **우리의 정체성**을 이룬다. 우리의 과거에 대한 해석이 현재의 우리에게 영향을 미치고, 나아가 미래에 우리가 무엇을 하고 어떤 존재가 될지를 결정한다.

☙

　이 경로들을 조금 더 따라가 보자. 지금까지 내가 "언어"라고 말한 것은 기본적으로 구어spoken language를 의미했다. 하지만 문자 해독 능력, 곧 문해력literacy은 그 자체로 고유한 역할을 한다. 앞 장에서 보았듯이 읽기와 쓰기는 비교적 최근에 등장한 문화적 발명품이며, 대부분의 인류는 문해력을 갖추지 못했다. 하지만 문해력이 등장하면서 뇌에 영향을 미쳤다. 앞 장에서 보았듯이, 문해력은 뇌량의 크기를 증가시켰고 뇌의 활동 패턴을 변화시켰다. 특히 단어를 인식할 때 좌뇌의 특정 영역이 매우 활성화되는 모습이 뇌 스캔을 통해 관찰되었다. 이 변화는 얼굴 인식 능력에도 영향을 주어서, 그 능력을 점점 오른쪽 뇌가 담당하도록 만들었다. 나는 몇 쪽 앞에서 감정 인식이 우뇌에서 더 강하다고 말했는데, 그것은 대부분의 사람을 두고 한 주장이었다. 하지만 우리는 먼저 감정 인식 실험에 참여했던 사람들이 모두 글을 읽을 수 있었을지를 먼저 질문해야 한다. 만약 그들의 뇌가 읽기를 통해 구조적으로 재편되었다면, 그러한 실험 결과는 글을 읽지 못하는 사람에게는 아예 적용되지 않을 수도 있다. 또한, 그들이 읽는 **언어**에 대해서도 생각해 볼 수 있다. 30여 년 전, 지오츠나 베이드Jyotsna Vaid와 마하라즈 싱Maharaj Singh은 얼굴 감정이 왼쪽 시야에서 처리된다는 일반적인 결과가, 피실험자들이 왼쪽에서 오른쪽으로 읽는 습관과 관련이 있을지도 모른다고 제안했다. 즉, 이 습관이 왼쪽에서 오른쪽으로 훑어보는 것을 "자연스럽게" 만들 수 있다는 것이다. 그들은 힌디어, 아랍어, 우르두어 등 여러 언어를 읽는 사람들(좌→우인 힌디어와 우→좌인 우르두어 모두를 읽는 사람도 있었다)을 대상으로 앞에서 나온 인공적으로 합성한 얼굴 사진을 어떻게 해석하는지 비교했다. 그들의 실험 결과를 해석하기는 쉽지 않았지만, 좌→우 독서 습관을 가진 사람들에서 감정 인식에서 좌측 시야에 대한 편향이 더 두드러진다는 경향이 발견되었다. 한편, 얼굴을 바라볼 때 좌측 편향을 보이는 동물도 있다. 예컨대 히말라야원숭이rhesus monkeys나 집에서 기르는 개들이 그렇다. 다만 개들은 다른 개가 아니라 인간의 얼굴을 볼 때 그러한 편향을 보였다. 침팬지는 인간과 비슷하게 왼쪽에 감정이 있을 때 더 강하게 인식하는 반응을 보였다. 이 모든 상황은, 인간이 다른 동물들과 공유하는 뇌의 구조적 특징과, 문해력 같은 후천적인 문화의 세부 요소가 함께 뒤엉켜서 실타래처럼 복잡해졌다.

조르조 발로르티가라Giorgio Vallortigara는 물고기, 파충류, 새와 같이 좌뇌와 우뇌의 분화가 더 뚜렷한 동물들에 대해 글을 쓰며, 이 동물들의 감각 경험이 과연 어떻게 하나의 경험으로 완성되는지 궁금해했다. 이 질문은 특히 물고기처럼 눈이 머리의 양쪽 측면에 있는 경우에 더욱 분명한 답을 얻을 수 있지만, 비단 그럴 때만의 문제는 아니다. 이런 동물은 세상을 두 개의 감각의 창으로 인식할까? 서로 다른 느낌을 지닌 두 세계로 나누어 볼까? 아니면 하나의 관점을 유지하되, 세상의 양쪽이 서로 다른 "색조"를 지닌다고 느끼게 될까? 예컨대 왼쪽 시야로 경험하는 세계가 더 사회적인 의미를 담고, 더 관계 지향적으로 느껴지는 식으로 말이다.

두 번째 선택지는 우리의 우뇌가 좌뇌보다 감정을 더 잘 포착하는 현상이 극단적으로 나타난 사례라고 할 수 있다. 감정이 한쪽 얼굴에만 담긴 인공 얼굴들은 매우 인상적이다. 나는 이 주제에 너무 호기심이 생긴 나머지 시야의 왼쪽에 주의를 집중하려는 시도를 계속해 보았다. 하지만 주의를 기울이는 순간 그 '왼쪽'이 새로운 중심이 되어 버려서 소용이 없었고, 한쪽 눈을 감는 것도 소용없었다. 이것은 우리의 두 눈이 좌우 반구 모두에 정보를 전달하기 때문이다. 움직임에 대한 이 지적은 매우 중요하다. 뇌가 좌우로 분리된 동물이 그 기묘한 특성에 대처하는 한 가지 방법이 바로 머리를 끊임없이 움직이는 것이기 때문이다. 이런 모습은 새들에게서 흔히 볼 수 있다. 이처럼 행위는 파편화된 주관성이 하나로 통일되는 과정에 부분적으로 기여한다.

그렇다면 혹시 영화 제작자들은 이러한 점을 활용하지는 않았을까? 영화 속에서 왼쪽에서 오른쪽으로의 화면 이동은 보통은 오른쪽에서 왼쪽으로의 이동과는 다른 느낌을 준다. 왼쪽에서 오른쪽으로의 이동은 자연스러운 진행으로 인식된다. 동일한 장면을 좌우 반전시켜 오른쪽에서 시작하도록 만들면, 그 움직임은 어딘가 어색하게 느껴질 것이다. 이런 연출 방법은 영화계에서 반쯤은 암묵적으로 내려오는 구전 지식이다. 실제로 초기 영화감독들은 의식하지 못한 채 활용한 방식이었겠지만, 현재는 과학적 연구의 주제로까지 확장되었다. 비평가 로저 이버트Roger Ebert는 과학적 연구가 본격적으로 시작되기 전에 기록된 한 유명한 에세이에서 이 같은 좌→우 이동 선호를 여러 일반화된 경향 중 하나로 소개한 바 있다. 그 글에는 "오른쪽은 긍정적이고, 왼쪽은 부정적이다"라는 통념도 함께 제시되어 있었다. 일반적으로 사람들은 영화 속 좌우 현상을 서양 문화에서 좌와 우에 대해 형성된 명시적인 문화적 관념(고어 "불길한sinister"에 왼쪽이라는 의미도 있었다는 점 등)으로 설명해 왔다. 그러나 이 모든 현상은 뇌의 좌우 분화에서 기인하는 지각 효과perceptual effect와도 관계가 있을 수 있다.

만약 그렇다면 이와 관련된 인과관계는 상당히 복잡한 양상을 띨 수 있다. 앞에서 우리가 감정의 신호를 포착하는 방식에 언어의 차이가 작용하는 것처럼 보인다고 말했다. 즉, 오른쪽에서 왼쪽으로 읽는 언어를 사용하는 사람들은 왼쪽에서 오른쪽으로 읽는 사람들과 다르다는 것이다. 이와 유사한 효과가 영상 속의 행동 장면에서 발견되었다. 예컨대 축구 골 장면을 어떻게 해석하는지(더 강력한지, 더 빠른지, 더 아름다운지)를 살펴본 연구에서 이탈리아어 화자와 아랍어 화자 사이에 꽤 큰 차이가 있었다. 아랍어는 이탈리아어와 달리 오른쪽에서 왼쪽으로 쓴다. 이 연구에서 아랍어 사용자들은 오른쪽에서 왼쪽으로 넣은 골을 왼쪽에서 오른쪽으로 넣은 골보다 더 강하고, 더 빠르며, 더 아름답다고 평가했다. 방금 앞에서 말한 영화에 관한 아이디어 일부는 처음 생각했던 것보다 훨씬 특정 문화에 국한된 것일 수 있다.

언어의 심리적 역할에 대해 마지막으로 덧붙이고 싶은 생각이 하나 있다. 우리의 정신에는 의식의 흐름, 회상, 연결되지 않는 자유로운 몽상 같은 것들이 있다. 이것들은 감각이나 기억 등에 대한 심리 실험으로는 찾아내기 힘들 것이다. 디스토피아적 미래의 감시자들이 우리를 항상 스캔하기 전까지는, 당신이 무엇을 상상하거나 기억하는지는 누구도 알 수 없다. 이러한 정신의 작용은 비인간 동물에도 어느 정도 존재한다. 그 좋은 예가 바로 쥐의 뇌에서 발견되는 공간에 대한 정신적 탐험이다. 이는 앞서 언급한 내적 지도가 있기에 가능한 현상이다. 쥐는 실제로는 거의 움직이지 않고도, 심지어 잠든 상태에서도 뇌 속의 일련의 '장소 세포place cells'를 활성화시킬 수 있다. 이 세포들은 원래 쥐의 실제 위치를 감지하는 역할을 한다. 이러한 마음 속 공간 탐색이 쥐에게 감각 경험으로 느껴지는지는 알 수 없지만, 그것은 일종의 오프라인 행위의 예행연습이다. 이러한 정신적 탐험은 꿈과도 관련이 있다. 실제로 이제는 꽤 많은 비인간 동물들이 꿈을 꾼다는 강력한 증거가 존재한다.

이처럼 기이하고 다시는 반복할 수 없는 생각들로 가득한 정신의 한 구석은, 누구와도 공유할 수 없는 순수한 개별성이 자리하는 장소다. 하지만 사회적 도구인 언어가 내면화되면, 이러한 내면의 정신 활동에 특별한 힘과 깊이를 더해 준다. 물론 이 정신의 측면이 언어에 전적으로 의존하지는 않는다. 마음속을 이리저리 돌아다니는 쥐의 사례에서도 보이듯, 언어 없이도 가능한 측면이 있다.

그러나 언어가 더해지면서 이 측면은 꽃을 피웠다. 언어는 엄청나게 풍요로운 사적이고 창조적 사유를 가능하게 한다. 이 사유는 처음에는 사적인 상태로 머물지만 우리의 선택에 따라 언제든 공적인 것이 될 수 있다. 몽상은 마음속 서사적 흐름을 따라가면서 이미지와 소리의 흔적들을 불러내어 방향을 잡고 확장될 수 있다. 한 세기 전 철학자 존 듀이John Dewey의 말처럼, 우리는 남들이 믿지 못할 법한 이야기를 스스로에게 들려줄 수 있다. 그리고 그런 행위는 이상한 일이 아닐 뿐더러, 궁극적으로 우리 자신에게 이롭기까지 하다. 언어는 가능한 것과 불가능한 것을 자유롭게 넘나드는 사유를, 즉 아이디어를 자유롭게 조합하는 능력을 확장시킨다. 이처럼 사적인 영역의 확장이 가능한 이유는, 역설적으로 사회적 도구가 내면화되었기 때문이다. 정신에는 사적인 측면(오프라인과 자유분방한 측면)이 있고, 그것은 공적이고 사회적이며 문화적인 기술의 집합인 언어에 기반을 두고 있다. 이토록 독특하고 인간적인 조합은 조화롭지 않고 거의 아이러니하기까지 하다. 그것은 공적인 영역이 사적인 영역에게 선사한 위대한 선물이다.

하이퍼스캔

이 장의 앞부분에서 나는 감각 경험의 생물학적 기반에 대해 두 가지 요소로 구성된 개요를 제시했다. 첫 번째는 동물의 존재 방식에서 감각과 행위가 수행하는 역할, 즉 주관성의 기원에 관한 것이었다. 두 번째는 뇌와 신경계의 물리적 특이성에 주목하는 관점으로, 세포 간 영향과 대규모 동적 패턴의 혼합을 중심에 두었다. 방금 우리가 살펴본 언어, 좌우 반구, 문화의 역할 같은 주제들은 이 두 가지 중 첫 번째인 감각, 관점, 주관성 등에 꽤 명확히 연결된다. 그렇다면 이제 내 개요의 다른 부분으로 눈을 돌릴 때, 의식이나 인간 삶에 대한 논의에 새롭게 보탤 만한 것이 별로 없다고 느껴질 수도 있다. 앞서 다룬 전기적 리듬은 우리와는 전혀 다른 뇌 구조를 가진 동물들에서도 광범위하게 발견되기 때문이다. 만약 우리의 관심사가 인간의 의식과 문화에 있다면, 동물계에 널리 퍼져있는 그 원초적인 뇌의 특징이 인간을 특별하게 만들지는 않을 것으로 보인다. 하지만, 섣부른 판단은 금물이다.

지난 수십 년 동안 뇌 스캔 기술은 큰 발전을 이루었다. 이 장 앞부분에서 나는 몇 가지 기초적인 내용을 소개했다. 뇌전도 기법은 1929년경부터 사용되었으며, 그 이후 많은 진전이 있었다. 특히 2002년에 발표된 논문 하나가 새로운 연구 흐름을 촉발했다. 바로 리드 몬터규Read Montague 연구팀이 발표한 「하이퍼스캐닝: 연동된 사회적 상호작용 중에 이루어진 동시적 fMRIHyperscanning: Simultaneous fMRI

During Linked Social Interactions」라는 논문이다. 이 논문은 두 명 이상의 사람이 사회적 상호작용을 할 때, 그들의 뇌를 동시에 스캔한다는 아이디어를 본격적으로 다룬다.

그들은 기능적 자기 공명 영상functional magnetic resonance imaging, fMRI 기법을 사용했다. 이 방식은 뇌 외부에서 내부를 스캔하는데, 뉴런의 전기적 활동을 직접 보는 대신, 뇌의 각 부위로 공급되는 혈액 속 산소량의 변화를 감지하여 뇌 활동을 측정한다. 이 연구에서 사용된 사회적 상호작용은 단순한 속임수 게임이었다. 한 사람이 메시지를 보내고, 다른 사람은 그것이 거짓말인지 아닌지를 맞추는 게임이다. 두 사람은 각자 스캐너 장치 안에 들어가 있어서 마주볼 수 없다. 이 논문의 핵심은 이 새로운 방법론을 소개하는 데 있었고, 구체적인 결과 분석을 하지는 않았다. 다만 양쪽 뇌 활동 간에 일정한 상관관계가 나타났다는 점은 보고되었다. 이 논문은 "하이퍼스캐닝"이라는 용어를 도입했고, 그 이후 이 방법은 널리 퍼지게 되었다.

이것이 보통 알려진 이야기의 시작이다. 그러나 실제로는 그보다 앞선 실험이 1965년에 발표되었다. 이 실험은 (아직 발명되지 않았던) fMRI가 아닌, 뇌의 전반적인 전기 활동을 더 직접적으로 포착하는 뇌전도를 사용했다. 두 명의 안과 의사인 T. D. 듀안Duane과 토마스 베렌트Thomas Behrendt가 쓴 이 한 페이지짜리 논문은 《사이언스Science》에 실렸다. 그것은 (하나의 수정란에서 태어난) "일란성" 쌍둥이를 대상으로 한 초능력 연구였다.

이는 역사의 흥미로운 재연이다. 뇌전도 기법 자체도 한스 베르거Hans Berger가 텔레파시를 찾는 연구의 일환으로 도입한 것이었다. 수십 년이 흐른 뒤, 두 사람의 뇌파 리듬 사이의 실시간 관계를 측정했다고 알려진 최초의 연구 역시 또 다른 텔레파시 연구였다. 이 안과 의사들은 아직 알려지지 않은 경로를 통한 커뮤니케이션의 가능성을 탐구하고자 했다. 실험에서 한 쌍둥이는 불이 켜진 방에서 눈을 감도록 지시받았다. 눈을 감으면 보통 뇌에서 특정 유형의 리듬(알파 리듬)이 유도된다. 그렇다면 떨어진 방에 있는 다른 쌍둥이도 같은 뇌파 패턴을 나타내게 될까? 그들은 몇몇 사례에서 실제로 그러한 결과가 나타났다고 보고했다.

이 연구는 매우 비공식적으로 이루어졌고, 통계적 분석도 포함되어 있지 않았다. 이후에도 이와 유사한 몇몇 연구들이 이어졌는데, 그중에는 훨씬 더 기술적으로 정교한 실험도 있었다. 과학적 방법과 샤머니즘적 접근을 넘나드는 독특한 경력을 지닌 멕시코 연구자 하코보 그린버그-실버바움Jacobo Grinberg-Zylberbaum이 이끈 이 실험은 쌍둥이를 대상으로 하진 않았다. 1992년에 발표된 이 실험은 뇌전도 스캔을 활용해 물리적으로는 가까우나 차단된 방에 있는 사람들 사이의 신호 전달에 성공했다고 보고했다. 그린버그-실버바움은 그로부터 2년 뒤, 여전히 풀리지 않은 미스터리를 남긴 채 사라졌다.

나는 많은 사람들처럼 이런 종류의 연구를 보지도 않고 무시하지는 않는다. 전반적으로는 회의적인 입장이지만, 예상치 않은 경로를 통한 신호 전달 가능성에 대해 조금은 열려 있다. 어쨌든, 뇌전도를 처음 도입한 베르거의 사례처럼 뇌를 이중으로 스캔하는 이 방식 역시 결국은 주류로 편입되었다. 그 전환점은 "하이퍼스캐닝"이라는 용어를 도입한 2002년의 그 논문이었다. 하이퍼스캐닝에 관한 많은 논문이 서두에 간단한 역사 개요를 담고 있는데, 대부분에 이 모험적인 안과 의사들의 논문은 전혀 언급되지 않고 있다.

하이퍼스캐닝 연구의 일반적인 목표는 사회적 상호작용 중인 두 사람의 뇌 활동 사이의 관계를 분석하고, 이를 다른 상황과 비교하는 것이다. 이때 사용되는 스캔 방식은 fMRI나 뇌전도, 그리고 몇 가지 다른 기술들이 있다. 뇌전도 기반 연구는 특히 이 장의 주제와 밀접한 관련이 있다. 뇌전도는 뇌의 대규모 전기 활동 패턴을 직접 측정할 수 있으면서도, 실험에 참여한 사람들이 자연스럽게 상호작용할 수 있게 해 주기 때문이다. 다른 방식들도 각기 다른 방식으로 우리의 그림을 보완해 준다.

그렇게 해서 드러난 그림은 놀라웠다. 특히 협동과 팀워크가 강조되는 사회적 맥락에서는, 한 사람의 뇌에서 나타나는 대규모 동적 패턴과 다른 사람의 뇌에서 나타나는 패턴 사이에 강한 상관관계가 발견되곤 한다. 이것을 "뇌 간 동기화$_{\text{interbrain synchrony}}$"라고 한다. 이 상관관계를 측정할 때는 두 개의 리듬 또는 두 뇌에서 일어나는 일련의 사건들을 비교하여 어느 정도 일치하는지를 보는데, 나로서도 완전히 이해하기 어려운 기술적인 요소들이 관여한다. 이때 사용하는 방법은 주파수를 비교하거나, 진동의 '세기$_{\text{power}}$'를 살펴보거나(한쪽 리듬이 강할 때 다른 쪽도 강한가?), 혹은 위상을 보거나(최고점이 얼마나 맞물리는가?) 이들을 조합하여 분석할 수도 있다. 또한 동기화 현상이 실제 상호작용 때문인지, 아니면 단순히 양쪽에 동일하게 영향을 미친 외부 요인 때문인지를 판별할 필요도 있다. 많은 연구에서 두 사람이 사회적으로 상호작용할 때, 그들의 뇌 활동 패턴이 물리적으로 분리되었음에도 불구하고 예상보다 훨씬 강한 연관성을 보인다는 사실이 밝혀졌다. 물론 뇌파가 완전히 일치하는 것은 아니며, 이 모든 것은 정도의 문제다. 그럼에도 불구하고 이는 분명 놀라운 결과다.

이러한 동기화는 사람들이 같은 것을 보고 있거나 완전히 동일한 행동을 하고 있을 때만 일어나지는 않는다. 기타 이중주를 연주하는 두 사람의 뇌파가 동기화되기도 하지만, 서로 다른 역할을 맡아 협력해야 하는 상황에서도 동기화가 나타난다. 예를 들어, 한 사람이 화면 속 목표물을 찾고, 시선을 이동시켜 다른 사람에게 정보를 전달하면, 정보를 받은 사람이 버튼을 누르는 경우, 또는 두 명의 조종사가 비행 시뮬레이터 안에서 함께 작업을 수행하는 경우가 그렇다. (컴퓨터 게임처럼) 사람들이 협력 정도를 선택할 수 있는 상황에서는 협력할 때 뇌파의 동기화 수준이 더 높게 나타난다. 그리고 연구자는 두 사람의 뇌가 얼마나 동기화되었는지를 바탕으로 그들이 협력하고 있는지를 예측할 수도 있다. 두 사람이 함께 수행해야 하는 보다 순수한 협력 과제에서도 뇌파 동기화 수준이 더 높은 쌍이 더 낮은 쌍보다 과제를 더 잘 수행하는 경향이 나타났다.

뇌파 동기화는 또한 여러 명이 동시에 말하고 있을 때, 청자가 특정 사람의 음성을 선택해 그 내용을 따라갈 수 있는 현상인 "칵테일 파티 효과cocktail party effect"를 어느 정도 설명해 준다.

이 모든 현상은 특히 뇌파가 동기화되는 속도가 매우 빠를 때 더더욱 수수께끼처럼 느껴진다. 뇌전도를 이용한 연구에서는, 뇌파의 동기화가 감마gamma 대역에서 나타나기도 한다. 감마파는 초당 25회 이상의 진동 속도를 가지며 때로는 그보다 훨씬 더 빠르다. 이 정도의 속도는 인간이 눈에 보이는 행동적 단서로 동기화를 조정하기에는 너무 빠른 수준이다.

이 접촉이 어떻게 이루어지는가에 대한 물음은 잠시 미뤄두고, 먼저 다른 질문을 던져 보자. 이 모든 것이 사실이라면, 그것은 어떤 작용을 할 수 있을까? 매우 빠른 속도의 동기화든 그렇지 않은 경우든 간에, 이러한 동기화는 어떤 차이를 만들어 내는가? 관련 연구들에서는 종종 사람들 사이에 일종의 연결되는, 곧 서로 조율되거나 동기화된다는 느낌이 보고되었다. 이때의 표현은 이제 이전보다 훨씬 구체적인 의미를 갖는다. 이같은 감각이 바로 뇌파 동기화가 설명할 수 있는 현상 중 하나로 간주된다. 하지만 어떻게 그런 일이 가능할까? 누군가의 보이지 않는 빠른 리듬이 자신의 리듬과 동기화되어 있는지, 혹은 그렇지 않은지를 어떻게 알 수 있을까? 그리고 그것이 도대체 어떤 차이를 만들어 내는가?

내가 아는 한, (텔레파시 같은 설명은 제외하고) 이에 대한 가장 급진적인 설명은 인지과학자 아나 루시아 발렌시아Ana Lucía Valencia와 톰 프로제Tom Froese가 제시한 관점이다. 이들은 한 사람의 경험을 구성하는 물리적 기반과 다른 사람의 경험 기반이 부분적으로 융합된다고 제안한다. 즉, '당신'의 경험을 이루는 물리적 기반의 일부는 상대방의 뇌에서 일어나는 활동이고, 상대방의 경험을 이루는 기반의 일부는 당신의 뇌에서 일어나는 활동이라는 것이다. 우리가 가끔씩 느끼고 또 소중하게 여기는 "서로 연결되어 있다"는 감각은 우리가 생각했던 것보다 훨씬 실질적인 물리적 실체를 갖고 있을지도 모른다. 프로제는 다른 논문에서 이렇게 표현한다. "우리가 누군가와 함께 '지금 이 순간을 공유하고 있다'는 사실을 자각할 때, 우리는 더 이상 각자의 머리 속에 갇힌 분리된 존재가 아니다. 우리는 하나의 흐름 속에서 벌어지는 경험을 공유하는, 진정한 두 명의 개인이다."

이는 우리 각자가 개별적인 주체라는, 어떻게 보면 전적으로 타당해 보이는 통념과 배치된다. 이 통념은 우리는 타인과 유사한 경험을 할 수는 있지만, 그 경험은 어디까지나 각자의 것이고 그것이 물리적으로 서로 섞이거나 융합되는 일은 없다는 생각이다. 이 관점이 만약 틀렸다면 이는 실로 거대한 패러다임의 전환일 것이다.

나는 이러한 가능성들에 대해 열어 두고 있다. 나는 정신에 대한 유물론적 관점을 받아들인다. 이는 자연 속의 어떤 물리적 과정들이 그 자체로 정신적 과정이기도 하다는 뜻이며, 여기에는 감각도 포함된다. 즉, 단순히 물리적 과정이 정신적 과정을 유발하는 것이 아니라, 그 물리적 과정이 곧 정신적 과정이다. 모든 감각은 어떤 종류든 간에 물리적 기반을 가지고 있으며, 이 기반은 특정한 장소에 존재한다. 그뿐만 아니라, 다른 물리적 현상들은 감각의 일부는 아니면서도, 감각을 **유발**할 수도 있다. 내가 (그리고 발렌시아와 프로제가) 말하는 감각 또는 경험의 "기반"이 한 사람의 머릿속에만 국한될 수도 있고, 꼭 그렇지 않을 수도 있다. 그런데 과연 이 두 가능성 중 어느 한쪽이 맞다고 예상할 만한 특별한 근거가 있을까?

만약 정신과 뇌가 행위를 조절하기 위해 존재하며 그 행위가 동물의 몸을 움직이게 하는 것이라면, 감각 경험의 물리적 기반은 항상 그 동물의 내부에 국한되어 있다고 보는 것이 자연스럽다. 발렌시아와 프로제는 이와 관련하여 인지과학자 앤디 클라크Andy Clark가 제시한 주장을 함께 검토한다. 클라크에 따르면, 감각 경험은 그 물리적 기반이 무엇이든 매우 빠르고 정교한 활동을 필요로 한다. 하지만 이러한 활동은 서로 다른 두 개의 뇌에 걸쳐서는 일어나기 어렵다. 두 사람의 몸이 그들 사이에 놓인 일종의 '저역 통과 필터low pass filter'로 작동해서, 의식이 성립하는 데 필요한 빠른 고주파 활동이 두 뇌를 가로지르지 못하게 막기 때문이다. 하지만 발렌시아와 프로제는 신체가 필터로 작용한다는 주장이 처음에는 완전히 타당하게 보이지만, 하이퍼스캐닝에서 나타나는 실험 결과들은 그것이 꼭 옳지 않을 수도 있음을 시사한다고 말한다. 원리는 정확히 알 수 없지만, 두 개의 뇌는 놀라운 방식으로 서로 연결될 수 있으며, 이는 감각 경험의 물리적 기반, 더 나아가 경험 자체가 실제로 두 뇌에 걸쳐 물리적으로 공유될 수 있는가라는 질문을 다시 제기하게 만든다.

또 다른 대안적 관점은 하이퍼스캐닝 실험이 포착한 현상이 두 정신의 융합이 아니라 각자의 개별성을 유지한 채 서로 연결된 것이라는 해석이다. 만약 이 견해가 사람들 사이에서 느껴지는 유대감이나 접촉의 감각을 설명하려는 것이라면, 이는 앞서 제시한 급진적인 관점보다는 덜 직접적인 설명이라 할 수 있다. 급진적인 관점에서는 접촉의 감각이 두 정신 간의 부분적인 통합, 즉 일종의 융합에서 비롯된다고 본다. 반면, 대안적인 관점에서는 이것을 합쳐지지 않고 이루어지는 만남으로 이해한다. 각자의 감각은 분리되어 있지만 서로의 상태에 미묘하게 영향을 주고받으며, 그 결과로 접촉의 경험이 형성된다는 것이다. 그렇다면 그 '미묘한 영향'이란 무엇이며, 그것은 어떻게 생겨날 수 있을까?

가장 유력한 설명은 아마도 각자의 행동에서 나타나는 미묘한 신호들을 서로가 감지하고, 이를 통해 내면의 과정들이 어느 정도 동기화된다는 것이다. 이렇게 서로가 정렬alignment되고 있다는 느낌은 두 사람의 경험에 영향을 미칠 수 있으며, 이는 함께 춤을 추는 경우를 생각하면 더 명확히 이해할 수 있다.

하지만 여기서 고심해야 할 문제가 하나 있다. 그것은 이 설명이 훨씬 더 빠른 신경 리듬의 경우에도 성립할 수 있는가다. 두 사람의 리듬이 대략 같은 시점에 활성화되는 것 자체는 그리 어렵지 않게 이해할 수 있다. 하지만 그것이 아주 정밀하게 맞춰진다고 보기는 어렵고, 더군다나 그 리듬의 동기화가 계속되는 현상을 설명해 주지는 못한다. 그렇다면 이렇게 정교한 연결은 어떻게 가능할까? 이 질문에 대해, 나는 또 다른 논의들을 바탕으로 몇 가지 아이디어를 제시해 보려 한다.

17세기에 우연히 시작된 오래된 실험이 하나 있다. 네덜란드의 물리학자이자 발명가인 크리스티안 하위헌스Christiaan Huygens는 서로 가까이 있는 두 개의 진자 시계가 시간이 지나면 동기화된다는 사실을 발견했다. 만약 두 시계의 리듬이 처음부터 상당히 비슷하고 물리적으로도 유사하다면 두 시계의 움직임은 서로 완벽하게 맞물려 정렬된다. (다만 그 움직임의 방향이 정반대가 되는데, 이를 역위상out of phase 상태라고 한다.) 이 현상은 메트로놈에서도 동일하게 나타난다. 이 현상은 꽤나 수수께끼 같아서 지금까지 많은 연구가 이루어졌다. 현재 파악하고 있는 그림은 이렇다. 이 현상은 시계나 메트로놈이 고정되어 있는 바닥이나 받침대를 통해 전달되는 물리적 영향에 의해 일어난다(메트로놈의 초능력은 아니라는 말이다). 그 현상의 본질은 아마 이러할 것이다. 각 장치는 움직일 때 다른 장치에 약간의 발길질을 가하는데 이로 인해 상대의 패턴이 조금씩 어긋나게 된다. 이같은 발길질이 계속되다가 만약 두 시계가 우연히 매우 밀접하게 동기화된 상태에 이르면, 발길질이 상쇄되어 더 이상 서로 영향을 주지 않게 된다. 그들은 평형 상태에 놓인다.

시계와 메트로놈을 다룬 물리학 실험에서는 이 모든 과정이 매우 정확하게 일어난다. 하지만 뇌에서는 어떤 동기화도 그렇게 깔끔하게 일어나지는 않을 것이다. 그럼에도 불구하고, 사회적 맥락

안에서 작은 움직임과 다양한 신호들이 두 사람의 뇌 활동을 계속해서 자극하고 교란시키는 상황을 상상해 볼 수는 있다. 그런 상황에서는 두 사람의 뇌 사이에 보다 안정적인 상태, 다시 말해 외부 자극에 의해 잘 흔들리지 않는 어떤 패턴이 존재할 수 있다. 그러면 두 사람의 뇌 활동 패턴은, 심지어 아주 빠른 활동 패턴도 점점 비슷해질 수 있다. 아마도 우리가 서로에게서 감지할 수 있는 것은 온몸에 퍼져 있는 수많은 작은 움직임들이 함께 만들어 내는 리듬일 것이다. 한 사람이 동시에 해내는 수많은 작은 행동에는 스스로는 인식하지 못하는 그 사람만의 미묘하고도 고유한 리듬이 담겨 있을 수 있다. 이처럼 평범하고 작은 움직임 속에 숨어 있는 고유한 리듬이 앞서 언급했던 사람들 사이의 접촉의 감각을 설명하는 데 중요한 역할을 할지도 모른다.

이 모든 이야기는 논쟁의 최전선에 있다. 과학적으로 논란의 여지가 많다. 「과장된 담론을 넘어서 Beyond the Hype」 같은 제목의 비판적 논문도 있을 만큼, 이 현상의 중요성을 어떻게 해석해야 할지도 불분명하다. 하지만 나는 이 연구에 강렬한 인상을 받았다. 두 정신이 문자 그대로 합쳐진다는 주장 말고도, 눈에 보이지 않는 활동이 정렬되는 현상이 내게는 놀랍게 느껴진다. 이 연구는 내가 일상적인 상호작용을 직관적으로 이해하는 방식을 바꾸어 놓았다. 이제 칵테일 파티는 내게 전과 다르게 느껴진다. 그곳은 다른 무엇보다도, 뇌의 리듬들이 동기화되었다가 어긋나기를 반복하는 리듬의 바다다. 이러한 관점에서 보면 안정적이든 찰나적이든 사람들 사이에서 일어나는 조율이나 교감은 이전보다 더 진지하게 물리적 실체로 다뤄질 것이다. 이는 더 이상 '음, 이 사람은 괜찮군' 같은 단순한 무의식적 판단의 문제가 아닌, 우리 사이에 존재하는 더 깊은 연결고리를 반영하는 현상이기 때문이다.

 이 사회적 상호작용과 뇌 간 동기화에 대한 이야기에 이전 장과 연결되는 또 하나의 아이디어를 덧붙이고 싶다. 이 아이디어는 보통 신경과학적 이론 없이 독립적으로 논의된다. 바로 인간 삶의 독특한 부분인 공유된 의도shared intention, 혹은 "우리-의도we-intention"라는 개념이다. 어떤 협력적 상황에서 때때로 우리는 단순히 "내가 어떤 일을 하고 싶고, 네가 도와줄 수 있을 것 같아"라는 관계를 넘어서, 그 의도가 나와 너 사이에 동시에 존재하는 순간에 도달한다. "이 큰 통나무를 저쪽으로 옮기자"는 의도가 '**우리 의도**'가 되는 것이다. 나는 이 개념이 일부 학자들이 주장하는 만큼 핵심적이라 보지는 않았다. 왜냐하면 나는 협력을 보다 개인주의적인 방식으로도 충분히 설명할 수 있다고 생각해 왔기 때문이다. 예를 들어 나는 당신이 무엇을 할지에 대한 믿음(또는 가정)을 가지고 있고, 당신도 내가 무엇을 할지에 대한 믿음을 가지고 있으며, 그런 상호 교차된 인식들로 협력이 이루어진다. 예상대로 발렌시아와 프로제는 '우리-의도'라는 특별한 정신 상태가 실제로 존재하며, 뇌간 결합이 그 형성 과정의 일부일 수 있다고 생각한다. 그들은 더 나아가 '우리-관점'이 인간의 삶에서 '나-관점'보다 더 우선적이고 근본적인 것은 아닌지 질문을 던지기까지 한다. 나는 이 견해에는 회의적이다. '우리'라는 개념이 아무리 강력할지라도, 모든 행동의 근원에는 행동하는 '나'라는 주체가 먼저 자리하고 있다.

형제들

내가 보는 인간의 의식은 동물의 존재 방식에서 비롯된 감각 경험이라는 특징에 문화의 영향이 진하게 덧칠된 결과다. 이 모든 일은 진화의 나무에서 한때는 겨우 가느다란 가지였던 영장류의 한 집단에서 수백만 년에 걸쳐 일어났다.

    이 책과 그 이전에 출간된 두 권의 책, 『아더 마인즈』와 『후생동물』 전체를 함께 지나온 것이 하나 있다. 그것은 바로 동물의 계통수, 곧 생명의 나무에서 동물에 해당하는 부분이다. 그중에서도 우리의 가지는 포유류다. 아프리카와 호주에서는 이 계통의 구조가 생생하게 다가온다. 호주에서는 계통수의 낮은 가지들이 몇몇 먼 사촌들, 즉 가시두더지와 오리너구리, 그리고 유대류로 뻗어 나간 흔적을 볼 수 있다. 아프리카에서는 유대류와의 분기점에서 반대편에 있는 그룹인 진수류에서 분기한 무성한 덤불을 마주하게 된다.

    이 복잡한 진화의 덤불은 완전히 해석하기 어려웠지만, 초창기의 한 분기점은 코끼리를 비롯한 기니피그를 닮은 바위너구리hyrax, 땅돼지aardvark 같은 몇몇 동물들로 이어진다. 그리고 그 반대편 가지

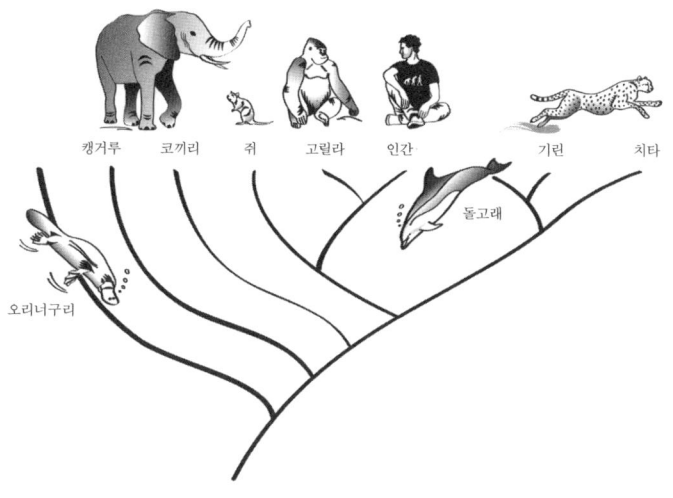

에는 우리에게 친숙한 포유류의 두 가지 큰 집단을 형성하고 있다. 한쪽에는 말, 사슴, 개가 있고, 다른 한쪽에는 영장류와 설치류 및 토끼류가 있다. (위 그림은 이 "생명의 나무"를 단순화한 것이다.) 우리의 자리, 곧 설치류와 함께하는 가지에서 고개를 들어 건너편을 바라보면, 카렌 블릭센Karen Blixen의 말처럼 긴 줄기 위에 핀 꽃처럼 걷는 기린이 있고, 영양, 자칼, 고래도 함께 있다.

돌고래와 다른 고래들도 그 무리에 속한다. 반면 매너티manatee, 바다소는 코끼리와 같은 쪽에 속한다. 물로의 회귀는 다양한 포유류 집단에서 여러 차례 일어난 것이다.

사슴과 고래가 속한 커다란 포유류 무리에는 고양이과 동물도 있다. 나는 케냐의 마사이 마라에서 야생 치타를 보았다. 햇살 가득한 초원에서 비슷한 크기의 치타 두 마리가 나란히 달리고 있었다. 그들은 빛나는 존재였다. 마치 몸에서 빛이 나는 듯했다. 나는 그 순간, 뜻밖에도, 이 동물들이 지금까지 본 동물 중 가장 아름답다고 느꼈다.

그 후 가이드 중 한 명인 콜린스에게 그 치타들에 대해 물었다. 한 마리는 수컷이었다. 다른 한 마리는? 그는 두 마리 모두 수컷이며, 어린 형제들이라고 말했다. 그들은 연합을 이루었고, 그 관계 안에서 평생 함께할 것이라고 했다.

한 마리가 고개를 돌려 뒤를 힐끗 보았다. 속도를 늦추지 않은 채 옆에 있는 형제를 확인하는 눈빛이었다. 나는 그들이 동물 진화의 기적처럼 느껴졌지만, 더 근본적으로는 자기 조직화의 기적, 즉 물질 자체가 그런 형태로 합쳐진 기적이라는 생각이 들었다.

야생의 아름다움과 동료애가 어우러진 모습은 말 그대로 압도적이었다. 나는 그들을 결코 잊지 못할 것이다. 그 빛나는 동물들이 서로의 유대를 품고 함께 내 꿈속을 달려간다.

3부.
지구에서 사는 것

LIVING ON EARTH

7. 다른 생명들

윤리적 판단

인간의 역사가 우리에게 부여한 정신과 진화를 통해 우리는 성찰하고 비판하고 앞을 예측할 수 있다. 우리는 토론을 바탕으로 선택을 내릴 수 있다. 지구에서 어떻게 살아가기 원하는지에 대해 이야기할 수 있으며, 지금 이곳에서 무슨 일이 벌어지고 있는지를 이해하려고도 한다.

    이같은 능력은 5장에서 살펴본 것처럼 우리 종이 사회성과 문화를 통해 밟아 온 경로의 결과이다. 그 경로의 또 다른 결과를 통해 우리 종은 다른 어떤 종도 하지 않은 방식으로 자연 세계에 영향을 주기 시작했다. 이 장과 다음 장에서는 그런 영향들 가운데 일부를 살펴볼 것이다. 지금 우리가 무엇을 하고 있는지를 알게 되었다면, 다음에는 무엇을 해야 할까? 우리의 방향을 바꾸어야 할까? 그렇다면 어떤 방향으로 나아가야 할까?

이 장에서는 우리와 우리 통제 아래 놓인 다른 동물의 관계에 대해 다룬다. 그중에서도 축산업과 식량 생산, 그리고 과학 실험의 맥락에서 형성되는 관계들이다. 다음 장에서는 논의의 범위를 확장해 기후 변화, 멸종, 야생 자연의 소멸 등의 주제를 다룰 것이다.

༄

인간의 행위는 지구 위 생명의 전체적인 구성을 극적으로 바꾸어 놓았다. 특히 동물의 분포에 막대한 영향을 끼쳤다. 나는 이 문제를 먼저 **생물량**, 즉 다양한 생물종에 존재하는 살아 있는 물질의 총량이라는 관점에서 생각해 보려 한다. 이후의 장에서는 생물량과 개체수 간의 관계를 다룰 예정인데, 어떤 질문은 생물량과 더 큰 관련이 있고, 어떤 질문은 개체수와 더 큰 관련이 있기 때문이다.

동물 생물량의 절반 가량은 곤충이 속한 절지동물 집단이 차지한다. 하지만 여기서는 절지동물과 그 밖의 무척추동물, 그리고 여전히 그 수가 매우 많아 보이는 물고기(바다는 광대하므로)는 잠시 제쳐두려 한다. 나머지 동물의 생물량은 가축이 압도적이다. 자세히 추정하기는 어려우니 숫자는 대략적으로밖에 알 수 없겠지만, 사육 포유류의 생물량은 야생 포유류의 약 14배에 이르며 사육 조류는 야생 조류의 두 배 이상이다. 가축 전체의 생물량은 야생 포유류와 조류를 합친 것의 10배가 넘는다. 인간도 이 시스템에서 상당한 비중을 차지한다. **인간의 생물량은 모든 야생 포유류의 생물량보다 약 9배 많다.**

우리가 이룩한 놀라운 수준의 지배력은 많은 질문을 제기하며, 분명 무언가 잘못된 길로 들어선 것처럼 보인다. 그런데 만약 우리가 무언가 **잘못**했다면, 그것은 어떤 종류의 잘못일까? 그리고 어떻게 바로잡을 수 있을까?

나는 이 문제에 곧바로 뛰어들기보다는 윤리적 주장에 대한 일반적인 논의를 거쳐 접근하고자 한다. 철학에는 우리가 펼치는 윤리적 주장의 진짜 의미가 무엇인지를 설명해 주는 몇 가지 표준적인 관점들이 있다. 한 입장은 윤리적 주장이란 세상에 객관적으로 존재하는 '도덕적 사실'을 과학자가 자연 현상을 설명하듯 있는 그대로 말하는 행위라는 관점이다. 윤리적 주장은 사실을 말하는 것이 아니라 '그렇게 행동하라' 혹은 '하지 마라'와 같은 일종의 명령이라는 관점과, 윤리적 주장은 단지 '그것이 좋다!' 혹은 '끔찍하다!'와 같이 어떤 행위에 대한 우리의 감정적인 반응을 표현하는 것에 불과하다는 관점도 있다. 어쩌면 윤리적 주장이란 존재하지 않는 '도덕적 사실'을 붙잡으려는 '실패가 예정된 시도'일 뿐이라는 주장도 있다. 즉, 우리는 사실을 말한다고 믿지만, 애초에 그런 사실이 없기에 항상 틀릴 수밖에 없다는 것이다. (나는 여기서 많은 철학자들이 하듯 '윤리적'과 '도덕적'이라는 용어를 거의 구분 없이 사용할 것이다. 다만 이 맥락에서는 '윤리적'이라는 표현을 더 선호한다.)

이러한 논쟁의 저변에는 더 근본적인 갈래들이 자리잡고 있다.

한쪽에는 우리가 무엇이 옳고 선한지를 '발견'한다는 관점이 있고, 다른 한쪽에는 우리의 역할이 필연적으로 그것을 '구성'하거나 '창조'한다는 것이라는 관점이 있다. 도덕적 가치는 스스로 존재하는가, 아니면 인간이 만들어 낸 산물인가? 우리는 무엇이 옳은지를 배우는가, 아니면 결정하는가? 두 관점 모두 설득력이 있다. 우리는 함께 살아가기 위해 도덕 체계를 만들어 낸다. 그런 점에서 보면 도덕은 구성된 것이다. 그런데 가끔은 도덕을 만들어 내는 이 창조적인 행위를 할 때 어떤 보이지 않는 원칙에 제약을 받는 것처럼 느껴진다. 그래서 윤리가 무엇인지를 생각하고 논쟁할 때는 자기 주장을 한다기보다 감추어진 진실과 관계들을 이해하려는 시도처럼 느껴지기도 한다. 논쟁을 거치면서 이전의 생각이 틀렸음을 발견하고, 이를 인정하며, 더 나은 선택을 할 수 있게 되는 것처럼 말이다. 만약 이 과정에서 우리 너머의 어떤 절대적인 기준점이 존재한다고 생각하지 않는다면 도덕적 추론은 정답 없는 말싸움에 불과해진다. 하지만 이 "우리 너머의 절대적인 기준점"의 정체가 무엇인지 정확하게 파악하기는 어렵다. 신이 있다고 가정한다면 설명은 쉬워질 것이다. 객관적인 도덕적 진실의 존재를 말해 주는 여러 세계관들도 있을 것이다. 하지만 현대 과학의 눈으로 세상을 보면, 이 문제는 해결이 거의 불가능할 정도로 복잡하고 첨예해진다.

윤리적 주장을 이해하기 위해 지금까지 나열한 저 전통적인 관점들은 지나치게 흑백논리적이고 단순해 보인다. 어쩌면 우리가 맞이한 현실을 설명해 줄 좀 더 복합적인 관점이 필요할지도 모르겠다. 이제 그러한 관점을 개략적으로 제시해 보려 한다. 그리고 우리가 어떻게 지금의 위치에 이르게 되었는지를 살펴보며 접근할 것이다.

5장에서 인간의 사회적 삶과, 그것이 어떻게 독특한 특성을 지니게 되었는지를 다루었다. 인간 사회에는 많은 협력이 일어나고, 같은 구조 안에서는 다른 사람을 착취하거나 지배하거나 무임승차하고 싶은 유혹이 생겨난다. 암묵적이든 명시적이든, 집단을 유지하기 위해서는 이런 유혹을 제어할 수 있는 행동 규범이나 원칙이 필요하다. 이것이 도덕적 사고의 출발점으로 보인다. 이런 그림은 필립 키처, 킴 스터렐니 등 많은 사상가가 제시한 역사적 개요에서도 볼 수 있다. 이들은 협력적인 사회적 프로젝트가 착취로 인해 붕괴하지 않도록 보호하기 위해 규범이 생겨났다고 말한다.

심리학과 인류학의 연구는 윤리의 역할이 단지 협력을 원활하게 만드는 것에 그치지 않음을 보여 준다. 오히려 우리는 우리에게 익숙한 현대 세속적 자유주의 사회의 특정 가치관만을 기준으로 과거를 재단하는 오류를 범하기 쉽다. 사회심리학자 조너선 하이트Jonathan Haidt와 동료들은 이러한 편협함을 지적하며 더 넓은 시각을 제공하는 하나의 틀을 개발했다. 바로 인간의 "직관적 윤리"가 여러 문화권에서 공통적으로 발견되는 다섯 가지 심리적 기반 위에 세워져 있다는 것이다. 이 틀에서 제시하는 윤리의 다섯 기반은 **위해**harm, **공정성**fairness, **충성심**loyalty, **존중**respect, **순수성**purity이며, 마지막 순수성은 종종 **신성함**sanctity의 개념과 연결된다. 각 문화는 이 다섯 가지 기반 중 어떤 것은 강조하고 어떤 것은 억제하며, 문화 내의 여러 집단은 자신들만의 방식으로 이를 조정하고자 한다. 예를 들어 전통적인 종교 사회에서는 보통 위해보다 순수성(신성함)의 가치를 더 우위에 둔다. 반면, 세속적 자유주의 사회에서는 순수성의 직관을 비합리적인 것으로 보고 신뢰하지 않으려 한다. 예컨대, 동성애에 대해 "간섭하지 말아야 한다"는 태도나, 관계와 사회생활에서 여성의 자기결정권을 존중하는 분위기는 순수성을 사회적으로 억제하면서 가능해졌다는 것이다. 여기서 내가 앞서 언급했던 근본적인 질문이 다시 등장한다. 만약 어떤 사회가 당신과 **달리** 공정함이나 타인에 대한 위해 방지보다 집단에 대한 충성심과 순수성을 강조한다면, 그들은 도덕적 실수를 저지르고 있는 것인가, 아니면 단지 다른 선택을 하고 있을 뿐인가?

이 도덕적 감정들의 조합 속에는 우리가 5장에서 살펴보았던 또 다른 심리적 현상이 자리한다. 사회적 삶에서는 **"원래부터 이렇게 해 왔다"**라는 순수한 당위성에 대한 감각이 상당한 힘을 발휘한다. 이는 충성심이나 존중, 때로는 순수성과도 관련이 있을 수 있지만, 그 자체로 고유한 역할을 하는 것으로 보인다. (5장에서 규범을 찾고 그것을 남에게 강제하려는 경향을 타고난 어린 아이들을 떠올려 보라.)

행동을 이끄는 규범은 처음에는 이처럼 암묵적인 관습으로 시작하지만, 점차 명시적인 원칙과 규칙의 형태를 갖추게 된다. 그리고 마침내 성문화된 법률 및 종교 규범으로 발전한다.

사회적 삶을 이끄는 규범은 이성적 사고와 성찰과 더 밀접하게 연결된다. 나는 이러한 변화가 반드시 문서화된 법률 체계를 갖춘 사회에서만 일어난다고는 생각하지 않는다. 전통적인 규범을 구전하고 해석하는 이야기꾼들이 있는 문화에서도 같은 일이 일어난다. 일단 규범이 말이나 글로 명시화되고 그에 대해 질문하고 방어할 수 있게 되면, 이제부터는 '일관성'이라는 무시할 수 없는 압력이 작용하기 시작한다. 누군가 규범에 이의를 제기했을 때 그저 "**원래부터 이렇게 해 왔다**"고 응수하는 것 자체가 그 관행을 옹호하는 명시적 변론이다. 그리고 그 변론은 곧바로 "**정말 그랬는가? 과거의 그 일은 왜 달랐는가?**" 같은 또 다른 이의에 직면하게 된다. 특히 기존의 원칙이 새로운 상황에 맞게 조정되어야 할 때는, '비슷한 상황은 비슷하게 다루어야 한다'는 **동등성**의 원칙이 중요한 역할을 하게 된다. 과거에 어떤 위반 사례를 특정 방식으로 처리했다면, 합당한 이유 없이는 지금도 비슷한 방식으로 대응해야만 한다. 사제나 추장 같은 권력자들은 이러한 요구를 얼버무리거나 회피하거나 무시할 수도 있다. 하지만 일단 우리가 이성적으로 따지기 시작하면 그 돋보기는 모든 것을 비추게 된다.

특히 이 동등성의 문제가 논의의 장에 오르면 규범은 객관적인 사실 관계에 더 큰 영향을 받게 된다. 만약 당신이 속한 집단과 다른 집단 사이에 뚜렷한 도덕적 구분을 하라는 지시를 받았는데 그 "다른 이들"이 사실 당신과 별반 다르지 않다는 것이 명백해졌을 때, 기존의 차별적인 대우를 고수할 수는 있지만 상당한 압박에 직면하게 된다. (이는 앞서 언급했던 두 가지 직관적 도덕 기반인 충성심과 공성성 사이의 충돌로 볼 수 있다.) "원래부터 이렇게 해 왔다"는 말에는 힘이 있을지언정, 그 힘이 영원히 통하는 것은 아니다. 이 모든 과정은 본질적으로 실용적이고 미래 지향적인 윤리를 이제는 논증과 증거의 영역으로 끌어들인다. 도덕적 직관을 이루는 다섯 가지 요소가 우리의 출발점일지는 몰라도, 우리가 마음만 먹는다면 이성을 통해 우리의 윤리적 사고를 근본적으로 재구성하는 것을 막을 수 있는 것은 아무것도 없다.

지금까지의 내용은 규범적 사고와 그 역사, 특히 사회적 삶 안에서의 역사에 대한 개략적인 스케치였다. 이 그림이 대체로 맞다고 가정하면 우리는 어떤 결론에 도달하게 될까? 나는 앞서 윤리적 주장을 사실의 기술이나 명령, 혹은 감정의 표현으로만 보는 전통적인 철학적 선택지들이 지나치게 단순하고 흑백논리에 갇혀 있는 것이라고 지적했다. 나는 우리가 마침내 갖게 된 윤리적 사유와 토론의 습관이, 기존의 표준적인 선택지들 중 그 어느 것에도 깔끔하게 들어맞지 않는다고 주장한다. 오늘날 마주하는 윤리는 삶에 본래부터 존재하던 규범, 평가, 선택의 문제들을 이성적으로 설명하고 방어하는 공론의 장으로 가져온 결과물이다. 특히 사회적 관계와 행동을 다루는 영역에서는 더욱 그렇다. 윤리적 주장은 일종의 가치 평가이며, 어떤 형태로든 가치 평가는 거의 피할 수 없는 인간의 활동이다. 그것은 여러 선택지에 순서를 매기고, 무엇을 할지 결정하는 과정이다. 우리가 내리는 가치 평가는 선택이나 비판

등 다양한 행동으로 드러난다. 어떤 가치 평가는 타인의 동의를 필요로 하지 않는다. 당신이 클래식보다 재즈를 더 좋아한다고 해서 당신과 주먹다짐을 하려는 사람은 없을 것이다. 하지만 어떤 경우에는 의견의 차이가 문제가 된다. 사람들이 어떻게 행동해야 하는지, 혹은 사회가 어떻게 조직되어야 하는지를 결정할 때는 가능한 여러 해답들이 서로 충돌하기 마련이며 그 갈등은 반드시 해결되어야 한다. 그 해결은 힘이나 법적 권위, 혹은 이성적 논증을 통해 이루어질 수 있다.

이것이 내가 보는 우리의 윤리가 작동하는 모습이다. 윤리적 선택의 핵심 기능은 미래를 내다보는 것이다. 우리는 무엇을 할지, 어떻게 살지, 어떤 선택을 장려하고 어떤 선택을 지양할지를 고민한다. 이 활동의 목적은 미래를 향하지만 판단의 근거가 되는 "입력값"들은 사실 관계, 사례들 간의 동등성에 대한 감각 등 매우 다양하다. 이처럼 미래지향적임에도 불구하고, 윤리적 주장이 갖는 특유의 형식은 과거의 잘못된 행동들을 비판할 수 있게 한다. 윤리적 주장은 단순한 명령이나 감정 표현과 다르다. 그것은 우리가 말하는 다른 어떤 범주에도 속하지 않는다. 윤리적 가치 평가를 포함한 모든 가치 평가는 그 자체로 고유한 영역을 차지한다.

나의 관점은, 앞서 언급했던 '발견된 것'과 '만들어진 것'이라는 구분 중 '만들어진 것' 쪽에 더 가깝다. 그럼에도 불구하고 우리가 다른 사람들의 의견을 들어가며 어떤 결정이나 판단을 옹호하려 할 때나 새로운 사실과 마주할 때, 혹은 오래된 가치를 새로운 상황에 적용할 때, 우리는 여전히 많은 것을 '발견'할 수 있다.

나의 관점이 '만들어진 것' 쪽에 더 가깝다고는 하지만, 한편으로는 두 관점의 균형 속에 존재하는 '혼합물'이라고 말하고 싶은 유혹을 느낀다. 하지만 그렇게 규정하는 것은 자칫 오해를 불러일으킬 수 있다. 이 영역에서 우리가 무언가를 '발견'할 수 있는 이유는, 언어와 성찰 덕분에 우리가 아는 거의 모든 것을 우리의 가치 평가에 적용할 수 있기 때문이다. 하지만 여기에는 여전히 많은 유연성이 남아 있다. 어떤 사람이 이성적인 근거나, 동등성의 원칙을 전혀 존중하지 않는다고 가정해 보자. 그가 이 모든 것을 무시하고 가치 평가 기준을 제멋대로 정한다고 해서 그가 반드시 사실적 또는 논리적 **오류**를 범했다고 단정지을 수는 없다. 오류일 수도 있지만, 아닐 수도 있는 것이다. 사람은 자신의 윤리관을 다른 사고 체계와 얼마나 긴밀하게 통합할지를 스스로 선택할 수 있다. 설령 동등성의 원칙을 진지하게 받아들인다 해도, 무엇과 무엇이 '비슷한 사례'인지에 대한 우리의 감각이 매우 유연하기에, 그때마다 다르게 적용될 수 있다. 이 상황에는 결코 외면하거나 흐릴 수 없는 본질적인 자유가 존재한다.

그렇다고 해서 윤리적 활동 자체의 가치를 깎아내리려는 것은 아니다. 내가 이 장에서 설명해 온 실천과 그 전환 과정은 인간 활동의 중심부에 자리잡고 있다. 우리는 가치 평가라는 인간의 원초적 활동을 이성적 성찰과 통합하려 하고 있다. 특히 어떻게 살아야 하는지, 어떻게 사회를 조직할 것인지를 결정할 때 그렇다. 우리는 우주와 태고의 시간까지 파고들어 사실적 세계관을 구성하는 데 그치지 않고, 우리의 목표와 삶의 방식 자체를 이성적으로 만들어 가려 하고 있다.

식량과 축산

이제 우리가 다른 동물들과 맺고 있는 관계를 살펴보자. 나는 먼저 그 규모 면에서 가장 거대한 문제부터 살펴볼 것이다. 바로 축산, 특히 현대의 산업화된 축산이다.

동물을 인간의 목적에 맞게 길들이기 시작한 초기의 형태는 아마 강압과 서로가 취할 수 있는 이익이 뒤섞여 있었을 것이다. 인간은 염소나 양 같은 동물을 보호해 주었고, 이 동물들은 선택적 교배를 거치면서 야생에서 살아남기 어려운 존재로 바뀌어갔다. 큰 변화는 20세기에 일어났다. 인간이 가축의 삶을 통제하는 수준이 극단적으로 높아졌고, 가축의 생활 조건은 조상들의 삶과 더욱 멀어졌는데, 대부분의 경우 점점 더 가혹해졌다. 인간의 가축 사육과 이후의 산업화된 축산은 지구를 살아가는 동물의 삶의 구조를 바꾸어 놓았다.

지금 이 순간에도 수많은 포유류와 조류가 집약적 동물 사육 시설concentrated animal feeding operation, CAFO라고 하는 공장식 농장 안에서 살아가고 있다. 예컨대 미국에는 약 7300만 마리의 돼지가 존재하는데 그 대다수는 일생을 실내에 갇혀 지낸다. 소의 경우는 다소 특수하다. 현대 축산업에서 소는 일반적으로 목초지에서 지내는 초기 기간과 실외 축사에서의 사육 기간을 모두 거친다.

집약적으로 사육되는 돼지와 닭의 처지는 윤리적 문제로 보았을 때 가장 충격적인 사례일 것이다. 이들의 삶에서 유일하게 "좋다"고 할 수 있는 점이 있다면 그들의 수명이 짧다는 것이다. 번식용 "암퇘지"의 삶은 아마도 가장 참혹할 것이다. 그들은 제 몸이 겨우 들어갈 만한 좁은 금속 우리 안에서 거의 평생을 보낸다. 이처럼 비좁은 감옥에서 어미 돼지를 사육하는 방식은 현재 많은 반발을 불러일으키고 있고, 일부 규정도 좋은 쪽으로 변하고 있다. 하지만 이 책을 쓰는 지금도 미국에서는 대부분의 번식용 암퇘지가 여전히 같은 환경에 놓여 있다. 계속 새끼를 생산하는 어미 돼지 외의 보통 돼지는 생후 몇 주 만에 어미로부터 분리되는데(어미와 새끼 모두에게 충격적인 일이다), 이후 마취 없이 각종 수술(거세, 꼬리 자르기 등)을 당하고, 도살되기 전까지 사방이 막힌 좁은 우리 안에 갇혀서 평생을 보낸다. 이런 삶조차 6개월 남짓이다.

고기용으로 길러지는 닭은 그보다 훨씬 짧은 약 6주 정도의 시간을 극심한 밀집 사육 환경에서 보낸다. 빠른 성장을 강요 당하는 과정에서 이 닭들의 몸은 뒤틀리고 균형이 무너진다. 알을 낳기 위해 사육되는 닭장 속 암탉의 삶은 이보다도 더 열악하다. 할 말은 많이 남았지만, 이 정도로도 상황을 분명히 전했다고 생각한다.

우리는 이런 일을 멈춰야 할까? 만약 우리가 거대한 변화의 길로 들어선다면 그 끝은 어디일까? 이 질문은 단지 잔혹함만을 문제 삼지 않는다. 산업화된 축산은 여러 면에서 환경에 해롭고, 위험한 질병의 출현을 부추기기도 한다. 이것들 역시 심각한 문제이다. 그 모든 것을 뒤로하고, 이 장에서는 동물 복지의 측면에 초점을 맞추고자 한다.

 이런 형태의 집약적 축산 문제에 대한 근대 서양 철학의 주요한 윤리 이론들은, 적어도 처음에는 대체로 의견이 일치하는 경향을 보인다. 윤리학에서 **공리주의적** 접근의 기초는 어떤 행위로 인해 발생하는 선과 해악의 총량을 직접적으로 따져보는 것이며, 여기서 '선'과 '해악'은 대개 경험을 통해 느껴진다고 본다. 공리주의 관점에서 볼 때, 우리가 공장식 축산에서 발생하는 엄청난 고통과 그로부터 얻는 사실상 유일한 혜택이 저렴한 식품 값뿐이라는 것을 인식한다면, 공장식 축산은 명백히 중대한 악이다. 피터 싱어Peter Singer의 기념비적인 책 『동물 해방』은 이러한 관점에서 쓰였다. 공리주의와 경쟁 관계에 있는 윤리적 틀은 18세기 철학자 임마누엘 칸트의 이름을 딴 칸트주의 윤리 체계로, 최근 수십 년간 철학자들의 지지를 특별히 많이 받아온 이론이다. 칸트주의는 우리의 목표가 (공리주의처럼) 어떤 수단을 통해서라도 더 나은 결과를 만들어 내는 것이 아니며, 다른 존재들의 의지와 목적을 존중하는 방식으로 행위해야 한다고 본다. 우리는 다른 행위자를 단순히 우리 목적을 위한 수단으로 다루어서는 안 되며, "그 자체로 목적ends in themselves"을 지닌 존재로 대해야 한다.

7. 다른 생명들

칸트는 동물의 삶에 큰 관심이 없었지만 미국의 철학자 크리스틴 코스가드Christine Korsgaard는 칸트의 관점을 동물의 삶에 적용시켰다. 이 틀 안에서 공장식 축산이 나쁜 이유는 단지 고통의 양이 크기 때문이 아니다. 우리가 다른 동물의 의지를 억압하고 그들의 의지를 철저히 좌절시키는 방식으로 통제력을 행사하기 때문이다. 비인간 동물을 이 윤리적 틀에 넣는 변화는 그들을 고유하고 정당한 이해관계를 지닌 존재로 인정하게 만들었다.

식물도 이해관계나 선호하는 것이 있다고 볼 수는 없을까? 이 문제는 **지각이 있는** 행위자의 선호를 특별한 것으로 간주하여 해결할 수 있다(코스가드도 같은 입장이다). 이러한 입장은 원칙적으로나 개별 사례에 적용할 때 모두 의문이 제기될 수 있지만, 일단은 이 가정을 받아들이자.

내가 공장식 축산의 종식을 주장하려는 방식은 위에서 언급한 두 가지 익숙한 이론과는 조금 다르다(물론 이 두 이론은 다시 논의에 등장할 것이다). 나는 "**살 만한 삶**life worth living", 즉 존재하지 않는 것보다는 존재하는 편이 나은 삶이라는 개념을 통해 이 문제에 접근할 것이다. 당신이 죽은 후 어떤 동물이 될지 직접 고를 수는 없지만 동물로 다시 태어나는 삶과 아예 다시 태어나지 않는 것 사이에서 선택할 수 있다고 상상해 보자.

당신이 공장식 축산 농장의 돼지로 다시 태어난다고 가정해 보자(사실 이 환경은 '농장'이라는 단어조차 어울리지 않는다). 그 삶이 어떤지는 앞에서 간략히 설명했다. 6개월 남짓의 삶 동안, 먼저 어미로부터 일찍 분리된다. 진흙 목욕처럼 돼지들이 좋아하는 행동을 할 시간은 단 하루도 주어지지 않는다. 비좁은 공간에 갇힌 그들의 삶은 스트레스와 단조로움, 고통으로 가득 차 있을 뿐이다.

집약적 낙농업에서 식용으로 키워지는 소의 삶은 그보다는 약간 나은 편이다. 더 나쁜 면도 있다. 소 역시 돼지와 마찬가지로 평생을 갇혀 지내며 강제 임신과 이른 모자분리 과정을 반복한다는 것이다. 당신이라면 죽은 뒤 이러한 삶 중 하나로 돌아오는 쪽을 택하겠는가, 차라리 돌아오지 않겠는가?

이 환생 테스트는 명백히 불완전한 사고 실험인데, 그 불완전함은 다음과 같은 질문에서 비롯된다. 어떤 의미에서든 돌아오는 존재가 바로 **당신**이라면, 당신은 어떤 종류의 정신을 가진 생명일까? 닭의 몸에 깃든 당신의 정신인가, 아니면 어렴풋이 당신의 흔적을 가진 닭의 정신인가? 나는 후자가 더 납득할 만한 설정이라고 본다. 현재의 당신과 가상적인 미래의 정신 사이에 충분한 연속성이 있어야 당신이 이 선택을 자신의 이해관계가 걸린 문제로 느낄 수 있을 것이다. 그렇다, 불완전하지만 한편으로 유용한 사고 실험이다. 내가 이 사고 실험을 한다면, 조건을 어떻게 가정하든 달라질 것은 없다. 나는 공장식 축산 동물로 돌아오느니, 차라리 아예 돌아오지 않는 쪽을 선택할 것이다. 다른 답은 있을 수 없다.

공장식 축산 시설 속 동물의 삶이 살 만한지를 묻는 더 나은 방식이 있을 수도 있다. 하지만 내게는 이 환생 테스트가 상당한 설득력을 가진다. 이 사고 실험은 인간이 현재 만들어 내고 통제하는 일부 생명의 삶이 얼마나 견디기 어려운지를 생생하게 드러내 준다. 그리고 이것이 바로 한때는 그저 중간 크기의 포유류에 불과했던 우리가 지금의 모습이 되기까지 걸어온 끝에, **인간의 힘으로 도달하게 된 지점**이다. 그 과정에서 우리는 다른 동물들에게 견딜 수 없을 정도의 삶을 만들 수 있게 되었고, 실제로 엄청난 수의 동물에게 그런 삶을 안겨 주고 있다.*

우리는 상황이 어떻게 여기까지 왔는지를 알고 있다. 인간의 통제 범위가 넓어지고, 인구가 늘어나며, 기업형 축산업이 비용을 절감하고 규모를 키워나갔기 때문이다. 이러한 경위는 납득할 수 있다. 하지만 우리는 여기서 멈추어 서서 생각해야 한다. 과연 이 일을 계속해야 하는가? 공장식 축산을 끝내는 일은 인간과 동물의 관계에서 가장 시급한 과제가 되어야 한다. 이 변화는 인간의 식단에도 영향을 줄 것이다. 나는 사람들이 고단백 식단을 포기할 거라고 기대하지는 않는다. 그렇기에 이같은 식단을 더 나은 방식으로 가능하게 할 방법을 찾아야 한다. 나는 식물성 대체 단백질 식품과 배양육이 향후 식량 생산의 주요 방법이 될 것이라고 본다. 배양육은 동물에게서 채취한 소수의 세포를 활용해 수십억 개의 세포로 증식시키는 방식으로, 도살이 전혀 필요 없다. 이러한 전환이 하루

---

* 미셸 우엘벡의 소설 『세로토닌』에는 공장식 축사에 사는 닭에 대한 다음과 같은 구절이 나온다. "닭들이 보여주는 지속적인 공포의 표정, 공포와 이해하지 못함이 뒤섞인 그 표정. 그들은 동정을 구하지 않았다. 동정을 구할 능력조차 없었지만, 그들은 이해하지 못했다. 자신들이 어떤 조건 속에서 살아가야 하는지를 전혀 이해하지 못했던 것이다." (숀 화이트사이드가 번역한 영어 문장을 한국어로 옮김.)

아침에 일어나기는 어렵다. 하지만 지금 가장 나쁜 관행부터 없애도록 압박을 가하는 것은 충분히 가능하다. 많은 나라에서 공장식 축산은 정부 보조금, 즉 세금에 의존하고 있다. 이를 중단하는 것만으로도 현대 축산업의 구조를 변화시키기 어렵게 만드는 가격 왜곡 현상을 줄일 수 있다.

이 방법에 동의한다고 해 보자. 그리고 최악의 행위들이 사라졌거나 점차 줄어들고 있는 상황에 도달했다고 상상해 보자. 그러면 우리는 축산 전반에 대한 또 다른 질문들과 마주하게 된다. 이 흐름의 끝은 어디일까? 결국 모든 비인간 동물에 대한 축산업, 어쩌면 살생을 수반하는 모든 축산업이 중단되어야 한다는 결론에 이를까? 이른바 '인도적 축산'은 실제로 어떤 차이가 있는가?

공장식 축산에 대한 논의에서 나는 살 만한 삶이라는 개념을 사용했다. 내가 공장식 축산에 반대하는 주요한 이유는 도축 자체가 나쁘기 때문이 아니다. 현대 축산에서 우리는 동물의 죽음만이 아니라 삶 전체를 통제한다. 동물은 인간의 통제 아래 태어나고, 살아가고, 죽는다. 우리는 그 삶 전체에 책임이 있으며, 그렇기에 전체 삶을 평가해야 한다. 이것은 환생 테스트의 핵심이기도 하다. 당신은 단지 다시 죽기 위해 돌아오는 것이 아니라, 전 생애를 살아내기 위해 돌아온다. 축산에 대한 윤리적 질문을 던질 때 우리는 보통 죽음에만 집중한다. 죽음은 물론 중요한 문제지만, 그것이 전부는 아니다.

인도적 축산 환경에서 살아가는 많은 동물의 삶은 분명 '살 만한 삶'이다. 환생 테스트로 다시 돌아가 본다면, 나는 인도적인 축산 환경의 소로 다시 태어나는 것에는 거리낌이 없다. 그 사고 실험 안에서라면, 환생하지 않는 것보다 그렇게 태어나는 쪽을 선택할 것이다. 여기서 전제는, 삶의 거의 모든 시간을 들판에서 보내며, 수의학적 치료를 받고, 위협은 없으며, 마지막엔 신속하게 죽음을 맞는 삶이다. 이는 우리가 앞서 상상했던 공장식 축산의 모습과는 전혀 다르다.

그렇다면 인도적 농업에 대한 반대는 앞서 말한 것과는 전혀 다른 근거에서 나올 수밖에 없다. 나는 우리가 처한 상황을 두 단계로 나누어 사유하고 토론해야 할 문제로 본다. 첫 번째 단계는 공장식 축산에 관한 것으로, 비교적 쉽게 끝난다. 그 단계를 지나면—공장식 축산이 실제로 끝났다는 뜻이 아니라, 그것이 끝나야 한다는 데에 동의하고 나면—우리는 새로운 단계의 질문들과 마주하게 된다. 우리는 비인간 동물 생명과 어떤 관계를 맺고 싶은가? 인도적 축산에서 보이는 통제하고 보호하는 관계를 받아들일 수 있는가? 아니면 우리는 그냥 동물에게서 손을 떼야 하는가?

이 두 번째 라운드에서는 아무리 합리적인 자세로 논의하더라도 사람들 사이에 의견 차이를 피할 수 없을 것이다. 서로 다른 도덕 이론들, 행복과 통제의 관계에 대한 서로 다른 사고방식들은 서로 다른 결론으로 이어진다. 공리주의적 관점에서는 설령 동물을 죽인다 해도 인도적 축산을 긍정할 수 있다. 행위가 초래하는 모든 결과를 고려하는 공리주의적 관점에서는 이 판단 역시 축산의 환경적 영향이나 경제적 측면 같은 다른 문제들에 따라 달라질 수 있다. 그러나 공리주의는 인도적 축산 자체에 본질적으로 적대적인 태도를 취하지는 않는다. 앞서 언급한 또 다른 윤리 이론인 현대적으로 재해석한 칸트주의적 접근에서는 아마도 인도적 축산을 결코 받아들이지 않을 것이다. 칸트주의의 관점에서 보면, 인도적인 축산 또한 여전히 동물을 "수단"으로 대하며, 인간의 이익에 봉사하는 존재로 간주한다. 특히 그 동물을 죽이는 시점에서 이러한 문제는 분명해진다. 대부분의 동물은 계속 살아가고자 하는 의지를 가지고 있기 때문이다.

나는 앞선 논의에서 이 두 관점 중 어느 쪽에도 동의하지는 않았지만, 대신 환생 테스트를 통해 탐구했던 '살 만한 가치가 있는 삶'이라는 아이디어를 사용했다. 그리고 동물들의 삶 전체를 생각해야지, 죽음만을 따져서는 안 된다고 강조했다. 이 논의의 저변에 깔린 태도는 일종의 '복지주의welfarism'라 할 수 있다. 이는 축산업의 영향을 받는 모든 존재(인간과 비인간 동물)의 전반적인 복지를 따져 보고, 그 복지에 심각한 해를 끼치는 일을 피해야 한다는 원칙이다. 하지만 이것만으로는 온전한 윤리 이론이라고 할 수 없다. '모두의 복지를 고려하자'는 원칙은, 정작 그 복지들이 서로 충돌할 때 우리가 무엇을 해야 하는지에 대한 답을 주지 못하기 때문이다. 바로 이러한 갈등과 상충 관계의 문제가 이 영역의 핵심이며, 공리주의나 칸트적 접근법과 같은 본격적인 이론들은 바로 이 지점을 다루고 있다. 공리주의는 하나의 행위가 초래하는 모든 긍정적, 부정적 결과를 함께 고려하고 전체적인 결과를 따진다. 칸트주의는 모든 사람이 타인의 삶을 방해하지 않으면서 각자의 목표를 추구할 수 있는 방법을 모색한다. 일반적인 윤리 이론이라면 반드시 이런 문제들을 다루어야 한다. 그러나 갈등이 중요하더라도 항상 존재하는 것은 아니다. 복지주의자는 관련 동물들이 좋은 삶을 살 수 있다면 인도적 축산을 긍정할 수 있다.

인도적 축산에 반대하는 주장에서는 종종 **"착취"**라는 개념이 사용된다. 이는 칸트주의의 "누군가를 수단으로 취급한다"는 개념과 관련이 있지만, 착취라는 이유로 축산에 반대하는 사람들이 반드시 칸트주의 틀 안에서 논리를 전개하는 것은 아니다. 그들이 사용하는 논리는, 우리는 착취가 나쁘다는 것을 알고 있고 인도적 축산 역시 착취의 한 형태라는 것이다. 꿀을 얻기 위해 벌을 기르는 행위나, 그 밖에 별다른 고통을 수반하지 않는 것으로 보이는 관행들도 마찬가지로 착취로 간주할 수 있다. 사람들은 종종 내게 모든 형태의 동물 사육은 착취이며, 따라서 그것은 그 자체로 잘못된 것이라고 말한다. 이들은 이같은 관점이 다른 어떤 주장보다 우선한다고 본다.

나는 착취라는 개념이 어떤 관행을 의심하게 만드는 동기가 될 수 있다는 점은 이해하지만, 이 주장에 설득력이 있다고는 생각하지 않는다. 착취라는 개념은 인간 사회적 삶, 특히 불평등한 권력 관계 속에서 사람들 사이에 공정한 합의를 이루려는 시도 속에서 나타난 것이다. 우리는 이 개념을 비인간 동물의 영역으로 가져올 수 있지만, 그렇다고 해서 그 개념이 자동으로 같은 윤리적 의미를 갖지는 않는다. (이는 내가 앞서 논의했던 동등성 판단의 유연성을 보여 주는 또 하나의 사례다.) 혹은 착취는 언제나 옳지 않다고 주장하려면 그 존재 여부를 다른 방식으로 감지해야 할 수도 있다. 인도적 축산에는 보호와 식량의 교환이라는 상호적 이익이 존재할 수 있다. 비인간 동물들이 이 관계 안에서 통제 받는다는 사실, 그리고 동등한 당사자로서 그 관계의 합의에 참여하지 못했다는 사실은, 그들이 좋은 삶을 산다고 해도 그 상황을 착취처럼 보이게 만들 수 있다. 그러나 복지주의자는 그 점에 대해 크게 신경쓰지 않을 것이다.

나는 인간 사회관계에서 비롯된 또 다른 개념에 더 강한 영향을 받았다. 바로 **배신**이라는 개념이다. 오늘날의 산업화된 축산은 약 1만 년 전 인간이 어떤 동물들과 맺었던 관계 끝에 나타난 기술적 산물이다. 우리가 동물들에게 보호와 평온한 삶을 제공할 때 그 관계는 진정한 호혜성을 가질 수 있다. 하지만 현대 공장식 축산의 동물들은 그 관계에서 엄청난 배신을 당한 피해자들이다. 이처럼 인간 관계에서 유래한 개념을 비인간의 세계로 확장하는 방식이 의문을 불러일으킬 수 있다는 점은 인정한다. 하지만 나는 이런 형태의 배신에 가담하고 싶지 않다.

൭

이러한 문제들에 대한 더 급진적인 대응은 '불개입'이라는 이상적 방법을 채택하는 것이다. 우리는 비인간 동물들의 삶에서 가능한 한 멀어지기로 결정 내릴 수도 있다. 실제로 적지 않은 철학자들이 이와 비슷한 입장에 이르렀다. 이 이상은 달성 불가능할지도 모르고, 우리가 불개입에 가까워지는 것조차 기대할 수 없을지도 모른다. 하지만 그럼에도 그것이 우리가 지향해야 할 목표로 삼을 수는 있다. 우리는 축산업을 포기하고, 사냥과 낚시도 중단하며, 아마 반려동물을 기르는 일조차 그만두게 될 것이다. 이 마지막 조치는 불개입이라는 이상을 공리주의나 복지주의 접근에서 상당히 멀리 떼어놓는다. 우리는 야생의 자연이 계속해서 존재하도록 내버려두고, 그 안에서 일어나는 일들을 우리 소관이 아니라고 여긴다. 동물의 자율성을 존중하자는 추상적인 주장은 차치하더라도, 이것은 우리가 지난 수백 년 동안 점점 더 키워 온 해악에 대한 막대한 사과를 표현하는 방식으로 볼 수도 있다.

그것이 우리가 택할 수 있는 하나의 선택지다. 대안이 될 수 있는 또 다른 이상적 방법은 비인간 동물들과 더 긴밀히 연결된 상태를 유지하면서 축산을 계속하되, 더 나은 방식으로 하는 것이다. 동물에 대한 통제를 포기하지 않고, 오히려 그 통제를 더 나은 방향으로 사용하는 것이다. 최종적으로는 상리공생相利共生, mutualism적인 관계, 즉 양측 모두에게 이익이 되는 관계를 추구한다. 우리는 우리의 통제 아래 있는 모든 동물들이 분명히 살 만한 삶을 살도록 보장한다. 이 이상은, 만약 우리가 초기 가축 사육과 동물 길들이기가 상리공생적이었다고 본다면, 인간과 비인간 사이의 초기 관계를 복원하려는 시도로 보일 수도 있다. 그러나 과거가 그렇지 않았다고 하더라도, 상리공생은 여전히 우리가 합리적으로 추구할 수 있는 목표다.

이 미래 역시 여전히 우리가 하는 일 중에 살생이 남아 있는 세계일 것이다. 이 주제에 대해 고민하는 어떤 사람들은, 어떤 다른 조건이 있든 상관없이 살생 자체로 고유한 해악이며, 우리는 그것에서 등을 돌려야 한다고 생각한다. 나 역시 같은 압박감을 느낀다. 하지만 이 문제에 대한 거의 모든 입장은 결국 어떤 딜레마에 빠지게 된다. 동물권 활동가들은 종종 현대식 농장이나 공장식 축산 시설에서의 삶을 동물들이 "꿈꾸는" 다른 종류의 삶, 즉 들판에서의 걱정 없는 삶과 대비시킨다. 이는 채식주의 또는 그와 유사한 식물식 기반의 미래를 지지하기 위한 홍보에 사용된다. 그러나 만약 앞으로 인간의 식생활이 전적으로 식물 기반이 된다고 해서, 그것이 소와 닭에게 새롭고 평온한 삶을 주는 것은 아니다. 오히려 그들의 삶이 사라지는 것에 더 가까운 결과를 낳을 것이다. 이것은 전부 우리가 다음 장에서 살펴볼 주제인 "재야생화rewilding"에 대해 어떤 결정을 내리느냐에 따라 달라진다. 우리는 일부 가축화된 동물의 후손들이 그들의 야생 친척에 더 가까운 삶으로 돌아가도록 장려할 수도 있다. 그러나 적어도 일부 가축화된 종들의 경우, 만약 그 종의 동물들이 야생에서 번성하고 살아남으려면 어떤 형태로든 축산의 범위를 완전히 벗어날 수는 없다. 아마도 이 두 번째 라운드에

올라온 모든 관점들은 결국에는 당혹스럽거나 불편한 순간들과 마주하게 될 것이다.

사람들은 때로 지금과 같은 토론의 단계에 이르면, "결국 쟁점이 명확하지 않으니, 원점으로 돌아온 셈이군. 그냥 하던 대로 계속해야 할지도 모르겠어"라고 말한다. 하지만 우리는 원점으로 돌아온 것이 전혀 아니다. 우리는 이 논의를 통해 꽤 먼 곳까지 와 있다. 만약 우리가 첫 번째 라운드의 토론에서 도달한 결론들을 실제로 적용할 수 있다면, 우리는 이 영역에서 가장 시급한 문제인 공장식 축산이 야기하는 고통의 문제를 해결하게 될 것이다.

인도적 축산에 관한 질문은, 결국은 대규모 인구의 식생활과는 무관하고, 중산층의 자기만족적 취향일 뿐인 행위를 지나치게 고민하는 것처럼 비칠 수도 있다. 하지만 인도적이고 재생 가능한 축산 방식의 대규모화가 불가능하다는 것이 사실인지 분명하지 않고, 그렇다 하더라도 이 질문은 여전히 중요한 문제로 남는다. 개발도상국에서는 전통적 방식의 축산이 공장식 축산보다 훨씬 인도적이다. 그렇다면 그런 전통적인 방식을 계속 유지해야 할까? 그리고 중산층은 전 세계적으로 점점 확대되고 있다. 인도적 방식으로 사육된 고기가 이들의 식생활에 포함되어야 할까, 말아야 할까?

나는 인도적 축산이라면 찬성이다. 인도적 축산은 한 생애 전체를 고려한 논리와, 진정한 상호 이익이 가능하다는 전제 하에 정당화될 수 있다. 이 문제에 대한 나의 입장은 죽음에 대한 나의 태도에 영향을 받았다. 이 주제를 다루는 몇몇 필자들은 죽음 자체에 대해 일종의 공포심을 갖고 있는 듯 보이는데, 나는 그렇지 않다. 나는 삶을 무척 사랑하지만, 먹고 먹히는 자연의 거대한 순환 속 일부가 되는 것 또한 편안하게 받아들일 수 있다. 우리 각자는 생명의 질서가 잠시 담긴 주머니와도 같아서, 잠시 세상에 머물다 이내 사라진다. 생명을 가진 동물로 살아간다는 것은 언젠가는 죽음을 맞이한다는 뜻이다.

지금까지는 사냥이나 낚시보다는 축산을, 그중에서도 포유류와 조류의 사육을 중심으로 살펴보았다. 사냥과 낚시의 경우, 내가 지금까지 사용해 온 '삶 전체를 고려하는' 논리가 그대로 적용되지는 않는다. 그 경우에는 대부분의 삶이 우리의 통제 밖에서 이루어진 뒤, 마지막 단계에 우리가 개입하여 생을 단축시키는 것이다. 따라서 윤리적인 질문은 바로 그 마지막 단계에서의 우리의 행위에 집중된다. 우리가 오늘날 소비하는 생선의 약 절반을 차지하는 양식업에도 많은 복지의 문제가 있지만, 포유류 및 조류 축산보다는 상대적으로 낫다고 할 수 있다. 이 분야의 가장 중심적인 우선순위는 우리의 선택으로 인해 삶의 질이 형편없는 생명을 엄청난 숫자로 만들어 내는 것을 반대하는 데 있다. 인간을 포함한 누군가의 식사가 되기 위해 한 동물이 죽는다는 것은 그리 큰 문제가 아니다. 모든 생명은 결국 죽는다. 하지만 우리 인간의 선택으로 인해 어떤 동물이 평생을 고통과 스트레스 속에서 살아가야 한다는 것은 전혀 다른 차원의 문제다.

실험동물

이 장에서 다룰 또 다른 문제는 생물학과 의학 분야의 실험에서 사용되는 비인간 동물이다. 이 문제가 특히 첨예한 까닭은 수년간 진행된 이런 실험들 중 일부가 다른 동물들의 정신에 대해 우리가 알고 있는 지식의 상당 부분을 얻는 수단이었기 때문이다. 동물 실험들을 통해 우리는 동물 내부에서 벌어지는 일이 예상보다 훨씬 더 복잡하다는 사실을 알게 되었다. 우리는 외과 수술이나 신체 이식 같은 과정을 수반하지 않는 '비침습적' 연구에서 많은 것을 배웠지만, 침습적인 실험이 결정적인 역할을 해 온 경우도 많다. 여기서 살펴볼 실험들 가운데는 약물 실험처럼 인지 연구와 무관한 것들도 있지만, 그중 일부는 오늘날 우리가 동물의 정신에 대해 더 풍부한 이해를 갖게 해 준 연구의 연장선에 있는 것들이다.

이 책의 이전 장들에서(그리고 『후생동물』에서도), 나는 쥐의 뇌 속에서 발견된 '지도'에 관한 연구를 여러 번 인용했다. 내면의 지도라는 아이디어는 1940년대에 심리학자 에드워드 톨먼Edward Tolman이 동물의 행동만을 관찰하여 추측했던 것이다. 수십 년 후, 신경과학자 존 오키프John O'Keefe와 린 네이델Lynn Nadel은 톨먼의 내적 지도가 예상보다 훨씬 더 물리적인 실체에 가깝다는 사실을 발견했다. 쥐가 자신이 놓인 공간을 탐색할 때, 그 움직임에 맞춰 뇌 속에서 지도와 같은 구조를 이루는 "장소 세포"들이 차례로 활성화되는 것이다. 후속 연구에서는 더 많은 놀라운 사실들이 밝혀졌다. 예를 들면

쥐들은 잠을 자면서도 꿈 같으면서도 꿈이라고만은 할 수 없는 경로의 탐색, 이동 경로의 예행연습과 회상, 그리고 정신적 탐험 등을 한다는 것이 밝혀졌다. 이 연구는 단어 그대로 내면을 들여다볼 수 있게 해 주었다. 하지만 이 연구가 톨먼의 초기 연구를 넘어선 이후에는, 쥐의 머리 속에 전극을 삽입하고 전선을 밖으로 빼서 개별 뉴런의 활동을 추적하는 과정이 연구 방법에 추가되었다. 쥐들에게 이런 경험이 얼마나 나쁜 것인지 확신할 수 없지만 그래도 과거 수십 년에 비해서는 지금 상당히 개선되었을 것이다. 동물 신경과학에는 '병변' 연구도 많다. 병변 연구는 뇌의 일부를 파괴한 뒤, 동물이 깨어났을 때 여전히 남아 있는 기능을 관찰하는 연구다. 나는 "분리뇌" 연구에 대해 자주 기술했다. 인간을 대상으로 한 분리뇌 수술은 심각한 뇌전증 환자를 돕기 위한 의학적인 이유로 시행되었다. 수많은 외과적 실험이 동물, 특히 영장류에게도 행해졌다. 여기에는 수술 방법을 시험하거나, 인간의 경우보다 뇌를 더 깊이 절개할 때 어떤 일이 일어나는지 알아보는 연구 등이 포함되었다. 그 연구 중 일부는 인간에게 의학적으로 유익한 수술법 발전에 크게 기여했을 것이라고 추측한다. 하지만 그 상당수는 단지 과학적 호기심에서 시행된 것으로 보인다.

    이제 우리는 동물에 대해 더 많은 것을 알게 되었다. 그렇다면 우리는 앞으로 어떤 입장을 선택해야 할까? 나는 변화가 필요하다고 생각한다. 이 장의 본문에서는 끔찍한 사례들을 일일이 다루지는 않겠지만, 자세히 살펴보고 싶은 사람들을 위해 비교적 최근의 자료를 미주에 링크로 덧붙일 예정이다. 개는 여전히 많은 유해성 실험에 사용되고 있으며, 특히 화학물질의 독성을 측정하는 실험에 많이 동원된다. 대부분의 개는 비글이다. 미국에서만 해마다 수만 마리의 비글이 연구에 사용된다. 비글은 온순하고 사람을 잘 따르는 성격으로 알려져 있는데, 바로 그 성격 때문에 끔찍한 실험에 쓰이게 된 것이다. 나는 이 관행이 공장식 축산과 마찬가지로 우리와 함께 살아온 동물에 대한 인간의 배신이라는 영역의 가운데에, 거의 견딜 수 없을 만큼 깊이 속해 있다고 본다.

하지만 실험에 사용되는 포유류 대부분은 쥐와 생쥐이며, 동물 전체로 보면 초파리나 작은 물고기, 선형동물(예쁜꼬마선충) 등도 상당한 수를 차지한다. 문어도 과거보다 연구 동물로 더 많이 사용되고 있다. 이제 문어는 다른 무척추동물보다 더 많은 보호를 받는 경향이 있지만, 나는 몇몇 사람의 제안대로 문어가 생물학에서 "모델 생물"로 자리잡는 일이 없기를 바란다.

분명히 지각 능력이 있는 동물들로 초점을 옮겨 보자. 나는 포유류 외에도 많은 동물이 여기에 포함된다고 보지만, 가장 시급한 질문을 제기해야 할 동물은 포유류다. 축산에 대한 논의에서와 마찬가지로 동물이 겪는 실험뿐 아니라 그들의 삶 전체와 그들에게 있을 법한 모든 경험에 주목하고자 한다. 실험동물은 정상적인 행동을 할 수 있는 기회가 박탈되고, 갇힌 환경 속에서 살아간다. 하지만 적어도 실험 외의 시간에는 규칙적인 먹이 공급과 따뜻한 환경 등이 주어지는 경우가 많다. 우리는 이 모든 삶을 총체적으로 고려해야 한다.

실험동물의 처우에 대해 고심하며 우리가 취할 수 있는 첫 번째 대응은, 특정 종류의 실험으로 일어나는 이익과 해악을 엄격하게 따져보자는 요구일 것이다. 그 연구가 해악보다 더 많은 이익을 가져올 가능성이 있는가? 이러한 평가는 전체 해악과 이익을 따져보되, 한쪽에 가해진 해악이 다른 쪽에 주어진 이익으로 상쇄될 수 있음을 인정하는 공리주의적 방식으로 이뤄질 것이다. 이 계산이 정확하다고는 할 수 없겠지만, 우리에게 일정한 지침을 제공해 줄 수는 있을 것이다. 몇몇 철학자들은 20세기 초 인슐린의 당뇨병 치료 기능에 대한 연구를 예로 들어 왔다. 이 실험에는 약 30마리의 개가 사용되었고, 인간에게 돌아온 이익은 막대했다. 또한 우리는 이미 연구 결과를 아는 상태에서 과거를 되돌아보며 판단하는 것이 아니라, 모든 결정을 사전에 내려야 한다는 점도 다르다. 하지만 바로 그런 사례가 여전히 하나의 모델을 제공할 수는 있다. 즉, 때로는 어떤 연구가 그처럼 엄청난 성공을 거둘 것이라고 사전에 믿을 만한 충분한 이유가 있는 경우도 있기 때문이다.

이 논리를, 동물이 고통을 겪지만 명확한 치료 효과로 이어질 수 없는 "기초" 연구 또는 호기심에 기반한 연구와 어떻게 연결할 수 있을까? 간단히는 이런 경우에는 비용-편익 분석에서 탈락하므로 연구를 중단해야 한다고 말하는 것이다. 하지만 실용적 목적의 연구와 기초 연구를 구분하는 기준을 조금만 더 파고들어가 보면, 이런 접근 전체가 문제가 있음을 알 수 있다. 과학 연구는 축적된다. 지금 당장 비용-편익 평가에서 좋은 점수를 받는 연구는 대부분 그 이선의 기초적이거나 탐색적인 연구들, 후속 연구에 필요한 배경지식을 알아낸 초기 연구들 덕분에 가능해진 것이다. 일반적인 상황은 다양한 연구들이 서로 맞물려 돌아가는 경우이다. 여기서 조금, 저기서 조금 알아내고, 그러다 보면 조각들이 맞춰지면서 무언가 유용한 일을 할 수 있게 된다. 만약 우리가 호기심에서 비롯한 연구를 중단하고 실용적 이익이 분명한 연구만 수행한다면, 생명체의 작동 원리에 관한 다음 단계의 기초 지식을 얻을 기회를 잃게 될 것이다. 이 기초 지식은 미래의 다양한 연구들이 유익한 결과를 낼 수 있게 해 주는 바탕이 된다.

동물 실험에서의 잔혹함에 대해 우려하는 사람이라면, 이런 대응은 답답하게 느껴질 수 있다. 이 설명은 지나치게 열려 있고, 너무 많은 것을 허용하기 때문이다. 과학에서는 연구가 또 다른 연구를 낳는 일이 빈번하다. 많은 논문은 "더 많은 연구가 필요하다"는 말로 마무리되며, 연구 기금도 그런 말과 함께 신청한다. 그 결과, 이미 정해진 경로를 따라가면서 소소한 조각들을 덧붙이는 일상적 연구가 많아졌다. 많은 과학 분야에서는 이런 일이 별 문제가 되지 않는다. 계속해서 작고 미세한 단서를 추적하는 데 아무런 문제가 없기 때문이다. 하지만 여기서 우리가 논의하고 있는 동물 실험을 이용하는 연구에서는 이야기가 다르다. 이 경우에는 수많은 동물이 사용될 수 있다는 것이 문제다.

다르게 접근해 보자. 이번 장의 축산 담론이 이 문제에 어떤 길잡이가 될 수 있을까? 잠시만이라도 기초 과학과 특정 해악이나 치료를 겨냥한 연구 사이의 구분을 내려놓고, 모든 연구를 하나로 묶어 생각해 보자. 나는 축산의 경우, 단순히 죽음을 바라보는 것이 아니라 삶 전체의 관점에서 접근해야 한다고 주장했고, 어떤 종류의 인도적 축산은 받아들일 수 있다고 말했다. 이런 모델이 실험동물의 경우에도 적용될 수 있을까? 이 제안은 각 동물의 삶을 전체로 볼 때 좋은 삶, 즉 분명히 살 만한 삶으로 만드는 것이다. 만약 축산에서 그것이 받아들여질 수 있다면 실험동물의 경우에도 받아들여져야 한다.

아마도 많은 실험동물의 경우, 이것은 불가능할지도 모른다. 이 장의 앞부분에서 그렸던 인도적 축산에서 살아가는 동물들의 삶은 대부분의 시간을 야외에서 자유롭게 돌아다니며 보낸다(방목 울타리는 있을지언정 철창이나 우리에 갇히지는 않았다). 이에 비해 실험실 동물은 일반적으로 감금되고 정상적인 행동을 할 기회를 박탈 당하며, 햇볕 아래서 자유롭게 돌아다니며 상호작용하는 일은 없다. 영장류, 고양이, 그리고 개들의 경우에서 올바른 종류의 삶이 가능할지에 대해 회의적이다. 잘 먹여 주고, 끔찍한 일을 겪는 동안 감각을 무디게 만들어 주는 것만으로는 전혀 충분하지 않다.

쥐의 경우는 조금 다를 수 있다. 철학자 필립 키처Philip Stuart Kitcher는 한 에세이에서, 쥐들의 수명이 보통 짧다는 점과 그들을 위해 만들 수 있는 환경의 종류를 고려할 때, 그 동물들을 위한 올바른 관리 체계가 가능할 수 있다고 제안한다. 환경을 자연에 가깝게 만드는 것과, 단지 동물에게 좋은 환경을 만들어 주는 것 중에서 선택해야 한다면, 우리는 후자를 선택할 것이다. 다른 모든 쥐들이 부러워할 만한 먹이와 자연스러운 일상을 제공할 수 있을 것이다. 또한 (만약 그것이 다른 동물들에게 해를 끼치지 않는다면) 그들이 전형적인 행동을 표현할 수 있도록 해 주는 것도 가능하다. 필립 키처는 쥐들이 살아가는 공간의 규모를 감안하면 이것이 실현 가능하다고 생각한다. 하지만 비글이나 영장류의 경우라면, 훨씬 더 어려운 일일 것이다.

몸집이 작은 마카크원숭이는 여전히 연구에 꽤 널리 사용되고 있다. 이들에게 가해지는 실험을 정당화할 수 있을 만한 삶을 제공하는 것이 가능할까? 이 경우에 실험을 정당화하려면 우리는 다음과 같은 결정을 내려야만 한다. 즉, 마카크원숭이에게 대부분의 시간 동안 매우 무해하고 편안한 환경을 제공해 준다면, 정상적인 야생의 삶과 **매우** 동떨어진 삶을 주어도 괜찮다고 결정해야 한다는 것이다. 이는 곧 일반적인 마카크원숭이의 삶을 구성하는 지속적인 과업project 대부분이 사라져도 괜찮다고 받아들여야 한다는 의미다. (야생 동물의 삶에서 "과업"이 차지하는 역할에 대해서는 다음 장에서 다시 이야기할 것이다.) 동물에 대한 가슴 아픈 사실 중 하나는 그들의 적응 능력이다. 동물이 적응할 수 있다는 사실이, 그들이 적응해야 하는 환경이 정당하다는 뜻은 아니다.

몇몇 단체들은 실험동물을 위한 은퇴 시설을 마련하고 지원하는 시도를 해 왔다. 실험이 끝난 뒤에라도 동물들에게 보상하려는 취지에서다. 이런 보상 방식은 인도적인 축산에서와 반대로, 좋은 삶의 시기가 뒤늦게 주어지는 형태다. 아무것도 하지 않는 것보다는 분명 낫겠지만, 상당수의 동물 실험에서는 실험 단계 자체가 너무 혹독해서(시술뿐 아니라 그 전반에서 일어나는 감금과 제약이 그렇다), 이러한 조치만으로는 삶 전체를 정당화하기에 충분하지 않다고 나는 생각한다.

기술의 변화는 삶 전체를 고려하는 접근법 안에서도 동물 연구를 계속 허용할 것인지 여부에 영향을 줄 것이다. 지금까지는 감금과 제약이 실험의 일부라는 전제를 두고 이야기했다. 하지만 앞으로는, 뇌 활동 기록 같은 작업은 작고 무해한 독립형 이식 장치를 통해 할 수 있을지도 모른다. 그 장치는 기계와 동물을 연결하는 전선이 필요 없고, 동물이 실험실이 아닌 보호구역에서 자유롭게 움직이며 살아갈 수 있게 해 줄 것이다. 만약 그렇다면, 이 문제를 완진히 다른 차원의 것으로 바꿔 놓을 것이다.

그동안의 모든 논의는 이제 어떤 결론으로 향하고 있을까? 동물 실험의 상당 부분에 반대하는 입장을 취하는 것은 정당하다. 적어도 실험 방식과 동물의 삶이 크게 개선되기 전까지는, 많은 실험들이 중단되어야 한다. 나는 이 논의에서 포유류에 초점을 맞추고 있으며, 일부 무척추동물에 대해서는 판단이 확실하지 않다. 그러나 영장류와 개를 대상으로 한 모든 유해한 실험은 거의 전면적으로 중단해야 한다고 생각한다. 그렇다면 아주 분명한 공리주의적 정당성을 가진 실험은 어떨까? 소수의 동물이 고통을 겪는 대신 다수에게 큰 이익을 가져다주는 실험이 있다면 말이다. 어떤 방침을 논의할 때는 언제나 예외적인 사례와 판단이 어려운 지점이 존재한다. 하지만 그런 실험이 계속되어야 한다면, 삶 전체의 관점에서 가능한 한 정당화될 수 있는 방식으로 진행되어야 한다.

축산의 경우든 실험실의 경우든, 내가 가장 반대하는 것은 인간이 의도적으로 시스템을 설계하여 다른 동물들에게 지속적인 고통과 스트레스, 공포를 가하는 것이다. 우리는 동물 진화의 긴 역사에서 독특한 능력을 가진 존재로 등장했다. 그렇다면 이 능력을 어떻게 사용할 것인가? 우리가 힘을 사용하는 어떤 방식들은, 우리가 함께 이 진화의 역사를 걸어 온 다른 동물들, 특히 우리와 함께 살아온 동물들에게 너무 잔혹하고 비정하다. 돼지와 닭의 공장식 축산, 그리고 소에게 가해지는 악질적인 관행들, 유해한 실험에 개, 고양이, 영장류를 사용하는 것 같은 참혹한 사례들이 있다.

내 생각만큼 동물 실험의 규모가 축소된다면 과학의 진보는 더 더질 것이다. 우리는 이를 받아들여야 한다. 이런 종류의 해악을 수반하지 않는 여러 연구들을 통해 새로운 정보가 계속해서 쌓일 것이다. 그 속도가 다를 뿐이다. 반대론자는 "그 지연 때문에 어떤 사람들은 더 나쁜 상황에 처하게 될 것"이라고 말할 것이다. 그럴 수도 있다. 하지만 그 논증은 설득력이 거의 없다. 만약 우리가 수형자들을 사용한다면 동물을 사용할 때보다 일이 빨라질 것이기 때문이다. 우리는 빠른 발전이 우리가 고려해야 할 유일한 것이 아님을 인정해야 한다. 많은 사람이 동물에게 해로운 과학 실험을 제한

없이 허용하는 것은 너무 과하다고 생각한다. 결국 그 허용 범위의 문제다.

나는 이 장의 서두에서 논했던 윤리적 선택의 정신에 입각하여 지금까지의 견해들을 옹호해 왔다. 이 동물 실험 영역에는 명백히 잘못된 길들이 있다. 근시안적이거나, 사실에 기반하지 않았거나, 혹은 그 주장을 옹호하는 사람들 스스로가 지지하는 다른 가치와도 맞지 않는 주장들 말이다. 따라서 우리는 논증을 통해, 누군가 실수를 저질렀거나 도저히 변호할 수 없는 일을 하고 있음을 보여줄 수 있다. 그러나 축산의 경우와 마찬가지로, 비교적 명확히 개선할 수 있는 한 라운드가 지나면 그 다음 단계에서는 여러 납득할 만한 경로가 존재할 수 있다. 우리는 어려운 질문들이 존재한다는 이유로 앞선 단계의 진전을 멈춰서는 안 된다. "돌연변이 초파리를 의도적으로 번식시키는 건 괜찮은가?" 같은 질문이, 원숭이와 비글에게 몇 달간의 고통과 스트레스를 가하는 연구를 끝내는 우리의 발목을 잡게 두지 말아야 한다.

미래에는 좀 더 관대한 관점이 가능할 것이라고 생각한다. 아마도 더 많은 지식이 가져다주는 전반적 이익 때문일 것이다. 내가 중단해야 한다고 보는 해로운 동물실험이라도, 그 실험으로 얻는 새로운 지식을 폭넓게 활용하여 결국 좋은 결과를 낼 것이라는 증거가 있다면, 그런 입장도 어느 정도는 이해할 수 있을 것이다. 나는 이러한 일들의 결말을 알기는 매우 어렵다고 본다. 그러나 문제의 핵심은 결과에 대한 불확실성이 아니다. 나는 단지 동물에게 분명한 해악을 끼치면서도 무언가 중요한 성과를 낼 수도 있는 그런 연구가 계속되는 것을 바라지 않는다. 과학적 호기심은 끝이 없지만, 우리는 이 호기심이 모든 것을 압도하게 두어서는 안 된다. 그래서 나는 고양이, 개, 영장류, 토끼, 설치류 같은 포유류—문어까지도—에 대한 침습적이거나 다른 방식의 유해한 실험을, 그들에게 살 만한 삶을 제공할 수 있기 전에는 중단해야 한다고 말한다. 내가 중단하자고 하는 연구 중 어떤 것들은 중요한 돌파구로 이어질 수도 있음은 인정한다. 그렇지만 나는 그것이 실행되기를 바라지 않는다. 나는 미래 세대가 우리의 시대를 돌아보며 "그들은 이런 종류의 실험을 포기하고, 그것을 멈추기로 결정했다"고 말해 주길 바란다. 그렇게 돌아보는 이들은 아마 이렇게 덧붙일 것이다. "의학적 성과 X(무엇이 되었든)는 그 결정으로 인해 더디게 나왔다." 그러나 다시 말하지만, 더 빠르게 나아가고 싶다면 동물 실험보다 더 잔혹해지는 쪽을 선택하면 된다. 나는 우리가 이제 이 관행을 끝내자고 제안한다. 역사에 남을 위대한 선택을 해 보는 건 어떻겠는가?

8. 야생 자연

자연을 보고 그림을 그리는지를 묻는 질문에
잭슨 폴록(Jackson Pollock)은 이렇게 말했다.
"내가 곧 자연이다."

리 크래스너Lee Krasner: "우리가 여기로 이사 오기 전, 한스 호프만 Hans Hofmann에게 잭슨을 소개하고 그의 작품을 보여 주었다. 잭슨의 작업실에는 정물도 모델도 없었다. 호프만은 잭슨에게 '당신의 작업은 자연을 보고 하는 것입니까?'라고 질문했다. 잭슨은 '제가 곧 자연입니다'라고 대답했다. 그러자 호프만은 이렇게 되물었다. '그렇군요, 하지만 내면만을 보고 작업하면 결국 스스로를 반복하게 되지요.' 이 말에 잭슨은 아무런 대꾸도 하지 않았다. 그 시점부터 내게 일어난 일에 대해 말하자면, 나는 이른바 '자연을 보고' 작업을 해 왔다. 그러니까 나는 여기 있고, 대상인 자연은 저 밖에 있다고 생각했다. 그것이 여인이든, 사과든, 무엇이든 간에 말이다. 그런데 내 생각이 깨진 뒤부터, 텅 빈 검은 캔버스와 마주하게 되었다. 그렇다, 이제는 '내가 곧 자연이다'라는 인식으로 그 캔버스 위에 무언가 일으켜 보려 애쓴다. 바로 이것이 내가 겪은 진정한 전환이었다."

자연과 자연스러움

이 장의 제사題詞에서 폴록과 크래스너가 던진 화두는 정확하다. 인간의 행위를 '자연'과 분리하여 대립시키는 이분법은 잘못되었다. 살아 있는 모든 것은 자신 주변의 환경을 바꿔 놓는다. 이 힘은 자연의 긴 진화 과정을 거치며 점차 강력해졌고, 인간의 행위는 그 연속선상에 놓인 활동일 뿐이다. 환경의 변화는 처음에는 단지 생명의 존재만으로 일어났고, 동물이 나타나며 행위를 통해 새로운 형태로 발전했으며, 마침내 인간에 이르러 정신, 사회, 문화를 통해 지금과 같이 전례 없이 복잡한 수준에 이르게 되었다.

    사람들은 "자연스러움"의 의미를 다시 정립하면 우리가 어떻게 행동해야 하는지에 대한 답이 바로 나올 것이라고 기대한다. 나는 그 재정립이 직접적인 해답을 준다고는 생각하지 않지만, 우리의 관점에 분명한 차이를 만들어 낸다고 본다. 이 장은 지난 장과 마찬가지로 우리가 현재 직면한 몇몇 문제들을 다루지만 그 규모가 다르다. 우리는 이 장에서 기후, 서식지 보호, 그리고 야생 자연의 미래와 같은 더 큰 스케일의 문제들을 살펴볼 것이다.

우리는 많은 상황에서 자연스러움은 선하고, 최소한 자연을 거스르는 것은 나쁠 수 있다는 생각에 익숙하다. 그런데 우리가 우리의 판단과 결정을 완전히 자연의 일부로 본다면, 그 생각은 무의미해진다. 여기서 "무의미하다"는 표현은 정말이지 딱 들어맞는다. 인간 행위를 자연의 일부로 본다고 해서 그 자체로 어떤 행위를 정당화하거나 승인할 수는 없다. 이 관점에서는 우리가 하는 모든 행위를 자연의 일부로 간주하므로 어떤 행위가 옳고 어떤 행위가 그른지를 가려 낼 수 없다.

이와 관련된 예시는 2장에서 살펴본 탄소의 매장 및 동물의 생존에 필요한 산소가 대기 중으로 방출되는 과정이다. 탄소 원자는 이어지는 여러 과정을 통해 지구를 순환한다. 그중 하나는 광합성을 통해 식물에 탄소가 흡수되는 과정인데, 이후 이 탄소는 대부분 이산화탄소의 형태로 대기 중으로 다시 방출되고, 남은 일부는 땅속에 묻히게 된다. 석탄기 같은 특정 시기에는 더 많은 탄소가 매장되어 결국 석탄이나 다른 화석 연료의 형태로 퇴적되었다.

탄소가 지층 아래에 머물러 있는 동안 동물들은 진화를 거듭했고, 마침내 복잡한 사회와 발전된 기술을 갖추는 시기에 이른다. 그러자 화석 연료는 유용한 에너지원으로 떠올랐다. 오래전에 분리되었던 산소와 탄소는 이제 다시 결합하게 된다.

이 이야기를 따라가다 보면 우리의 행위를 포함한 모든 과정이 마치 "자연스러운" 순서인 듯 느껴질 수도 있다. 지구에는 연료가 저장되는 시기가 있고, 그것이 연소되는 시기가 있다는 식이다. "이것이 자연스러운 흐름이며 그 속에 우리가 위치하고 있을 뿐이니 굳이 그것을 문제 삼을 필요는 없다"고 말하는 사람이 있을지도 모르겠다.

이 이야기의 흐름에 나름의 이치가 있다는 점은 부정할 수 없다. 그러나 그렇다고 해서 한때 저장된 연료가 반드시 연소되어야 하는 것도, 그것이 특히 자연스러운(적절하거나, 바람직한) 방식이라는 뜻도 아니다. 우리가 이 행위의 결과에 대한 성찰 끝에 그 석탄과 가스를 태우지 않기로 결정했다고 가정해 보자. 만약 우리가 이 연료들을 땅속에 그대로 남겨두기로 결정한다면, 그 또한 연료를 태우는 것만큼이나 "자연스러운" 표현일 것이다. 이 결정 역시 동물의 행위가 진화해 인간의 선견지명으로 이어진 역사의 연속선 위에 있게 된다.

우리는 앞으로 무엇을 할지를 결정하고 있다. 우리가 어떤 결정을 내리든 그것은 이 넓은 의미에서 자연의 표현이다. 그러나 의사결정 과정에서는 이처럼 포괄적인 의미에서의 자연은 공허한 개념일 뿐이다. 우리의 생각과 행위가 자연에 뿌리내리고 있다는 사실이 그것이 정당하다는 면죄부를 주지 않는다. 우리는 그저 이 상황을 어떤 방향으로 이끌 것인지를 스스로 알아내야 할 뿐이다.

자연스러움을 하나의 기준으로 삼는 생각은 이처럼 큰 스케일에서 보면 공허해진다. 하지만 나는 사람들이 이런 주장을 할 때 지향하는 바가 무엇인지 이해하고 있으며, "자연"이라는 이름으로 옹호되는 어떤 행위들은 실제로 바람직하다. 나는 이 선택들 가운데 일부를 다른 틀 안에서라도 지켜내고 싶다.

사람들이 말하는 "자연스러운" 것은 종종 **비인간적인 것**, 즉 인간의 기술과 지성이 아직 혹은 크게 손대지 않은 자연의 일부를 가리킨다. 우리는 어떤 맥락에서는 부분적으로라도 비인간적인 것의 편에 서기로 선택할 수 있다. 우리는 그것을 소중히 여기기로 결정할 수 있다. 이를 "자연"을 지키고 보살핀다고 표현하기에는 다소 부정확할 수도 있지만, 그렇다고 그런 선택이 무의미하다는 뜻은 아니다. 그것은 인간의 기술 영역 바깥에 존재하는, 더 오래된 형태의 생명에 가치를 부여하는 일이다.

왜 우리는 스스로를 자연과 구분 지으려 할까? 그것은 우리가 하는 행위의 본질이 다르고, 그 행위의 영향력이 너무나 이례적이기 때문이다. 나는 이 비인간적인 측면을 가리키는 말로 '야생 자연 wild nature'이라는 용어를 사용하려 한다. 비인간 자연 nonhuman nature이라고 불러도 무방하다. 이 장의 많은 부분을 할애해서 우리가 왜 이 '야생 자연'을 보존하고 지키기로 선택해야 하는지를 말할 것이다.

야생 자연이라는 개념에 의미가 있다고 해도, 과연 그것이 오늘날에도 유효한지 의문을 가질 수 있다. 마사 누스바움 Martha Nussbaum은 이제 야생 자연은 존재하지 않는다고 주장한다. 인간의 통제가 우리가 야생이라 부르는 영역에까지 미치기 때문이다. 그는 이렇게 말한다. "오늘날 세계의 모든 땅은 철저히 인간의 통제 아래 있다." 우리가 야생이라 생각하는 땅은 정부의 보호를 받고 있으며, 그에 의존하고 있다는 것이다.

누스바움이 말했듯이, 동물 보호 구역game park이나 자연보호 구역 같은 장소는 인위적으로 구획해 놓은 곳이며, 어떤 의미에서는 우리는 여전히 그 안에서 일어나는 일을 통제하고 있다. 하지만 지구에는 그보다 더 야생으로 남아있는 지역이 여전히 존재하며, 보호구역 내에서조차 우리의 "통제"가 일반적인 경우와는 다른 역할을 수행하는 경우가 많다. 많은 경우 우리는 다른 인간의 행위를 막기 위해 개입한다. 특히 밀렵이나 착취를 방지하려는 목적이 크다. 어떤 장소가 망가지지 않도록 특정한 인간 활동을 억제하기 위해 인간의 노력을 들여야 한다는 사실이, 그 장소 내부에서 일어나는 비인간적이고 야생적인 활동의 성격을 훼손한다고 볼 수는 없다. 우리의 목적은 많은 경우 인간의 영향을 가능한 한 배제하고 우리가 개입하지 않았을 때와 다름없는 방식으로 흘러가도록 내버려두는 것이다.

그렇지만 동물들에게 먹이를 주거나 다른 형태의 돌봄을 제공하는 경우라면 사정이 다르다. 그때는 훨씬 더 강한 의미에서 인간의 개입이다. 6장 끝부분에서 언급했던 마사이마라의 치타들은 주로 인간의 간섭을 막는 데 초점을 둔 보존 프로그램으로 관리되고 있다. 하지만 치타의 개체수가 너무 적어 개체 손실 하나하나가 치명적이기 때문에, 이따금씩 수의학적 치료가 이루어지기도 한다. 이는 비인간 종을 능동적으로 관리하는 방향으로 한 발 더 나아간 것이다. 하지만 현실은 대부분 이 사례와 다르며, 인간의 영향을 최소화하거나 없애는 이상을 따르고 있다. 이처럼 상황을 유지하기 위해 인간의 노력이 필요할지라도 그 노력을 인간의 간섭으로 보지는 않는다.

서식지 보호와 기후 변화

오늘날 우리가 살고 있는 시대는 "인류세"라는 새로운 지질시대로 불린다. 이 시기는 인간 활동의 영향으로 특징지어지는 지구 역사 속 한 시기로, 그 시작을 어디로 보느냐에 대해서는 다양한 견해가 존재한다. 대략 1만 2천 년 전 농업의 시작부터, 제2차 세계대전 중 최초의 원자폭탄 실험까지 다양한 기준이 있다. 나는 제임스 러브록이 제시한 구분 방식이 마음에 든다. 그는 인류세의 시작을 산업혁명 초기인 1712년, 곧 효율적인 석탄 연소 증기기관이 처음 사용된 시점으로 본다. 그것은 토머스 뉴커먼Thomas Newcomen이 만든 석탄 연료 기관은 석탄 광산의 물을 퍼올리는 펌프였다.

인류세 개념에서 보이는 인간의 영향은 생명체가 환경을 변화시켜 온 오랜 전통의 연속선상에 놓여 있다. 하지만 인류세라는 용어를 만든 영향들은 단순한 변화가 아니라 대부분 **문제**에 가깝다.

그중 가장 많이 거론되는 문제는 기후 변화다. 이는 주로 화석 연료의 연소로 인해 대기 중에 방출된 이산화탄소가 열을 가두고, 인간의 축산업(메탄 배출 등)을 비롯한 여러 요인들로 인해 지구의 전반적인 기온이 계속 상승하는 현상을 일는다.

이산화탄소가 대기 중에서 차지하는 비율은 1퍼센트도 되지 않을 정도로 아주 적지만, 온도에 미치는 영향은 강력하다. 이산화탄소 농도가 높아지면 태양으로부터 온 열이 더 오래 지구에 머무르게 된다. 이산화탄소 농도는 인간 활동과 무관한 다양한 요인에 의해 오르내렸으며, 이는 오랫동안 반복되어 온 현상이다. 그러한 자연적 변화에 오늘날 우리의 활동이 그대로 덧씌워져 나타나고 있다.

지구의 역동적인 모습을 알고 나면 기후 변화가 왜 문제가 되는지 의문이 들 수 있다. 지구의 온도는 항상 오르내렸기 때문이다. 숲이 형성되던 백악기의 기온은 현재보다 섭씨 5~10도가량 더 높았고, 그 시기의 숲은 북극권 너머까지 뻗어 있었다. 오늘날 진행되고 있는 변화로 인해 예측되는 온난화의 수준은, 가장 비관적인 시나리오에서도 과거 지질 시대로 거슬러 올라가 비교하면 전례 없을 정도는 아니다. 가장 비관적인 예측에 따르면, 우리는 조만간(약 1세기 이내) 약 1500만 년 전, 대형 유인원이 다른 영장류로부터 분화하던 시기의 기온에 도달할 가능성이 있다.

핵심 문제는 변화의 속도다. 앞 문장에서 말한 "조만간"이 문제의 본질이다. 이러한 변화의 속도는 인간, 특히 이미 기온이 높은 개발도상국 지역의 사람들과 동물들에게 심각한 혼란을 가져올 수 있다. 인간은 독성 물질을 대기 중으로 뿜어내는 것 같은 명백한 오염을 일으키지는 않았지만, 인간의 행위가 장기적으로 지속되어 온 기후 변동 과정을 인위적으로 가속한 꼴이 되었다. 그리고 그러한 행위의 영향이 특히 그 속도 면에서 우리와 다른 많은 생물들에게 문제를 일으키고 있다. 시선을 바다로 돌려 보자. 대기 중 이산화탄소 농도가 높아질수록 바다는 더 많은 탄소를 흡수하게 되고, 이로 인해 해수는 산성화된다. 이는 껍질을 만드는 해양무척추동물들에게 특히 큰 위협이 된다.

우리가 직면한 또 다른 행성 규모의 문제는 서식지의 황폐화와 많은 동물 종의 개체수 급감이다. 새의 경우, 미국과 캐나다를 조사한 최근 보고서에 따르면 1970년 대비 전체 조류 개체수가 약 29퍼센트 감소한 것으로 나타났다(종의 수가 아니라 개체수다). 미국 조류 종의 절반 이상이 감소세에 있다. 3장에 언급했듯이 많은 곤충 집단의 개체수가 급격히 줄고 있다. 예를 들어 영국에서는 1976년 이후 나비 개체수가 약 50퍼센트 감소했다. 6장에서 다룬 치타는 겨우 7천여 마리만이 남아 있다. 3장에서 묘사한 물 웅덩이에 모여든 다양한 핀치새 중에는 호금조Gouldian Finches가 있었다. 이들은 보랏빛이나 자주색 가슴, 햇살처럼 노란 배, 초록색 날개, 그리고 가면을 쓴 듯한 붉은색, 검은색, 노란색 등 다양한 얼굴 무늬를 지닌 매우 화려한 새인데, 이제는 약 2,500마리만이 야생에 남아 있다. 사람들은 때로 이렇게 매력적인 종에 대한 관심만 높아지는 것을 못마땅해 하기도 한다. 하지만 이런 종들이 완전히 사라진 미래를 상상해 보라. 우리 인간의 꾸준하고 무심한 침범의 결과로, 혹은 단지 동물원과 새장 속에서만 살아남아 있다면 세상은 어떻게 보일 것인가?

현 시대를 '여섯 번째 대멸종'이라고 이르며 백악기 말의 대재앙 같은 사건들과 비교하기도 한다. 그러나 이는 과장이다. 과거의 대멸종은 모든 생불종의 4분의 3 이상이 사라진, 차원이 다른 수준의 사건이었다. 물론 먼 미래에는 그와 같은 일이 벌어질 수도 있지만 우리는 아직 그 단계에는 한참 미치지 못했다. 우리에게는 지금 일어나는 일이 과거와는 다른데도, 기존 역사에서 사용된 명칭을 그대로 가져와 우리 시대를 규정하려는 경향이 있다. 놀랍게도 지금 지구는 전체적으로 보면 과거보다 약간 더 푸르러졌다. 이는 주로 토지 이용 방식의 변화 때문이고, 거기에 대기 중 이산화탄소 농도 증가가 어느 정도 영향을 미친 것으로 보인다. 이산화탄소가 식물 생장을 촉진하는 '이산화탄소 시비 효과$_{CO_2\ fertilization\ effect}$'는 최근 기후 변화의 충격을 어느 정도 완화하는 역할을 했다. 이것 또한 시스템 내의 피드백 순환의 예다.

우리의 문제는 세상이 전반적으로 녹색을 잃어가는 것이 아니다. 열대 지역의 숲과 야생 초원 같은 서식지가 사라지는 것, 다시 말해 생태계의 상실이다. 이로 인해 많은 야생종의 개체수가 급감하고 있다. 선진국에서 녹지가 조금씩 늘어나는 현상은 겉보기에는 고무적이지만, 점차 사라지고 있는 특정 서식지를 필요로 하는 동물들에게는 아무런 도움이 되지 않는다. 종의 소멸은 언제나 있었지만 보통은 복원될 여지와 공간이 존재했다. 지금의 상황은 다르다. 야생 생태계가 파괴되고, 동물들의 수가 가파르게 줄고 있다. 우리의 눈앞에서 모든 것이 설 자리를 잃어가고 있다.

ଔ

이 문제들은 너무나 다면적이고 변화의 속도도 빨라서 모두 유의미하게 다루기란 쉽지 않다. 그럼에도 나는 몇 가지 생각을 제안하고자 한다. 오늘날에는 기후 변화가 거의 모든 논의를 지배하고 있는데, 나는 논의의 초점을 부분적으로나마 서식지 보호 쪽으로 옮길 것을 제안한다. 내가 이렇게 주장하는 이유는 현실적인 실행 가능성의 유무 및 두 문제의 관계를 바라보는 내 관점 때문이다.

현재의 기술 수준에서는 지구의 모든 국가가 탄소 기반 화석 연료에서 빠르게 벗어나는 일은 예전에 생각했던 것보다 더 어려워 보인다. 개발도상국들은 선진국이 200년이 넘도록 누려 온 것 같은 운송과 산업에 사용할 수 있는 휴대하기 쉽고 편리한 연료를 원한다. 개발도상국 국민들 역시 더 나은 삶을 조금이라도 빨리 누리고자 노력하는데, 이를 막을 자격이 누구에게 있겠는가? 화석 연료로부터의 전환은 많은 이들의 기대보다 더딜지 모르지만, 그 변화는 새로운 기술의 도움으로 결국 이루어질 것이다. 이러한 방향 전환을 실제로 가능하게 할 기술은 에너지원 자체가 아닌 저장 매체일 수 있다. 이상적으로는 태양광과 풍력으로 만들지만 석탄이나 디젤처럼 일반적인 온도와 압력에서 운송과 저장이 가능한 합성 연료 같은 것이다.

화석 연료에서 벗어나는 전환이 이루어지면 우리는 다양한 혜택을 누리게 될 것이다. 대기 오염 문제는 예전만큼 자주 언급되지 않는데, 아마도 선진국에서는 과거만큼 눈에 띄지 않기 때문일 것이다. 그러나 전 세계적으로 보면 대기 오염은 여전히 심각한 해를 끼치고 있다. 최근 몇 년 사이에는 디젤 연료가 건강에 미치는 숨겨진 유해성이 더 뚜렷하게 드러났다. 개발도상국에서는 여전히 눈에 보일 만큼 대기 오염 문제가 심각한 상태다.

이제부터는 좀 더 논란의 여지가 있는 지점을 짚어보려 한다. 지난 수년간 기후 변화 대응은 환경 담론에서 압도적인 우위를 차지해 왔다. 이 주제는 진보 정치 지형에서 엄청난 위상을 차지하며, 거의 모든 관심과 자원, 정치적 동력이 여기에 집중되고 있다. 그러나 이 영역에서의 여러 대응 방식은 상당한 희생을 수반하며, 그 희생은 특히 저소득층에게 더 큰 부담으로 작용한다. 사람들이 감내할 수 있는 선한 의지의 총량은 이미 바닥을 보이고 있다. 나는 앞으로 이 노력과 에너지의 더 많은 부분이 서식지 보호로 향했으면 한다. 기후 변화가 **핵심** 문제로 자리잡고 모든 논의를 지배하게 되면, 다른 수많은 환경 파괴는 뒷전으로 밀려난 채 계속될 수 있기 때문이다.

우리에게 의지만 있다면, 특히 개발도상국을 지원함으로써 기후 변화의 많은 영향을 완화할 수 있다. 하지만 멸종과 생태계 붕괴는 전혀 다른 차원의 문제다. 여기에는 기술적 해결책이 존재하지 않으며, 사후에 할 수 있는 일도 많지 않다. 한번 사라진 종은 영영 사라진다. 지구가 점점 더 푸르게 변하고 있다는 사실은 야생 동물 개체수 감소를 막지 못하며, 야생 동물이 필요로 하는 서식지의 소실도 막지 못하고 있다. 우리가 지향해야 할 목표는 생태계라는 시스템 전체를 온전히 보호하는 것이다.

이 문제에 다시 주목해야 한다는 주장이 제기되면, 기후 변화와 서식지 손실은 워낙 밀접하게 얽혀 있어 둘을 분리할 수 없다는 반론이 흔히 따라붙는다. 이는 현재의 우선순위를 그대로 유지해야 한다는 논거로 작용한다. 나는 이 둘이 사람들이 흔히 말하는 것만큼 긴밀하게 묶여 있다고는 보지 않는다. 물론 두 문제는 연결되어 있다. 산림 벌채는 탄소를 방출하고, 나무가 자라는 동안은 탄소를 저장한다. 기후 변화는 생물이 처한 환경 조건을 악화시켜 일부 종을 멸종의 위기로 몰아넣는다. 하지만 여기에는 사람들이 인정하는 것보다 더 많은 우선순위 선택의 여지가 존재한다.

첫 번째 시나리오를 보자. 우리는 기후 변화 문제를 해결하면서 동시에 서식지를 파괴할 수 있다. 가령 우리가 획기적인 기술을 개발해서 탄소 배출량을 거의 제로 수준으로 줄일 수 있을지라도, 동시에 산림 개간, 벌채, 남획, 수로 오염을 허용할 수 있다. 그렇게 되면 탄소와 기후 문제에서는 최선을 다했음에도 서식지에는 나쁜 결과를 초래하게 된다.

다른 가능성도 있다. 우리는 화석 연료를 무기한으로 계속 사용하면서도 광범위한 보호구역 네트워크를 조성하고 그에 대한 인간의 착취를 방지할 수 있다. 이 두 선택은 별개의 것이다. 물론 이 경우에도 지속적인 온난화는 '보존된' 서식지와 그 안의 종들에게 더 큰 압력을 가할 수 있다. 바로 이 시나리오 때문에 사람들은 기후 문제가 보다 근본적이며, 둘은 분리할 수 없다고 말하는 것이다. 그러나 실제로 그렇게 될지는 우리가 야생 자연을 위해 따로 떼어 놓은 땅의 규모에 달려 있다. 동식물은 더 서늘하거나, 습하거나 다른 면에서 더 적합한 지역으로 이동함으로써 기후 변화에 적응할 수 있다. 때로는 이동하지 못하고 멸종할 수도 있지만, 이동할 공간만 있다면 살아남을 가능성은 있다. 이를 위해서는 실제 공간이 있어야 하고, 서로 다른 지역을 잇는 생태 연결 통로도 필요하다. 개체군의 규모 또한 생존 가능성을 좌우하는 중요한 변수다. 규모가 큰 개체군일수록 이런 위기를 버텨 낼 가능성이 더 높다.

종들이 지구상에서 자유롭게 이동할 수 있다고 해도 기후 변화는 그 속도가 빠를수록 큰 교란을 일으킬 것이다. 반면 서식지 파괴로 인해 동물들의 이동이 불가능해지고 개체수가 줄어든 지구에서는 그 파괴력이 훨씬 더 클 것이다.

"우리는 광범위한 보호구역 네트워크를 조성하면서 동시에 화석 연료를 계속 사용할 수도 있다"는 말이 곧 그렇게 해야 한다는 뜻은 아니다. 우리는 가능한 한 화석 연료 사용을 줄여야 한다. 특히 거의 모든 트럭이 디젤을 사용하는 현실에서 벗어나 가능한 한 신속히 일부 특수한 용도로만 쓰이는 희소한 연료로 만들어야 한다. 또한 부유한 국가는 기후 변화의 영향에 대처해야 하는 개발도상국에 상당한 규모의 지원을 기꺼이 제공해야 한다.

온대 지역 국가들도 아마 상당한 규모의 이주를 받아들여야 할 것이다. 지구의 역사에는 대규모 변화가 늘 있어 왔지만, 지금 우리가 직면하고 있는 변화는 그 속도 면에서 이례적이다. 이것이 특히 문제가 되는 주된 이유 중 하나는 인간이 국가의 경계를 설정함으로써 순전히 인류의 지나친 번성으로 인해 악화되는 환경에서 벗어나려는 사람들의 이주를 매우 어렵게 만들었기 때문이다. 나는 '국경 없는 세계'를 지지하지는 않는다. 국경을 가진 국민국가는 가치 있는 발명품이라고 생각한다. 하지만 이 영역에서 우리가 마주한 가장 뚜렷한 불의는, 대기 중 탄소가 증가하게 된 책임은 대부분 부유하고 온화한 기후의 국가들에게 있지만, 그 피해는 더 가난하고 더 더운 국가들이 집중적으로 겪게 되며 정작 그들의 이주는 점점 더 어려워지고 있다는 사실이다.

나는 많은 사람들이 기후 변화에 대해 느끼는 불안을 이해한다. 우리는 가능한 모든 노력을 기울여야 하며, 새로운 기술 개발을 장려하고, 가능한 범위에서 국제적 합의를 추진해야 한다. 그러나 우리는 서식지 보존에도 훨씬 더 적극적으로 나서야 한다. 기후에 대한 강렬한 우려가 쏟아졌던 최근 몇 년간 해 왔던 것보다 훨씬 더 강력하게 말이다. 우리는 야생종의 꾸준하고 가파른 감소를 되돌리기 위해 행동해야 한다.

이 호소의 마지막으로 실천적인 내용을 덧붙이고 싶다. 서식지 보호의 경우, 지역 차원의 행동은 그 자체만으로 온전한 의미를 갖는다. 하나의 국가, 하나의 주, 심지어 하나의 지방 정부도 충분히 영향력 있는 조치를 취할 수 있다. 지역 내에 보호 구역을 지정하고 서식지를 보존할 수 있다는 말이다. 이는 다른 주나 국가들이 유사한 조치를 취하든 말든 효과가 있다. 하나의 보호 구역을 만드는 것은 그 자체로 온전한 기여다. 혹여 다른 보호 구역이 실패하더라도 그 가치가 사라지지는 않기 때문이다. 하지만 기후 변화의 경우, 지역 차원의 행동은 그런 독립적인 의미를 갖지 못한다. 탄소 배출을 줄이기 위해 한 주나 한 나라가 과감한 조치를 취한다고 해도, 그것이 막대한 배출의 책임이 있는 중국, 미국, 인도 중 하나가 아닌 이상 전반적인 영향은 매우 미미하다. 물론 한 지역의 행동이 다른 지역에 영감을 주어 더 큰 기여를 이끌어낼 수도 있고, 그렇게 이뤄낸 작은 배출량 감소가 모여서 전체 배출량을 미미하게나마 줄이는 것도 사실이다. 하지만 서식지 문제는 지역 문제들의 총합으로 해결될 수 있지만 기후 변화는 그렇지 않다는 점은 명확하다.

지역 차원의 조치가 얼마나 효과적일 수 있는지를 보여 주는 사례가 있다. 뉴욕항과 그곳으로 흘러드는 허드슨 강은 한때 하수구이자 폐기물 처리 통로나 다름없었다. 1960~70년대에는 그곳에서 수영을 한다는 것은 상상도 못할 일이었다. 1972년 이른바 '청정수법 Clean Water Act'으로 불리는 법률이 통과되고 50여 년이 지난 지금, 뉴욕항은 완전히 달라졌다. 이제 사람들은 그곳에서 수영을 하고, 2020년에는 혹등고래 한 마리가 맨해튼 미드타운 연안의 허드슨강을 따라 유유히 헤엄치는 모습도 목격되었다.

선택

앞선 소제목 전체에 걸쳐 야생 자연의 보존이 바람직한 일이라는 전제를 두고 이야기를 이어 왔다. 우리는 이를 당연한 가치나 신성불가침의 영역으로 여겨서는 안 된다. 어쩌면 그것은 낭만주의라는 김 서린 렌즈를 통해 바라보고 있기 때문인지도 모른다. 기후 변화에 대한 우려는 적어도 일부는 인간 공동체에 대한 우려이기 때문에 "왜 신경 써야 하지?"라는 특별한 질문을 유발하지 않는다. 그러나 서식지 보호는 다르다.

야생 자연의 가치를 옹호하는 가장 손쉬운 방법은 그것의 **도구적 가치**, 즉 인간의 다양한 목적에 기여하는 가치를 근거로 삼는 것이다. 이는 종종 훌륭한 논거의 기반이 되는데, 특히 경제적인 이유로 야생의 장소를 파괴하는 행위의 근시안적인 태도를 고려하면 더욱 그렇다. 예컨대 호주의 그레이트 배리어 리프는 1960년대 말부터 70년대 초, 지역 주정부의 개발 지향 정책으로 인해 완전히 파괴될 뻔했다. 그 지역의 많은 부분이 광물 채굴 예정지로 지정되었다. 이 산호초는 규모는 작지만 열렬한 보존 활동 덕분에 간신히 살아남았다. 산호초가 지닌 고유한 가치는 차치하더라도, 산호초를 채굴하는 편이 인간에게 더 큰 가치를 가져다줄 것이라고 생각한 사람이 과연 있었을지 의심스럽다. 여기서 말하는 가치는 지역 주민들에게 돌아가는 경제적 가치와, 더 많은 이들에게 다다르는 경이로운 체험의 원천으로서의 가치를 모두 이른다. 물론 이 둘은 서로 연결되어 있다. 내가 처음 이 산호초를 찾았던 1980년대만 해도 간신히 파괴를 면했다는 느낌이 생생하게 남아 있었고, 그곳을 파헤친다는 생각은 상상도 할 수 없는 일이었다.

이러한 사례들은 강력한 논거가 되지만, 만약 우리가 야생의 장소가 지닌 도구적 가치만을 인정한다면 이해관계의 저울이 다른 쪽으로 기울 때마다 행동 또한 달라져야 한다. 더 어려운 문제는 이러한 도구적 가치를 넘어서는 야생 자연을 보호해야 할 이유가 있는지의 여부다.

가치를 저울질하거나 인간의 계획을 포기하는 문제를 논하기에 앞서, 우리가 직면한 과제 하나를 살펴보며 접근하겠다. 야생 자연은 애초에 관심과 보호를 받을 만한 대상인가? 오히려 고통과 괴로움이 지배하는 장소일 뿐인가? 어쩌면 야생 자연의 잔혹하고 혼란스러운 세계는 인류라는 존재가 탄생하기 위한 진화적 필수 조건이었을지 모른다. 하지만 이제 우리가 여기까지 이르렀으니, 주도권을 쥐고 나아가는 편이 낫지 않을까? 남아 있는 야생 자연을 더 온화한 형태로 적극적으로 바꿔나가든지 아니면 인간의 활동이 확장됨에 따라 자연스럽게 소멸하도록 그냥 내버려두든지 말이다.

야생 동물의 경험과 고통이라는 문제가 제기되면, 사람들은 대개 포식자이자 먹잇감인 포유류를 먼저 떠올린다. 철학적 논의에서도 늘 다시 등장하는 사례는 영양과 사자다. 물론 이 사례 역시 살펴볼 가치가 있지만, 그 외의 동물들, 즉 무척추동물을 포함한 모든 생명체에 대해서도 함께 고려해야 한다. 고통에 준하는 감각을 느낄 수 있는 능력은 우리가 흔히 생각했던 것보다 훨씬 더 많은 동물에게 퍼져 있다는 증거가 있다. 이는 물고기와 갑각류에도 분명 존재하는 것으로 보인다. 최근에는 곤충 또한 이런 종류의 경험을 할 가능성이 기존의 통설보다 훨씬 더 높다는 견해가 힘을 얻고 있다.

하지만 경험의 부정적인 측면에만 집착하는 것은 오해를 낳을 수 있다. 많은 논의가 고통과 죽음에만 초점을 맞추고, 그 고통을 상쇄할 수 있는 긍정적인 경험에 대해서는 충분히 고려하지 않는다. 내가 대중 강연에서 동물의 고통에 관해 이야기할 때면, 누군가 꼭 이렇게 묻는다. "긍정적인 측면은 없나요? 인간의 삶도 고통 투성이일 수 있지만, 그것이 삶 전체를 무가치하게 만들지는 않잖아요." 나는 이런 지적을 받을 때마다 항상 기쁘고, 당연히 그 말이 전적으로 옳다. 우리는 그 균형에 대해 더 깊이 생각해야 한다.

일부 동물들의 경험에는 이러한 긍정적인 면이 아예 존재하지 않을 수도 있을까? 어떤 동물에게는 삶이 그저 매 순간 무감각하거나 혹은 고통스러울 수도 있을까? 특수한 사례가 존재할 수는 있겠지만 일반적으로 보았을 때 이는 가능성이 낮아 보인다. 강화에 의한 학습은 많은 동물들에게서 매우 흔한 방식이다. 유익한 결과를 가져온 행동은 반복되고, 불쾌한 결과를 초래한 행동은 반복되지 않는다. 부정적 강화가 느껴진다고 생각한다면, 긍정적 강화가 느껴지지 않을 이유는 없다. 더 일반적으로 말하면, 경험이란 더 나은 것과 더 나쁜 것 사이의 대조의 문제로 보는 것이 타당하다. 바로 이 점 때문에 우리는 동물의 삶 속에서 평온하고 편안해 보이는 순간들을 그저 무감각한 상태가 아닌, 실제로 긍정적인 감각 경험으로 인정하는 편이 더 합리적이다.

다음 단계는 야생 동물들의 삶에서 좋은 경험과 나쁜 경험을 총체적으로 어떻게 가늠할 것인가에 대한 문제로 이어진다. 이 문제에 대한 공리주의적 접근법은 야생 동물이 겪는 모든 좋고 나쁜 경험을 긍정적 부분과 부정적 부분을 더해서 하나의 덩어리 또는 총합으로 간주하는 것이다. 즉, 쾌락과 고통이 각각 얼마만큼 존재하는가를 계산하는 방식이다. 이런 틀에서는, 모두가 그럭저럭 잘 지내는 상황과, 일부가 고통을 겪는 대신 다른 이들이 큰 이익을 얻는 상황을 동등하게 취급할 수 있다. 나는 바로 앞 장에서 축산 문제를 다룰 때 이런 식의 계산법을 받아들이지 않았다. 그때 내가 택한 접근은 각 동물 종을 개별적으로 좋고 나쁜 경험들을 합산하는 것이었다. 엘크, 앨버트로스, 문어의 삶은 어디로 나아가고 있는가? 이들 각각의 삶은 살아갈 만한 가치가 있는가?

처음에는 이러한 방식의 요약을 시도해 보는 것이 분명 어느 정도 타당하게 보인다. 실제로 문어나 엘크가 고통받는 시간이나 좋은 시간을 하나하나 따져 정확하게 집계하기는 불가능하겠지만, 전체적인 윤곽은 파악할 수 있을 것이다. 어떤 동물들에 대해서는 부정적인 감각 경험이 삶 전체를 지배하지는 않는지 질문할 수 있을 것이다. 그런 다음 한 걸음 물러서서 전체적으로 볼 때 어떤 일반적인 경향이 드러나는지도 살펴볼 수 있을 것이다. 이로써 우리는 야생 자연이 대부분의 동물에게 고통의 현장인지 아닌지를 묻게 될 것이다.

야생 동물의 삶에 나타나는 감각 경험을 이런 식으로 목록화하려는 시도는, 어떤 방식으로 구상하든 한 가지 복잡한 문제에 부딪힌다. 먼저 이 문제를 인간 개인의 삶이라는 관점에서 생각해 보자. 처음에 한 특정인의 삶을 시간 단위로 훑으며 좋고 나쁜 사건들을 찾아내 계산하는 상상을 할 수 있겠지만, 이내 이런 방식이 그다지 적절하지 않다는 것을 깨닫게 된다. 인간의 삶이 좋은 삶인지를 판단하는 데는 그런 순간순간의 감각 경험 사이의 단순한 균형만으로는 충분하지 않다. 어떤 사건은 비록 짧더라도 한 사람의 인생을 관통하고 지나온 모든 풍경의 색채를 단번에 바꿔 버리기도 한다. 성공은 이전의 고난을 의미 있게 만들고, 이전의 고통을 그 사람이 기꺼이 감수한 희생으로 바꿔 놓을 수 있다. 마침내 노력이 결실을 맺는 순간은 그전까지의 고난에 비하면 찰나에 불과할지 모른다. 하지만 당사자에게 '그 모든 고생을 감수할 가치가 있었는가?'라고 묻는다면, 그는 망설임 없이 그렇다고 답할 것이다. 과거로 돌아가 지난 시간을 다시 산다 해도 아무것도 바꾸지 않을 것이기 때문이다.

바로 이 지점에서 우리는 6장에서 소개했던 문제, 즉 인간의 삶과 정체성 감각에서 서사가 하는 역할과 다시 마주하게 된다. 한 사람의 인생에서 좋은 경험이 나쁜 경험을 능가하는지의 여부는, 그가 각각의 경험에 어떤 의미를 부여하는지에 따라 달라진다. 궁극적인 성공으로 이어진 실패담을 만들지, 아니면 성공에도 불구하고 결국 실패로 끝난 좌절의 서사를 만들지는 당사자가 과거의 사건들을 어떻게 엮어내느냐에 달려 있는 것이다. 사람은 시간이 흐르면서 과거 사건의 의미를 다르게 해석하기도 한다. 자신의 인생을 돌아보며 때로는 아무 근거 없이 자신에게 일어났던 좋은 일들을 무시하고, 긍정적인 경험들을 우울감이라는 안갯속으로 지워버리는 것 같은 오판을 하기도 한다. 중요한 사건들을 잊었다가 다시 기억해 내기도 하고, 새로운 사실을 알게 된 후(마치 영화 〈멋진 인생〉에서처럼) 삶 전체를 재평가하기도 한다. 하지만 대부분의 경우, 당사자의 인생 요약이 '틀렸다'고 말하기는 어렵다. 경험이란 기본적인 가치(좋다/나쁘다)나 정도뿐 아니라, 그 종류나 각자가 느끼는 중요성 면에서 모두 다르기 때문이다. 한 사람이 자신의 삶 전체가 과연 가치 있었는지 답을 내리려 할 때, 좌절, 보람, 실망, 숭고함과 같은 질적으로 전혀 다른 수많은 순간들에 주관적인 가중치를 부여할 수밖에 없다. 그리고 그의 '서사를 구축하는 자아'가 바로 그 순간의 관점에 기초하여 이 가중치를 상당 부분 결정한다. 때로는 삶이 타인이 보기에도 명백히 좋거나 나쁜 쪽으로 치우쳐 있기도 하다. 하지만 삶에 우여곡절이 많을수록, 그 삶의 총체적 의미에 대한 질문은 더욱 불분명해지고 서사에 더 크게 의존하게 된다. 그리고 한 사람이 지금까지의 삶을 돌아보며 내리는 그 평가는, 그 자체로 그의 인생에 더해지는 또 하나의 새로운 경험이 된다.

그렇다면 당신은 이렇게 말할지도 모른다. 이것은 인간만의 특이한 점이며, 오직 우리에게만 해당하는 일이라고 말이다. 어떤 사건의 의미가 다른 사건에 의존한다는 점은 인간에게는 중요하지만, 다른 동물에게는 해당하지 않는다는 것이다. 이는 우리가 가진 복잡한 계획 때문이며, 우리가 여러 사건을 엮어 하나의 전체로 만드는 서사를 생각해 낼 능력이 있기 때문에 우리 경우에 적용된다. 비인간적인 동물들의 계획은 그렇게 정교하지 않으며, 다른 동물들은 그것들을 하나로 묶는 서사를 만들어 낼 수 없다. 이런 점을 고려하면, 동물의 삶을 평가하는 일은 인간의 경우보다 더 단순해야 할 것처럼 보인다. 우리가 질문해야 할 것은 오로지 이것뿐이다. 얼마나 많은 즐거움이 있었는가? 그리고 그것이 얼마나 지속되었는가? 얼마나 많은 고통이 있었으며, 그것은 얼마나 길게 이어졌는가?

하지만 나는 이런 답변이 잘못된 생각이라고 여기게 되었다. 많은 야생 동물들의 삶이 결정적인 한 측면에서 우리의 삶과 비슷할 수 있다고 본다. 여기서 내가 말하는 것은, 그들이 우리처럼 사건들을 하나의 의미 있는 서사로 구성할 수 있다는 뜻은 아니다(이 점에 대해서는 잠시 뒤에 다시 다루겠다). 내가 말하고자 하는 바는, 인간과 마찬가지로 야생 동물들의 삶에서도 경험의 가치 차이는 단순히 좋음과 나쁨이라는 연속적인 척도의 차이에 그치지 않는다는 것이다. 어떤 사건은 좋든 나쁘든 다른 사건에 의미를 부여한다. 야생 동물의 삶에도 단순히 좋고 나쁜 순간 뿐만 아니라 과업과 좌절, 성취라는 구조가 존재한다. 물론 이 구조가 모든 동물에게 해당한다고 말하진 않겠다. 그러니 아마도 포유류와 조류를 중심으로 생각을 시작하고, 거기서부터 다른 동물군으로 확장해 나가는 것이 바람직할 것이다.

이 책의 앞선 장들에서, 우리 집 뒤편에서 벌어지는 여러 종의 앵무새와 다른 새들이 등장하는 부산한 움직임에 대해 묘사한 적이 있다. 그중에서도 붉은관유황앵무 한 쌍이 두 마리의 새끼를 기르는 모습을 관찰했다. 이들은 나무 구멍에 둥지를 마련했다. 그 주변의 나무껍질을 벗겨 내고 잎이 달린 싱싱한 푸른 가지들을 가져와 둥지 안에 깔았다. 새끼들이 부화한 뒤에는 부모 새가 입으로 먹이를 나누어 주었다. 나는 새끼 중 한 마리가 날아오르는 장면을 목격했다. 다른 한 마리는 좀 더 늦게 둥지를 떠났다. 먼저 날아오른 새끼는 다시 돌아오지 않는 것 같았다. 첫 비행이 곧 이별이었다. 그로부터 일주일쯤 지나, 그리고 둥지를 마련한 지 수개월이 지난 때, 두 새끼 모두가 떠나자 어미새와 아비새 역시 떠났다. 한 달쯤 지나자, 두 마리의 붉은관유황앵무가 잠시 그 빈 둥지를 찾아왔다. 같은 쌍이었는지는 알 수 없지만, 분명 그곳에 익숙해 보였다. 나는 그들이 성공적으로 새끼를 키워 낸 기억을 되새기러 돌아온 건 아닌지, 혹시 다음 번 번식기를 위해 둥지를 다시 사용할 수 있을지를 살펴보러 온 건 아닌지 궁금해졌다. 이처럼 그들의 삶에도 일련의 과업과 좌절, 성취가 있으며, 어떤 사건은 다른 사건에 의미를 부여한다.

이 사례는 조금 극단적이긴 하지만 내가 말하려는 바를 잘 보여 준다. 삶을 단순히 좋은 경험과 나쁜 경험을 더하고 빼서 계산

할 수 있다고 보는 시각은 인간뿐 아니라 다른 동물들에게도 적절하지 않다. 내가 말하고자 하는 것은 동물들이 모두 **계획**을 세울 수 있다거나 자신이 수행하는 과업 전체를 하나의 단위로 인식할 수 있다는 뜻은 아니다. 하지만 나는 이들의 삶에서 많은 사건들이 서로 연결된 경험적 의미를 지닌다고 본다. (덧붙이자면, 최근 여러 비인간 동물들이 일정한 자기통제 능력을 보인다는 연구 결과가 나오고 있다. 이들은 즉각적인 보상을 뒤로 미루고 더 큰 보상을 기다릴 수 있다. 이는 과거에 많은 철학자들이 동물은 결코 할 수 없다고 보았던 능력이기도 하다.) 이런 새들의 사례에서처럼, 많은 동물들의 삶은 비록 그들이 스스로 그것을 서사로 여기지는 못하더라도, 삶에서 벌어진 일들을 하나의 서사로 엮어 전체로서 이해할 수 있을 것이다. 동물은 단지 그 사건들을, 그 다채로움을 **살아낼 뿐이다**.

동물은 이러한 사건들 중 일부 또는 다수를 기억하고 있을 가능성이 충분하다. 특정한 사건이나 경험을 기억하는 능력, 즉 '일화 기억episodic memory' 역시 인간 이외의 동물에게 존재하는지를 둘러싸고도 논쟁이 많았지만, 여러 실험 결과를 통해 일부 다른 동물에게도 이러한 기억 능력이 존재할 가능성이 시사되고 있다. 그리고 어떤 특정 사건이 기억되는지와는 별개로, 동물은 자신의 생애 동안 일어난 일들의 총합을 반영해서 용감하거나 겁이 많거나 하는 전반적인 성향이 나타날 수 있다. 일부 비인간 동물들은 분명 이전에 겪었던 많은 일을 반영하는 총체적인 **게슈탈트**, 즉 일종의 평온함이나 불안감을 형성하는 것으로 보인다. 이는 각자의 복잡한 삶의 이력을 1인칭 관점에서 응축한 형태라고 볼 수 있다. 이제 논의는 좀 더 멀리 나아간다. 이제는 훨씬 더 과감한 생각까지 해 볼 수 있다. 언어가 없는 동물이라도 자신의 생애를 총체적으로 돌아보는 듯한 감각을 지닐 수 있다는 생각 말이다. 실제로 우리는 지능이 높은 돌고래나 침팬지를 보며, 이들이라면 삶을 돌아볼 수도 있겠다고 생각하지 않는가? 하지만 요지는, 비인간 동물이 우리처럼 인생의 궤적을 되짚으며 서사를 구성할 수 있다는 것이 아니다. 오히려 우리의 삶에서 경험의 다양성과 사건들 사이의 연결이 우리로 하여금 삶을 이야기로 엮게 만들듯, 그런 경험적 다양성과 연관성이 비인간 동물의 삶에도 일부 존재한다는 것이다. 좌절과 성공, 승리와 재앙이 있는 이런 복잡한 삶에서, 한 야생 동물의 개별적인 삶이 "대체로 좋았다"거나 "대체로 나빴다"고 단정하는 것은 적절하지 않다.

그렇다면 이 논의의 전개는 우리를 어디로 이끄는가? 야생 자연의 삶이 전반적으로 살 만한 것인지 아닌지를 판단하려는 시도는 어디에 이르게 되는가? 어떤 동물들에게 있어서는 기쁨과 고통을 시간 단위로 집계하는 방식이 원리적으로 보더라도 그 삶의 가치를 잘 설명하지 못할 수 있다는 통찰에 도달한다. (다른 동물들에게는 이런 방식이 충분할 수도 있다.) 그렇다면 이렇게 생각할 수도 있을 것이다. '만약 이들의 삶이 명백히 나쁘지 않다면, 우리는 야생 자연을 없애려는 유혹에 빠지지 말고 그것을 보호해야 한다.' 하지만 그 생각은 아마도 잘못되었을 것이다. 왜냐하면 우리는 그 삶들이 **괜찮다**고 판단한 것이 아니라, 많은 경우 **판단할 수 없다**고 결론 내린 것에 불과하기 때문이다. 그렇다면 그것이 왜 야생을 보호해야 할 이유가 되는가? 어쩌면 동물들의 안녕을 위해 일부러 야생을 파괴하지는 말아야 할 이유는 될 수 있을 것이다. 그러나 이건 가장 중요한 질문이 아니다. 보호야말로 더 본질적인 문제다.

여기에서 다른 개념 하나를 새로 꺼내 놓을 필요가 있다. 좋은 일과 나쁜 일의 균형이라는 기준이 아닌, 삶의 **충만함**이라는 개념이다. 설령 실패하더라도 무언가를 추구하는 삶의 모습 자체에서 우리가 보호할 가치를 느낄 수 있다. 그렇다면 삶이 살 만한 가치가 있는지를 판단할 때 고려할 만한 서로 다른 두 기준이 존재하게 된다. 하나는 긍정적인 감각 경험의 존재이고, 다른 하나는 충만한 과업을 추구하는 과정 자체다. 나는 감각 경험의 기복을 수치로 따지는 데서 겪는 어려움을 통해 이 생각에 이르렀지만, 이 개념은 독자적인 중요성을 지닌다. 다른 기준에 결함이 있어서가 아니라, 그 자체로 의미가 있다. 나는 동물의 삶에 긍정적인 감각 경험이 사람들 생각보다 더 많을 것이라 추측하지만, 그것만이 고려해야 할 유일한 요소는 아니다. 야생 자연 속의 많은 삶은 힘들지만 충만할지도 모른다. 그리고 우리는, 아니 적어도 나는, 바로 그 충만함 때문에 야생 자연을 보호하기로 선택할 것이다. 내가 만난 동물들을 떠올려볼 때 그들의 입장이라면, 상황이 좋지 않을 때조차 차라리 그 분투하는 삶을 택하리라는 것을 깨닫는다.

이 생각들은 앞 장의 논의와 어떤 관계가 있을까? 나는 앞에서

'공장식 축산' 안에서의 많은 삶이 살 만한 가치가 없다고 말했다. 그렇다면 이 장에서 제기된 삶의 총체적인 좋고 나쁨을 요약하기 어렵다는 점이 앞의 내 주장을 약화시키는 것은 아닐까? 그렇지는 않다. 공장식 축산 환경에 놓인 동물의 삶은 완전히 다르기 때문이다. 특히 내가 앞에서 강조했던 돼지와 닭의 경우, 그 삶은 그저 끔찍하다. 스트레스, 단조로움, 불편함이 뒤죽박죽 얽혀 있고, 극심한 고통의 순간들도 더해진다. 번식은 완전히 통제되고, 먹이는 정해진 때에 배급되며, 생존에 직결된 어떤 중요한 선택도 스스로 내릴 수 없다. 야생의 삶에서 할 수 있는 고유한 과업들은 존재하지 않는다. 힘든 시기를 상쇄할 만한 특별한 긍정적 감각 경험이 있는지, 혹은 최소한 균형을 맞출 수 있을지를 따지는 문제는 아예 성립하지 않는다. 그런 경험 자체가 존재하지 않기 때문이다.

이 장의 논의와 인도적 축산 사이의 관계는 좀 더 복잡하다. 세심한 보살핌과 보호 아래 이루어지는 삶에는 야생 동물의 삶에서 보이는 복잡성과 과업이 결여되어 있을 수 있다. 그렇다면 우리는 동물이 방금 전에 말한 삶의 그 충만함, 곧 삶의 우여곡절 없이 축산업의 테두리 안에서 밋밋하고 안락한 삶을 경험하는 것이 얼마나 나쁜 일인지 물어야 한다. 이 문제는 답하기에 더 어렵다. 동물의 삶 안에 지속적인 과업이 존재한다는 이 개념은, 이 영역에서 우리가 눈여겨보아야 할 어떤 **존엄**의 감각, 혹은 의미 있는 삶에 대한 감각을 이해하는 하나의 방식이 될 수 있다. 그런 감각은 언제나 다소 불확실하지만, 어떤 사람들에, 적어도 나 같은 사람에게는 늘 마음 한구석에 끈질기게 남아 있는 직관이다. 나는 이것이 인도적 축산에 대해 우리가 느끼는 일종의 불편함의 합리적인 근원이라고 본다.

✺

나는 아직 야생 자연에서의 고통에 관한 질문을 덮어두지 않을 것이다. 논의를 더 확장하여 다른 철학자들의 주장을 포함한 몇 가지 쟁점을 더 살펴보겠다. 예를 들어, 고통 일반에 대한 사고에서 벗어나 보다 구체적인 방침, 즉 특정한 방식과 목표를 가진 채 야생 자연에 개입하는 방침들을 살펴볼 수 있다. 이때 가장 먼저 떠오르는 사례는 포식predation이다. 특히 먹히는 쪽이 감각 경험을 가진 존재일 가능성이 높을 경우의 포식이다.

철학자 제프 맥마한Jeff McMahan은 많은 고통을 유발하는 포식자에게 개입할 가능성을 진지하게 검토해야 한다고 주장해 왔다. 그는 사람들이 대개 이런 개입에 대해 느끼는 망설임에는 충분한 근거가 없다고 본다. 사람들은 자연에 개입하는 것을 "신의 영역을 침범하는 일"이라고 말하지만, 맥마한이 지적하듯 여기서 우리의 개입으로 방해받는 "신"은 실재하지 않는다. 어떤 상황에서 명백히 선한 일이 일어나는 조건을 보고도 우리가 아무것도 하지 않는다면, 다른 누구도 하지 않을 것이다. 이런 맥락에서 맥마한의 논의는 이 장 도입부의 리 크래스너의 말을 연상시킨다. 즉, 우리 또한 이 시스템의 일부이며, 다른 무엇 만큼이나 우리가 행위할 권리가 있다는 것이다. 우리가 미치는 영향력이 더 크다는 사실은 우리의 무지에서 비롯될 수 있는 의도치 않은 결과에 대해서 더욱 경계하게 만든다. 철학자 로리 그루엔Lori Gruen은 맥마한의 논의에 대한 비판으로 이 점을 강조했다. 그러나 우리는 무리한 개입만이 잘못된 선택이 아니라, 실제로 해악을 막을 수 있는 상황에서 아무것도 하지 않는 것도 우려할 일이라는 점을 기억해야 한다.

맥마한은 우리가 그동안 단지 상상만 해오던 어떤 조치들이 머지않아 실제로도 가능해질 수 있다고 본다. 우리는 야생 생태계에서 어떤 포식자가 가장 큰 고통을 야기하는지를 파악하고, 유전적 조작을 통해 그들을 초식 동물로 바꾸거나, 그렇게 할 수 없다면 인도적으로 불임 시술을 할 수 있다. 우리가 개입하는 방식이 "가젤을 구하기 위해 사자를 쏘는 것"일 필요는 없다. 대신, 사자의 후손들이 다른 삶의 방식으로 향하도록 이끌 수는 있다. 만약 우리가 그러한 길을 선택한다면, 언젠가는 성경의 이사야서 내용처럼 "이리가 어린 양과 함께 거할" 수도 있다. 우리는 야생성을 완전히 제거하지는 않되, 동물 행동의 한 측면을 변화시키는 것이다.

맥마한은 이러한 방식을 옹호하며, 마사 누스바움도 이를 진지하게 고려한다. 누스바움의 동물 대우에 관한 관점은 동물의 "분투striving"의 중요성과, 그 분투를 좌절시키는 것이 부당하다는 생각에 기반한다. 이 입장은 내가 앞서 다룬 동물의 "과업" 개념과 유사한 면이 있다. 누스바움은 우리가 동물이 인간뿐 아니라 **다른 동물**

로부터 입는 해악으로부터도 그들의 분투를 보호하려고 해야 한다고 본다. 맥마한과 누스바움이 논의하는 "포식자"는 대개 날카로운 이빨을 지닌 아프리카의 포유류들일 것이다. 우리가 "바다수리sea eagles는? 상어는? 문어는?"이라고 묻는다면, 모든 포식을 없앨 필요는 없으며 각 사례를 개별적으로 살펴보아야 한다는 대답이 돌아올 것이다.

한 동물이 어떤 방식으로 죽는 것을 막으면 결국 다른 방식의 죽음으로 대체된다. 우리가 잔혹하다고 여기는 형태의 포식을 제거한다면, 그로 인해 살아남은 동물들도 결국은 다른 방식으로 죽게 된다. 맥마한도 이 점을 인정한다. 야생 동물의 삶에는 질병, 기생충, 영양실조, 굶주림, 탈수, 혹한 등 다양한 형태의 죽음이 존재한다. 이리가 어린 양과 함께 거하든 그렇지 않든, 둘 다 언젠가는 죽게 된다. 이에 대한 맥마한의 응답은 우리가 다른 형태의 고통도 줄이려 노력해야 한다는 것이다. 포식을 줄이면 초식 동물의 개체수가 지나치게 많아져 자원 부족으로 인한 죽음에 직면할 수 있다. 따라서 육식 동물을 조절과 더불어 초식 동물의 번식력도 조절해야 한다는 것이다.

그 이상향이 아무도 죽지 않는 불가능한 미래일 필요는 없다. 대신, 우리는 개체수 압박이 거의 없는 길고 긴 초식의 삶을 상상할 수 있다. 이것이 이 동물들의 과거 삶의 방식과 다르다는 사실은 중요하지 않다. 진정성authenticity이 목표는 아니기 때문이다.

그렇다면 무엇을 목표로 해야 할까? 그 결과는 거대한 동물원일 것이다. 한때 야생 자연 속에서 존재했던 것들을 떠올리게 하지만, 이제는 보다 온화한 형태로 재현된 공간이다. 맥마한의 목표는 고통을 줄이는 데 있으며, 예상치 못한 부작용 없이 우리가 고통을 줄일 수 있다면 이 시도는 타당하다고 본다. 하지만 일단 우리가 이러한 논리적 경로를 따르기 시작하면, 이 '유사 야생성quasi-wildness'을 굳이 유지해야 할 이유가 없어진다. 다른 세상을 향해 나아가는 것은 어떨까? 인간 인구는 많고, 어떤 종류든 비인간 동물은 적어서, 따라서 동물의 고통도 적은 세상 말이다. 이 길은 야생 동물을 공격적으로 박멸할 필요가 없을 것이다. 인간의 침입 과정이 단순히 계속되도록 내버려두면 된다. 많은 종의 야생 개체군들이 몇 세대에 걸쳐 서서히 사라져갈 것이다. 우리는 우리의 통제력을 마음껏 발휘하면서, 그 과정에서 고통을 최소화하려 애쓸 것이다.

우리는 이것을 올더스 헉슬리Aldous Huxley의 소설 『멋진 신세계』를 참조하여 '**헉슬리적 생태계**'라고 부를 수 있을 것이다. 그 소설 속 세계는 디스토피아이지만 비교적 온화한 방식의 디스토피아다. 헉슬리의 세계는 약물에 의한 세뇌와 쾌적한 인간 생활 속에서의 순응으로 유지되고 있다. 내가 여기서 상상하는 시나리오는 인간에게 반드시 그렇게까지 억압적일 필요는 없다. 인간은 여전히 충분한 자유를 누릴 수 있다. 그러나 야생 자연은 비폭력적으로 평탄화되었다. 그 세계는 (적어도 육상에서는) 잘 관리된 농작물, 조림지, 실험실에서 배양된 고기, 건강한 반려동물로 구성되어 있다. 이는 대부분의 기준에서 보면 잔혹한 장소는 아니지만, 매우 엄격하게 통제되며, 동물 생명의 자유롭고 투쟁으로 가득한 측면은 거의 남아 있지 않다. 내가 "헉슬리적"이라 부르는 것은 바로 이러한 엄격한 통제와 신체적 고통의 부재가 결합된 상태다.

우리는 이 두 가지 가능한 미래, 즉 맥마한의 '관리되는 야생'과 더 급진적인 '헉슬리적 생태계'를 제3의 시나리오와 비교해 볼 수 있다. 이 대안에서는, 우리는 대규모로 야생 자연을 적극적으로 보호한다. 우리는 포식이나 야생 동물이 겪는 다른 고통에 개입하지 않는다. 기존의 남아 있는 야생 지역을 보호할 뿐 아니라, 지구의 일부 지역이 더 야생적인 상태로 되돌아가도록 유도한다. 다시 말해 보호뿐 아니라 '재야생화'에 나서는 것이다.

고통의 감소만을 중요하게 여긴다면 헉슬리식 생태계가 가장 나은 선택일 수 있다. 생물학적 다양성 자체가 좋은 것이라고 여긴다면 맥마한의 '관리된 야생'이 헉슬리식 생태계보다는 나을 것이다. 야생 자연의 어두운 면까지 포함하여 그것을 보존하고 증진시키는 제3의 선택지도 마찬가지다. 고통과 다양성이라는 두 가치 모두에 강한 관심을 가진 사람에게는 맥마한의 시나리오가 매력적으로 보일 것이다. 이번 장 앞부분에서 삶의 가치를 평가하는 데 따르는 어려움을 논의하며, 나는 삶의 풍요로움과 과업의 추구가 가치 있는 일임을 인정했다. 맥마한의 시나리오에서도 많은 동물들의 과업은 여전히 존재할 것이다. 예컨대, 내가 관찰했던 붉은관유황앵무들이 새끼를 기르는 일은 (그들이 지나치게 번식하지 않는다면) 계속될 수 있다. 그러나 많은 경우에 동물의 과업은 변형될 것이다.

맥마한 시나리오의 요점 중 하나는 실패한 과업에서 비롯되는 고통을 줄이는 것이기 때문이다. 그런 면에서 맥마한이 그리는 미래는 "밋밋한" 미래라고 할 수 있다.

서식지를 보호하고 재야생화하는 미래는 지구의 역사에 가장 진정성 있는 선택지다. 진정성은 듣기에 좋은 말이지만, 적어도 어떤 형태에서는 이 장의 첫 번째 절에서 옹호한 생각들과 충돌할 것이다. 우리는 인간의 행동을 자연과 별개로 여겨서도, 지구의 역동적 본질을 부정해서도 안 된다.

진정성은 이 맥락에 꼭 들어맞는 개념은 아니다. 하지만 그와 관련이 있으면서도 간단히 요약하기 어려운 어떤 감각이 내 태도를 이끈다. 우리가 다양한 야생 자연을 보존할 때, 우리는 가능한 한 그것을 움직여 온 위대한 창조의 엔진을 함께 보존한다. 이 엔진은 우리와 다른 여러 생명 형태들을 탄생시켰다. (헉슬리식 생태계를 떠올리면서, 나는 마지막까지 통제되지 않은 심해 생태계가 얼마나 소중한지를 되새기게 되었다.) 우리 인간은 동물 진화의 나무에서 최근에 뻗어나온 가지에 해당하며, 그중에서도 전체를 조망할 수 있는 능력을 지닌 존재다. 그 과정에서 생명이 스러지고, 그 세계가 쪼그라들고, 다양성이 감소하도록 내버려두는 것은 배은망덕한 행동이다. 나는 우리가 이 창조의 엔진에 대해 어느 정도 책임을 지고, 그것이 지속되고 있음을 가치 있게 여겨야 한다고 생각한다. 이 시스템에는 고통뿐 아니라 긍정적인 경험과 충만한 삶이 함께 있다. 나는 이 시스템의 상반된 측면들까지 모두 아우르며 이를 보존하고 강화하는 길을 선택할 것이다. 우리는 원하든 원치 않든, 이 경이로운 시스템의 관리자가 되어 버렸다. 우리는 그것을 보호할 것인지 아닌지를 선택할 수 있으며, 내가 지지하는 선택은 바로 그것을 보호하는 일이다.

ა

야생 자연에 대한 논의를 마무리하며 몇 가지 생각을 덧붙이고자 한다. 먼저, 내가 제시한 야생 자연 보존 옹호론이 얼마나 무조건적이고 순수한가? 내 생각을 바꿀 만한 수준의 끔찍함이 야생 자연에 존재할 수도 있을까? 만약 야생 동물들의 내면 세계가 우리가 생각했던 것보다 훨씬 더 고통스럽다는 사실을 알게 된다면 어떨까? 혹은 자연의 질서가 매우 암울하게 작동하는 또 다른 행성의 존재를 알게 된다면 어떨까? 그때도 동물의 안녕을 이유로 야생 자연을 억제해야 한다는 주장을 받아들일 수 있을까? 나는 그렇다고 답하겠지만 이는 '우리가 알게 될 수도 있는 무언가'라는 가정이 너무 광범위하기 때문이다.

둘째로, 나는 단순한 보존을 넘어서 '재야생화'를 지지했다. 서식지 파괴를 멈추는 데서 그치지 않고, 지구의 일부가 다시 야생 상태로 돌아가도록 장려해야 한다. 그렇다면 이미 한 지역에 정착한 야생화된 동물이나 외래종은 어떻게 다루어야 할까? 예를 들어 현재 호주의 몇몇 대형 국립공원에는 야생말들이 서식하고 있다.

이들은 토착종이 아닐 뿐더러 특히 수변 지역에 많은 피해를 주고 있다. 우리는 이들을 스스로 들어온 비인간 자연의 일원으로 받아들여야 할까? 아니면 인간의 활동으로 인한 침입의 결과로 보고, 이주시키거나 불임 시술을 하거나 죽여야 할까? 이는 동물의 평범한 이동 활동과, 인간의 개입으로 일어난 침입 사이의 회색 지대의 일이므로 특히 어려운 질문이다. 호주와 뉴질랜드의 경우, 야생화된 고양이는 생태계에 치명적인 위협이 되기에 강력한 통제가 필요하다. 하지만 어떤 종들은 새로운 지역에 들어와 경쟁을 통해 자리를 잡기도 하며, 이런 경우는 반드시 반대해야 할 일은 아니다. 나는 이 문제를 사안별로 판단해야 한다고 본다. 호주의 경우라면, 적어도 일부 구역에는 말이 들어올 수 없도록 설정해야 한다고 생각한다.

셋째로, 철학자들을 비롯한 많은 사람들은 이 영역의 문제를 논의할 때 종종 '**권리**'라는 개념을 사용한다. 그들은 "야생 동물은 간섭받지 않을 권리를 갖는다"거나 "우리에겐 간섭할 권리가 없다"고 말한다. 이에 대해 나는, 비인간 존재에게 일정한 종류의 권리를 부여하자는 결정은 충분히 합리적인 일이지만, 권리는 자연 그 자체로부터 주어지는 것이 아니라고 생각한다. 만약 어떤 동물이 우리에게 간섭받지 않을 권리를 가졌다면, 그 동물은 포식자에게도 간섭받지 않을 권리를 가졌을까? 누군가는 야생 자연 전체가 우리로부터 간섭받지 않을 권리를 가진다고 말할 수도 있다. 하지만 그것이 천부적인 권리라면, 자연은 왜 우리를 '간섭하는 쪽'으로, 다른 동물들을 '간섭받는 쪽'으로 구분지은 것일까?

더 일반적으로 말해, 야생 자연이라는 주제와 우리가 그것을 어떻게 다루어야 하는지를 논하는 사람들은 종종 문제를 단번에 해결해 줄 하나의 원칙, 즉 우리가 일단 인지하고 나면 반드시 따라야만 하는 어떤 절대적인 원칙을 찾으려는 경향이 있다. 맥마한은 철학자 토머스 네이글Thomas Nagel이 제시한 '고통의 특별한 중요성'이라는 관점을 가져온다. 네이글과 맥마한은 우리가 고통을 볼 때, '**마땅히 존재해서는 안 되는 것**'을 본다고 생각한다. 고통이 존재해서는 안 된다는 사실, 즉 그것의 본질적 악함이 '현실의 일부'라는 것이다. 맥마한은 이 명제가 인간 세상이든 야생 자연이든 똑같이 적용되며, 우리는 할 수 있을 때마다 고통을 막아야 한다고 믿는다. 반면에, 환경 윤리의 가장 영향력 있는 사상가 중 한 명인 톰 레건Tom Regan은 전혀 다른 주장에 대해 그에 못지않은 확신을 표명한다. 야생 자연이 고통으로 가득하더라도, "야생 동물에 대해 우리가 가장 지켜야 할 의무는 그들을 그냥 **내버려두는 것이다**." 우리의 의무는 고통을 줄이는 것이 아니라, 개입하지 않는 것이다. 레건은 이전의 논의에서 이것이 우리의 역할, 즉 세상 속에서 우리가 있어야 할 올바른 위치 때문이라고 말했다. 인간은 '자연에 존재하는 행복의 회계사도 관리자도 아니기' 때문이다. 맥마한은 레건의 이 발언들을 직접 인용하며, 고통이 지닌 특별한 중요성에 기반한 자신의 견해와 대조한다.

나는 우리가 이것이 우리의 임무인지 아닌지를 따질 필요 없이, 고통에 주목하기로 선택할 수 있다는 맥마한의 주장에는 동의한다. 우리는 고통(또는 전반적인 안녕)을 우선순위로 삼을 수 있다. 하지만 우리가 그렇게 하지 않는다고 해서, 그것이 현실을 오인하거나, 고통이 가진 실재적 속성(존재해서는 안 되는 것)을 인지하지 못하는 실수를 의미하는 것은 아니다. 우리는 레건의 입장을 취할 수도, 맥마한의 입장을 택할 수도, 혹은 또 다른 선택을 할 수도 있다. 레건과 맥마한은, 이 상황에 우리가 반드시 인지하고 존중해야만 하는 객관적인 도덕적 사실이 존재한다고 믿지만, 나는 그들이 바로 그 점에서 틀렸다고 생각한다. (두 사람이 말하는 그 '사실'의 내용이 완전히 정반대라는 점을 다시 주목하라.) 그들의 주장은 각각 우리가 합리적으로 취할 수 있는 태도를 묘사할 뿐이다. 우리가 문제에 대해 어떤 입장을 취할 때는 그 선택이 우리가 믿는 다른 가치들과 어떻게 연결되는지를 치열하게 고민해야 한다. 만약 우리가 이 영역에서 '개입하라'거나 '하지 말라'고, 동물을 '돌보라'거나 '내버려두라'고 지시하는 (보편 타당한) 정언 명령을 기다리고 있다면, 그것은 결코 오지 않는다고 말하고 싶다. 우리에게 명령은 필요 없다. 단지 우리 자신의 가치 판단을 가능한 한 합리적으로 다듬고, 그에 따라 무엇을 할지 결단하려고 노력해야 할 것이다.

우리를 대신하여

이 책의 집필을 거의 마쳐갈 무렵, 서로 다른 용건으로 내게 편지를 보내 온 몇몇 사람이 아무도 묻지 않았는데도 인류의 멸종이라는 생각에 대한 열정을 드러냈다. 어떤 면에서 그들은 그것을 고대하고 있었다.

그중 처음 두 사람은 특별히 부정적이거나 인간 혐오적이라고 생각했던 이들은 아니었다. 물론 인류의 멸종을 고대하는 마음은, 엄밀히 말하면 인간 혐오적인 태도이다. 세 번째 사람은 실제로 세상을 좀 더 어둡게 바라보기는 했다. 세 명 모두가 먼저 그런 말을 하는 것을 듣고 나는 생각에 잠기기 시작했다.

세 번째 친구에게 조금 자세히 물어보자, 그는 명확한 논거를 제시했다. 공장식 축산 환경 속 동물의 삶은, 인간이 없을 때 거의 모든 동물이 겪을 경험보다 훨씬 더 나쁘다는 것이다. 엄청난 수의 동물이 이 체제에서 살고 있으며, 그는 우리가 향후 수백 년 안에 이같은 학대를 멈출 것 같지 않다고 생각한다. 인간이 사라진 자연은 여전히 "피로 물든 이빨과 발톱"의 세계이겠지만, 나머지 동물들의 삶은 인간의 아래에서 사는 것보다는 나을 것이라는 주장이다. 그의 입장에서는 인간 문화의 정점(그것을 무엇으로 생각하든)은 우리가 저지르는 이 잔인한 측면을 상쇄하지 못한다.

이 주장은 수치를 참고하면 더 설득력 있다. 앞 장에서 나는 다양한 유형의 생물들이 지닌 전체 생물량, 즉 살아 있는 물질의 총량에 대한 수치를 살펴보았다. 오늘날 전체 생물량의 약 80퍼센트는 식물에 속한다. 동물은 1퍼센트도 되지 않으며, 그 대부분은 절지동물(곤충 등)과 물고기다. 그러나 포유류와 조류에 이르면 인간 활동으로 인한 불균형이 명확히 드러난다. 우리가 가둬 놓고 통제하는 동물인 가축은 야생 포유류와 조류 전체의 생물량보다 약 열 배 더 많다.

전 세계 농장과 사육장에서 특정 시점에 살아 있는 모든 닭, 돼지, 소의 개체수는 약 300억 마리에 달한다. 사육되는 육상 동물을 모두 합치면 이보다 수십억 마리가 더 많다. 이들 동물 대부분은 넓은 의미에서 공장식 축산 체계 안에서 살아간다. 한 추정에 따르면 그 비율은 약 74퍼센트다. 이는 항상 230억 마리가 넘는 동물이 공장식 축산 안에 있다는 뜻이다.

이는 지구 전체 포유류와 조류 개체수에서 어느 정도 비중을 차지할까? 여기서 우리가 살펴보려는 것은 생물량이 아니라 개체수다. 인간의 영향을 논할 때는 생물량을 기준으로 하는 것이 타당하다. 그러나 경험과 고통을 논할 때는 개체수로 전환하는 것이 더 적절하다. 단지 크기 때문에 한 마리의 소를 더 작은 동물들의 무리와 같이 계산해서는 안 되기 때문이다. 이렇게 기준을 바꾸면 놀라운 결과가 나타난다. 특히 포유류의 경우, 사육 동물의 생물량이 야생 동물보다 훨씬 크지만 개체수 기준으로 보면 그 관계가 역전된다. 지구에는 여전히 아주 작은 야생 포유류, 특히 엄청난 수의 설치류와 박쥐가 존재하기 때문이다. 정밀한 추정치에 의하면, 모든 야생 포유류 중 절반 이상이 박쥐다! (이 추정에서는 도시에 사는 생쥐와 쥐 종은 야생이 아니라고 판단하여 제외되었다.) 이처럼 대체로 몸집이 아주 작은 야생 포유류는 사육되는 포유류보다 약 18배 더 많은 것으로 보인다. 몸무게가 1킬로그램이 넘는 포유류로 한정한다면, 야생 동물과 사육 포유류의 개체수는 약 40억에서 50억 마리 정도로 대략 비슷할 것이다.

야생의 작은 포유류와 큰 포유류 사이의 개체수 비율이 언제나 이렇게 심하게 치우쳐 있지는 않았을 것이다. 여기에서도 인간 활동의 또 다른 영향을 볼 수 있다. 인간이 지구 전역으로 퍼져나가면서, 우리는 많은 대형 야생 동물을 쓸어버리고 그 자리를 가축으로 대체했다.

사육 포유류 중에는 상당수의 양, 염소 등이 포함되는데, 이들은 비교적 바깥에서 심하게 갇히지 않고 살아갈 수 있었다(다만 양들은, 특히 찌는 듯 무더운 선박에 빽빽이 갇혀 산 채로 수출되는 등 잔혹한 방식에 자주 노출된다). 소의 삶은 앞서 말했듯 복합적인 편이고, 돼지의 상황은 정말 재앙에 가깝다. 집약적인 공장식 축산 체계에서 살아가는 포유류의 비율은 증가하고 있지만 아직 과반수에는 못 미칠 것이다.

조류의 경우, 사육 조류의 생물량은 야생 조류보다 훨씬 많지만, 개체수 기준으로 보면 또다시 역전된다. 추정치에 따르면, 아주 작은 야생 조류가 매우 많기 때문이다. 만약 어류 양식장도 공장식 축산으로 분류한다면, 어류는 공장식 축산 동물 중 개체수가 가장 많은 부류가 된다. 하지 전체 야생 어류에 비하면 여전히 소수에 불과하다.

지구상 대부분의 척추동물이 공장식 축산 안에 갇혀 있는 상황까지는 아직 멀었다. 하지만 그 수는 이미 수십억 마리에 달하며, 계속 늘고 있다. (이 야생 동물 대 사육 동물의 비교는 산업화된 축산 체계의 동물들의 생이 너무나 짧다는 사실에도 영향을 받는다. 어느 시점이든 살아 있는 닭의 수는 매년 도살되는 수보다 훨씬 적다.) 인류 멸종을 지지하는 친구와 내가 의견이 나뉘는 지점은 결국 변화의 가능성이라는 생각이 들었다. 나는 앞으로 수십 년 안에 이 분야에서 우리가 더 나은 방향으로 나아가기 시작하리라 기대하고 있다. 만약 나 역시 그럴 수 없다고 생각한다면, 특히 상황이 계속 나빠질 거라고 생각했다면, 나 역시 그 친구와 비슷한 말을 하고 있을지 모른다.

이 주제에 대해 의견을 들려준 또 다른 친구는 생물학자인데, 어차피 언젠가는 일어날 가능성이 높은 일이라는 사실을 전제로 오히려 우리 인류 멸종의 바람직함을 생각한다. 인류가 언젠가 사라질 가능성이 있다는 사실이 곧 그것이 좋은 일이라는 뜻은 아니지만, 우리가 언젠가 이 무대를 떠나야 한다면 그 전에 얼마나 많은 피해를 남기고 가는지가 문제라는 것이다. 지금 우리의 행동으로 생물다양성이 크게 훼손된다면, 우리가 사라진 뒤에도 지구의 미래는 이미 상당 부분 닫혀 버렸을 것이다. 그 친구는 이렇게 썼다. "우리가 지금처럼 계속 나아간다면, 인류 이후의 지구는 고세균, 선형동물, 완보동물, 바이러스, 그리고 조류로 이루어진 얇은 막으로 덮인 세상이 될 것 같습니다. 하지만 우리가 더 큰 피해를 입히기 전에 자리를 비운다면, 지구는 우리 없이 스스로 회복해갈 수 있을 겁니다." 인류가 떠난 뒤의 지구에 대한 이 친구의 상상은 정말 우울하다. 고세균은 박테리아와 비슷한 존재이고, 완보동물(현미경으로 보이는 '물곰')은 매력 있고 생명력도 뛰어나지만, 치타의 박동하는 근육이나 꽃처럼 우아한 기린과는 너무도 거리가 멀다. 선형동물에 대해선 호감을 갖기도 쉽지 않다. 그녀는 이렇게 덧붙였다. "지금 지구 위의 생명은 놀랍도록 아름답고, 경이로움이 마르지 않는 샘입니다. 대안이 있는데도 그것을 망가뜨리는 것은 도덕적으로 변명의 여지가 없는 일처럼 느껴집니다."

다른 친구와 마찬가지로, 이 경우에도 내 견해가 갈리는 지점은 가까운 미래 혹은 조금 먼 미래에 무엇을 기대할 수 있는지다. 이번에는 인류의 멸종이 과연 가능한지에 대한 물음이다. 아주 먼 미래에 태양이 지구를 집어삼키러 다가오고 다른 대규모 변화들이 누적되면, 인류는 멸종할 가능성이 높다. 하지만 인간은 너무도 적응력이 뛰어나서, 동물 종이 멸종하는 일반적인 속도를 근거로 인간도 곧 사라질 것이라고 말하기는 어렵다. 우리는 아마 오랫동안 살아남을 것이다. 만약 인류가 정말로 조만간 자취를 감추고, 그 전에 급속도로 더 많은 피해를 남기게 될 것이라 믿는다면, 나 또한 그와 비슷한 생각을 하게 되었을지도 모른다. 그의 논리는, 이 장에서 내가 말했던 내용인 지구상에 존재하는 위대한 창조의 엔진을 우리가 파괴하고 있다는 비극적 현실과 맞물려 있다.

이런 질문들이 논의의 장에 올라온 지금이야말로, 먼 미래에 대해 잠시 생각해 볼 적절한 시점이다. 나는 2장에서, 생명은 지구의 나이에 비해서뿐 아니라 우주의 나이에 비춰서도 오래된 거주자라고 말했다. 더 정확히 말하면, 지금까지는 우리가 오래된 거주자였다. 그러나 머지않아 그 상황은 달라질 것이다.

현재 시점에서 1억 년 단위로 미래를 내다보면, 우리의 통제를 벗어난 요인들로 인한 피하기가 매우 어렵거나 아예 불가능한 종말 몇 가지가 어렴풋이 모습을 드러낸다. 이것들 중 네 가지 정도가 천천히 다가오고 있다. 첫 번째는, 이 책에서 여러 차례 언급한 탄소 순환 중 하나인, 느리게 진행되는 '지질학적' 탄소 순환이 언젠가 지구상의 생명에게 불리하게 작용하리라는 예측이다. 이 순환은 암석이 풍화되고, 탄소가 바다 밑의 퇴적물로 쌓인 뒤, 다시 화산 활동을 통해 대기로 되돌아오는 흐름을 갖고 있다. 언젠가 이 순환 중 탄소 되돌리기 부분이 흐름을 따라잡지 못하게 되는데, 이는 판 구조 운동의 둔화와 태양의 온도 상승 등이 복합적으로 작용한 결과다. 그렇게 되면 대기 중 이산화탄소는 광합성과 식물의 생존을 유지하기에는 너무 낮은 수준으로 떨어지게 된다. 식물이 사라지면, 동물도 그 뒤를 따를 것이다. 우리 또는 우리와 같은 어떤 형태의 생명체일지라도, 태양 에너지를 이용해 살아 있는 물질을 만들어 내는 완전히 새로운 방식을 고안하지 않는 이상 종말을 맞이할 것이다. 이 모든 변화는 지금으로부터 5억 년에서 10억 년 사이에 일어날 것으로 예상된다.

그다음으로 닥쳐올 피할 수 없는 종말은 증발로 인해 바다가 소실되고, 뒤이어 팽창하는 태양에 지구가 삼켜지는 것이다. 바다가 사라지는 시점은 약 10억 년 뒤, 지구가 삼켜지는 시점은 약 70억 년 후로 예측된다. 다만 태양에 삼켜지기 전에 지구가 태양으로부터 약간 멀어질 가능성도 있으니, 이 예측은 다소 불확실하다. 이런 다음 단계의 재앙에서 벗어나려면 우리는 새로운 태양계로 이동해야 할 것이다. 마지막으로, 우주가 회색의 엔트로피로 가득한 혼돈 상태로 팽창하면서 모든 별과 행성은 결국 사라질 것이다. 이것만큼은 아마 피할 방도가 없을 것이다.

이 모든 전망은 내 친구의 사고방식과도 관계가 있다. 만약 인류가 가까운 미래에 지구의 많은 것을 망쳐 버리고 동시에 멸종하기까지 한다면, 식물의 종말이 오기 전까지 지구가 스스로를 회복할 수 있는 시간은 동물이 처음 출현한 이래 지금까지의 시간과 대략 비슷할 것이다. 우리는 이것을 '한 번 더 주어진 기회', 한 편의 장대한 오페라가 다시 한번 펼쳐질 수 있는 시간으로 볼 수도 있다. 물론 그 오페라는 점점 더 까다로운 조건 속에서 펼쳐질 것이다. 이는 2장 마지막에서 살펴보았던 전 지구적 붕괴와 재시작의 사례들과도 닮아 있다. 다만 그 붕괴를 초래한 장본인이 바로 우리 자신, 그리고 생명 활동의 역사 속에서 우리가 드러낸 그 악의적인 면모라는 점이 다를 뿐이다.

9. 해산

만타

우주 공간같이 텅 빈 푸른 바다를 뚫고 내려가면, 라자 암팟Raja Ampat 군도의 다이빙 포인트에 닿는다. 끝없이 펼쳐진 바다 밑에는 "블루 매직"이라 불리는 거대한 산호초가 해저 깊은 곳에서 솟구쳐 오른 평평한 고원의 모습을 하고 있다.

    산호초의 정상은 타워 모양에 살짝 둥그스름하게 부풀어올라 있고, 대략 70미터 길이로 보인다. 사방으로는 가파른 비탈이 연결되어 있다. 가까이 다가서면 온갖 생명이 뒤섞인 살아 있는 꼭대기는 보이지만, 그 아래와 주변의 지형은 보이지 않는다. 이곳은 해저에서 솟아올라 그 자체로 하나의 세계처럼 존재하는 산호초인 '해산seamount'이다.

    그 다이빙을 하고 2년쯤 뒤, 나는 인도네시아 술라웨시 섬 근처에 있는 로마Roma라는 또 다른 해산으로 헤엄쳐 내려갔다. 로마에는 고대 석조 기둥의 주춧돌처럼 옆면에 화려하고 굵은 홈이 파인 항아리해면barrel sponge들이 있었다. 그 다이빙에서 나는 블루 매직을 떠올리며 이런 장소들이 왜 그렇게도 특별하게 느껴지는지 마음속으로 어렴풋이 이해하게 되었다. 그것은 바로 해산이 세상을 닮았기 때문이다. 푸른 심연 속에서 보는 해산은 마치 아무것도 없는 곳에서 솟아난 듯 보인다. 하지만 당신은 알고 있다. 그것은 보이지 않는 바닥에 뿌리내리고 있으며, 그 생명 또한 거대한 에너지의 흐름에 매달려야만 비로소 유지된다는 것을.

산호초는 셀 수 없이 많은 동물의 집합체이자, 몸 위에 몸을 쌓아 올린 생명의 건축물이다. 구석의 오목한 곳에는 말미잘과 흰동가리가 살고 있다. 거기서 조금 떨어진 곳에는 청소 정거장이 있다. 검푸른 빛의 낫꼬리물고기가 작은 물고기 청소기에게 초조하게 피부를 청소 받는 동안, 그 옆에 큰 물고기 한 마리가 차례를 기다린다. 산호는 판과 주름 모양으로 겹겹이 쌓여 있거나, 나뭇가지처럼 자란다. 동물들은 통, 실, 별 모양을 하고 저마다 자신의 과업을 추구하면서도 완전히 뒤엉켜 연결되어 있다. 이웃과 몸을 맞대고, 그 이웃은 또 다른 이웃과 맞닿아 있다.

하나의 시스템인 이러한 장소들은 지구의 몇 가지 특징을 요약해서 보여 준다. 해산은 공간적으로는 고립되어 있지만, 빛, 영양분, 산소와 같은 다양한 흐름 속에 깊이 묻혀 있다. 그것은 단일한 유기체는 아니지만, 대부분 서로 연결된 생명체들로 구성되어 있다. 협력과 갈등이 한데 뒤섞여 있고, 생명체들은 눈에 보이지는 않지만 길고 긴 사슬과 그물망으로 이어진 듯 다른 생명체에게 의존한다.

블루 매직에 대왕쥐가오리oceanic manta 한 마리가 나타났다. 이 가오리는 길이가 약 9미터까지 자랄 수 있다. 이 녀석이 얼마나 컸는지는 기억이 나지 않는다. 분명 그 정도는 되지 않았지만, 그럼에도 여전히 거대했다. 믿을 수 없을 정도로 우아한 동물, 바닷속에 펼쳐진 하나의 날개였다. 그 움직임은 힘과 무게를 완전히 거스르는 듯했다. 머릿속에 문득 떠오르는 생각들처럼, 조용히 이 공간으로 미끄러져 들어왔다.

그 거대한 대왕쥐가오리는 마치 빠르게 그은 몇 개의 선으로 그려낸 듯 보였다. 몸에는 거의 검은빛이 도는 회색 바탕에 흰색 무늬가 있었고, 무늬의 윤곽은 거칠었다. 꼭 아주 거친 종이 위에 목탄으로 그린 그림 같았다. 나는 종교는 실수라고 생각하는 무신론자이기는 하지만, 만약 내가 무신론자가 아니었다면 이것이야말로 신이 목탄으로 스케치한 모습이라고 생각했을 것이다.

돌아보기

질서를 품은 작은 주머니이자 에너지를 제어하는 존재로서의 생명은 지구에 일찍이 출현했다. 생명은 흐름과 교류 속에서 자원을 사용하고 환경을 변화시키는 존재이다. 생명은 신진대사 과정을 조절하는 능력과 더불어 번식 능력을 갖고 있다. 번식은 반복과 증식을 낳는다. 소수가 다수를 낳는 것이다. 증식, 변이, 형질의 유전이 더해지면서 자연선택에 의한 다원적 진화 과정이 나타난다. 이로써 유익한 효과 덕분에 혁신이 보존되고 퍼져나가는 첫 번째 과정이 자리를 잡는다.

거기서부터 몇 갈래의 길이 뻗어 나온다. 그중에서도 이 책에서 특히 중요했던 두 갈래가 서로 얽혀 있다. 한 갈래에서는 일부 박테리아 세포가 광합성의 한 형태를 발명하면서 대기 중에 산소를 흘려보내는 경로를 연다. 이 세포들은 조류에 공생체로 흡수되고, 그 후손들은 육상 식물의 세포 안에 자리잡는다. 녹색 식물들은 지구를 태양광 패널로 뒤덮으며 퍼져나간다.

이 생명체들은 대기를 산소로 채움으로써 또 다른 종류의 생명을 가능하게 만들었다. 그 길은 또 다른 단세포 생물 집단에서 시작된다. 이들은 군체를 이루어 살다가, 점점 더 통합된 집단을 이루면서 동물이 되었다. 단세포 원생생물이 몸의 형태를 바꾸고 행동하기 위해 사용하던 제어 가능한 내부 골격은 근육의 기반이 되었고, 그로 인해 다세포 규모에서의 행위가 가능해진다.

처음에는 이 생명 나무의 한 부분에서 동물의 능동적 통합이 희미한 빛처럼 겨우 보일 뿐이었다. 그 경로는 바닷속 바닥에 고정된 잎 모양 생명체나, 바닥을 느릿하게 기어 다니는 생물, 혹은 얇은 막 같은 몸을 한 생명체들이 위로 떠다니는 상태에서 시작한다. 그러다 산소의 농도가 점차 높아지면서 이 진화적 실험들은 걷잡을 수 없이 뻗어 나갔고, 나머지 동물 전체와 그들이 지닌 변혁적인 능력이 탄생했다.

동물의 행위는 신경계에 의해 제어된다. 모든 동물이 신경계를 가진 것은 아니지만, 예외는 극히 드물다. 일부 동물 집단의 신경계는 정교해지고, 그에 따라 행위의 범위도 넓어진다. 몸과 신경계, 감각이 더욱 고도화되면서 동물의 행위는 명확한 목표를 지향하게 되고, 새로운 종류의 효과를 낳는다. 학습을 통해 과거의 성공 경험으로 미래의 행동을 결정할 수 있게 된다. 그렇게 형성된 유용한 습관은 나중에 내적 모델에 기반한 계획에 의해 보강되거나 부분적으로 대체된다. 동물 사이에서 발생한 문화는 아프리카 초원에 터를 잡은 소규모 영장류 집단에서 특별한 역할을 하게 된다. 이들은 언어와 숙고 능력을 발달시키고, 계획은 언어로 재현되고 논의될 뿐인, 단순한 가능성의 영역까지 겨냥한다. 이들이 만들어 낸 기술은 동물이 행할 수 있는 일의 범위를 바꾸어 놓는다.

이 모든 설명은 자연 세계 속에서 정신이 차지하는 위치를 말해 준다. 정신은 본질적으로 사적인 영역, 즉 각자의 관점과 시각, 내면의 부유하는 상념과 기이한 버릇들이 자리잡은 곳이다. 하지만 정신은 우리 모두의 공동 세계라는 공적인 공간에서 진화했으며, 다시 그 세계에 영향을 미친다. 결국 우리의 정신이 거주하는 곳은 '행동의 생태계'이다. 그것은 저마다 다른 관점에서 비롯된 무수한 행동들이 하나의 무대 위에서 한데 모여 서로 얽히고설키며 거대한 장면을 연출한다.

이런 일이 일어날 가능성은 과연 어느 정도였을까? 나는 그와 관련된 몇 가지 질문을 명시적으로 다루었으며, 다른 해답들은 그간의 논의 과정에서 자연스레 암시되었다. 생명이 지구에 꽤 일찍 출현했다는 점은 놀랍다. 이는 조건만 맞으면 생명의 발생 자체는 그리 어려운 일이 아닐 수 있음을 말해 준다. 하지만 대기를 산소로 채우는 광합성의 한 형태나 그와 비슷한 역할을 할 수 있는 무언가를 찾아내는 단계는 다른 행성의 생명체는 끝내 도달하지 못할 훨씬 더 희귀한 단계일 수 있다. 실제로 지구의 생명은 거의 모든 것을 바꾸어 놓았다. 그러나 내가 2장에서 그 연구를 인용했던 일부 과학자들은, 설령 생명이 자리를 잡은 후에도 그 뒤따르는 연쇄적인 변화는 결코 필연적이지 않았다고 주장할지 모른다. 그 길에는 물을 분해하여 산소를 방출하는 우리와 같은 형태의 광합성이 반드시 필요했다. 바로 이 능력 덕분에 지구는 더 다양한 환경에서 더 많은 생명을 품을 수 있었고, 동물의 생명이라는 새로운 길이 열릴 수 있었다.

이런 생각들을 책에 담은 뒤, 나는 생물학자 앤드루 배런Andrew Barron과 이에 대해 이야기를 나누었다. 그는 내가 '산소주의자oxygenist'가 되고 있다고 말했다. 그는 내 편협한 사고방식을 지적하기 위해 용어를 새로 만들어 냈다. 다른 곳에서는 상황이 어떻게 흘러갈지, 또는 이 곳이 어떻게 흘러갔을지 누가 알겠느냐는 뜻이었다. 어쩌면 다른 화학적 경로를 사용하여 행성을 변화시키는 또 다른 생명의 길이 있을지도 모른다. 내가 참고한 다른 생물학자들 가운데 많은 이들 역시 자신이 산소주의자라는 혐의를 부정하긴 어려울 것이다.

산소의 유무와 상관없이 동물의 생명이 일단 자리를 잡으면, 우리는 그것이 온갖 종류의 길을 탐색하리라 기대할 수 있다. 단순한 형태의 생명처럼, 단순한 형태의 문화 또한 꽤 쉽게 나타날 수 있다. 비록 불확실하지만, 자신의 행위가 낳은 좋은 결과와 나쁜 결과를 추적하며 학습하는 능력은 여러 동물 집단에서 독립적으로, 그리고 여러 차례 진화했을 가능성이 높다. 벌과 새, 포유류도 모방을 할 수 있다는 점을 고려하면 모방 학습의 경우는 분명히 그렇다. 신경계가 일단 제자리를 잡으면 행동과 그 유익한 결과를 보존하고 확산시키는 다양한 방법을 스스로 발견해 낼 수 있는 것이다. 다만, 만약 진화의 실험을 다시 반복한다면 언어, 사회, 기술을 갖춘 인간 같은 경로가 또다시 나타날 가능성이 얼마나 될지는 알기 더 어렵다. 그럼에도 나는 그럴 것이라고 짐작한다.

그 가능성이야 어떻든, 그 일은 일어났다. 우리는 성찰과 토론, 예지력 같은 비범한 능력과 더불어, 우리 행동이 갖는 막대한 영향력을 가지고 동물 진화의 덤불 속에서 출현했다. 우리가 이 힘을 가진 이상, 이제 명백하게 물어야만 한다. 우리는 그 힘을 어떻게 사용해야 하는가?

인간이 다른 동물에 미치는 영향력의 범위는 점차 거대해졌다. 오늘날 지구에 존재하는 포유류와 조류의 대부분은 우리가 통제하는 가축이거나, 우리 자신이다. 인간은 육상 척추동물 생물량의 상당 부분을 차지하며, 야생 자연의 상당 부분을 밀어내 버렸다. 이 책의 막바지로 오면서 나는 서식지 보존, 재야생화, 잔인한 공장식 축산의 종식, 동물을 대상으로 한 실험의 대폭적 축소를 주장했다.

특히 야생 자연을 왜 보호해야 하는지를 논의하는 과정에서 기존의 윤리 이론의 익숙하고 정형화된 선택지들로부터 점점 멀어지게 되었다. 예를 들어, 고통을 방지하려는 목표는 오히려 우리가 야생 자연을 보호하지 않도록 부추길 수 있다. 많은 맥락에서 고통을 줄이는 것은 좋은 목표지만, 이 경우에는 다른 목표들과 균형을 이루어야 한다. 나는 간섭 없이 살아갈 권리 같은 자연권에 호소하는 입장을 비판했고, 대신 우리를 이곳까지 이끈 거대한 창조의 엔진에 대한 감사의 마음을 바탕으로 우리가 어떻게 행동해야 할지를 알아내고자 노력했다. 여기에는 다른 동물들, 즉 여러 동물 진화 경로의 현재 결과물뿐만 아니라, 생명이 새로운 형태를 취했고 또 계속해서 취하고 있는 생태계 전체가 포함된다.

내가 야생 자연을 보호하자고 제시하는 동기는 다소 미학적인 문제처럼 보일 수 있다. 하지만 이는 우리가 한발 물러서서 어떤 대상의 아름다움이나 장엄함에 감탄하고, 단지 그 이유만으로 그것을 보호하기로 결정하는 것과는 차원이 다른 문제다. 우리가 그저 자연을 감상하기 위해 곁에 두려는 것도 아니다. 내 마음속 생각을 어떤 단어로 표현해야 할지 확신은 서지 않지만, 여기에는 감사와 유대감이 자리하고 있으며, 이는 미학적 관심과는 분명히 다르다. 이는 구경꾼으로서 대상을 감상하는 문제라기보다는, 하나의 거대한 과정과 나 자신을 동일시하는 문제에 더 가깝다. 나는 미학적 가치를 부정하지는 않는다. 만약 우리가 성찰을 통해 바라본 우리의 기원이 역겹고 끔찍한 것이었다면, 우리는 가능한 한 그로부터 우리 자신을 떼어내기로 결정했을지도 모른다. 그것은 완전히 새로운 질문을 던졌을 것이다. 하지만 현실은 그렇지 않다.

진화의 과정과 지구의 역사 속에서 우리가 차지하는 위치에 대한 그림이, 우리에게 무엇을 해야 할지를 직접 알려주지는 않는다. 그것은 우리가 취할 수 있는 행동과 약속들을 가리킬 수는 있지만, 이 모든 것은 어디까지나 우리의 선택에 달린 문제다. 우리는 야생 자연을 보호하는 과업을 떠맡을 수도 있고, 혹은 어떤 면에서는 더 온화할지 모르나 결국에는 더 빈곤해질 미래의 지구를 향해 다른 길로 나아갈 수도 있다. 내가 가장 우려하는 미래는 인류가 적극적으로 지구를 '문명화'하려 드는 미래가 아니라, 잃어버릴 것들의 가치를 알아보지 못해 자연 생태계를 보호하려는 노력을 아예 포기해 버리는 미래다. 우리에게는 그런 무관심의 흐름에 저항하고 맞서 행동할 적극적인 명분이 필요하다. 이 책에서 나는 바로 이러한 선택의 윤곽을 더 명확히 그리고, 야생 자연의 보호와 복원을 우리가 마땅히 껴안아야 할 과업으로 받아들이도록 동기를 부여하고 싶었다.

지금까지의 모든 논의를 고려할 때, 이제 살펴볼 의미가 있는 주제가 하나 더 남았다. 그것은 공간과 시간 속에서 우리 개개인의 삶이 차지하는 범위이다.

삶과 정신

우리 인간의 삶은 경계가 비교적 명확하다. 각자의 몸이 공간 안에서 어디서 시작되고 어디서 끝나는지는 꽤 분명하다(물론 장내에 있는 박테리아 군집은 어떤 점에서는 우리 몸의 일부이기도 하고, 또 어떤 점에서는 독립된 존재이기도 하다). 시간 속에서도 마찬가지다. 우리는 모두 수정란에서 시작된다. 새로운 개체는 성장하고 발달하며 비교적 일정한 형태를 유지한 채 나이를 먹고 죽음에 이른다.

다른 생물들의 시작과 끝은 이보다 덜 뚜렷하다. 박테리아 세포 하나가 분열하면 그 결과는 두 개의 딸세포와 부모의 죽음인가, 아니면 부모가 그중 하나가 되어 계속 살아가는 것인가? 만약 그렇다면 어느 쪽이 부모일까? 나무는 뿌리를 뻗어 새로운 줄기를 만들어낼 수 있고, 만약 그 뿌리가 끊기면 두 그루의 나무는 완전히 분리된다. 이런 경우를 탄생이라고 볼 수 있을까? 그리고 두 줄기가 아직 뿌리로 연결되어 있는 동안, "그" 나무의 공간적 경계는 어디까지일까?

생명이 지속되려면 대사 과정이 주변의 혼돈 속으로 흩어져 사라지지 않도록 막아야 한다. 어떤 형태로든 구획과 경계가 필요하다. 이것이 바로 세포의 역할이다. 하지만 많은 세포들이 함께 일할 때, 더 큰 단위들이 항상 또렷하게 분리되어 있을 필요는 없다. 2장에서 나는 진화가 다세포 수준에서 만들어 낸 "형태들의 서커스"에 대해 이야기했다. 조류를 품은 산호 폴립 군집, 남세균의 군체, 느슨하거나 밀접한 다양한 공생 관계(개미와 아카시아 나무) 등이 그 예다. 생명체는 종종 그 경계가 모호하다. 바로 이런 이유 때문에 생태계를 이야기할 때 '몇 마리'나 '몇 그루' 같은 개체수로 파악하는 대신, 살아 있는 물질의 총량인 생물량이라는 척도를 사용하는 것이다. 실제로 많은 경우, 한 유기체의 수를 어떻게 세어야 할지는 전혀 명확하지 않다. 이는 식물, 산호초를 비롯한 수많은 생명체에 해당하는 이야기다.

이제 정신으로 시선을 옮겨 보자. 적어도 겉으로 보기에는 우리의 정신 또한 신체의 경계와 밀접하게 연결되어 꽤 뚜렷한 경계를 지니고 있는 듯하다. 만약 사후 세계가 없다면 내가 죽는 순간 내 정신도 끝날 것이다. 각자의 정신은 한 개인에게 '속해' 있고 여러 면에서 그 사람에게 사적인 것으로 보인다. 물론 이 관계에는 몇 가지 예외와 조건이 있을 수 있다. 6장에서는 개인들 사이의 뇌 활동 동기화 현상을 살펴보았다. 거기서 나는 문자 그대로의 정신의 융합을 포함한 몇 가지 급진적인 가능성을 논했지만, 그러한 관점에서조차도 대체로 한 사람의 정신은 다른 사람의 정신과 뚜렷하게 구별된다는 점은 인정할 것이다. 아주 드물고 흥미로운 사례로, 신체가 결합된 쌍둥이의 경우 두 정신에 걸쳐 부분적인 통합, 또는 최소한 매우 특이한 접촉이 일어나는 듯 보이기도 한다. '분리뇌' 환자 또한 또 다른 변형 사례라 할 수 있다.

이러한 모든 현상은 우리가 가졌던 기대를 의미 있게 흔들어 놓는다. 그리고 이로부터 하나의 물음이 생긴다. 다른 방식으로 정신이 진화할 수도 있었을까? 혹은 다른 행성에서도 그런 방식일 수 있을까? 지구나 다른 행성 생명체의 특성인 정신이, 뚜렷한 개별 신체와 개별 자아에 밀접하게 결속되지 않고, 훨씬 더 넓게 퍼지고 확장되어 서로 뒤섞이고 흐릿해지는 방식으로 진화할 수는 없었을까? 지금 우리가 아는 방식대로 정신이 작동한다는 사실은 진화의 우연한 결과일 뿐일까? 나는 그것이 결코 우연이 아니라고 말하고 싶다. 우리와 같은 동물들의 삶이 보여 주는 바로 그 개체성, 곧 뚜렷한 경계를 가진 개별적인 존재 방식이 의식적인 경험을 포함하는 정신의 진화와 필연적인 관계를 맺고 있기 때문이다. 그리고 이 사실이 우리에게 던지는 메시지는, 결국 우리의 존재를 규정하는 공간적, 시간적 경계의 문제와 맞닿아 있다.

다세포 규모에서 생명체를 종류에 따라 크게 구분하는 방법이 있다. 나는 이를 **모듈형**modular 생명과 **단일형**unitary 생명으로 구분하고자 한다. 이는 생물학에서 통용되는 표준 용어이지만, 나는 여기서 그 개념을 조금 확장해 사용하겠다.

모듈형 생명체에는 참나무, 산호, 균류, 그리고 이끼나 스파게티처럼 보이는 군체를 형성하는 이끼벌레bryozoan 같은 해양 동물이 포함된다. 단일형 생명체에는 우리 인간, 개미, 문어가 속한다. 박테리아 군집 또한 그것을 하나의 단위로 본다면, 내가 생각하는 의미에서 모듈형에 해당한다. 이 모든 모듈형의 경우, 어느 정도 함께 작동하는 작은 반복 단위들의 집합체가 있으며, 그것들이 어떻게 조직되는지에 대한 세부 사항은 유연하다. 즉, 참나무 가지가 열 개든 스무 개든, 또는 이끼벌레 군체의 스파게티 가닥이 어떻게 배열되든 크게 중요하지 않다. 우리와 같은 단위형 유기체에서는 세부 사항이 훨씬 중요하다. 사람마다 차이는 크지만, 심장이 특정 방식으로 다른 기관들과 연결되어 있는 등, 기본적인 신체 구조를 갖추지 않으면 생명을 유지할 수 없다. 단일형 생명체는 성장하면서 몸의 각 부분이 원래 구조의 패턴을 유지한 채 더 커진다. 반면 모듈형 생명체는 성장하면서 그것을 구성하는 작은 단위(모듈)를 더 많이 복제해 낸다.

모듈형 생명체는 경계가 모호하고, 서로 뒤엉키며, 하나인지 여럿인지 판단하기 어려운 존재다. 우리처럼 단일형 생명체는 일반적으로 세기 쉽다.

이 두 종류의 생명체는 행동 방식도 다르다. 모듈형 동물은 잘 움직이지 못하며, 육상에는 모듈형 동물이 존재하지 않는다. 모듈형 동물을 벌 군집에 비유하자면 이렇다. 벌들이 서로 떨어질 수 없도록 완전히 한데 엉겨 붙어 있고, 각각의 벌이 알을 낳는 대신 자신의 몸에서 직접 새로운 벌을 출아시켜 그 덩치를 키워나가는 군집을 상상하면 비슷하다. 그런 존재가 날아 다니기는 어려울 테지만, 어쩌면 걸을 수는 있을 것이다. 단일형 동물은 필요하다면 전체로서 행동할 수 있다. 이들은 조직이 보다 중앙집중적이지만, 이 원칙에서 벗어나는 예외와 특이한 생명체도 많다. (다시 말하지만, 문어도 단일형 생명체다.)

행위는 단일형 생명체에서 더 복잡하게 나타나며, 이들의 신체 구조는 전체로서 여러 세대를 거쳐 반복된다. 동물의 몸 형태가 이렇게 반복될 수 있을 때, 그 기반 위에서 행동이 점진적으로 진화할 수 있다. 이 모든 것은 복잡한 행동과 신경계가 단일형 신체 구조와 함께함을 암시한다. 그리고 이것이 감각 경험과 연결되어 있음을 고려하면, 감각 경험이 우리 같은 신체 유형에서 나타난 것은 결코 우연이 아니다. 내가 말하려는 것은 단지 우리 인간의 느껴지는 경험이 우리 인간의 몸과 함께한다는 차원의 이야기가 아니다. 정신이 행동의 통제자라는 점을 고려할 때, 느껴지는 경험 그 자체가 우리와 같은 종류의 몸과 필연적으로 연결된다는 것이다. 정신은 애초에 우리와 대략 비슷한 종류의 몸, 즉 단일하고 경계가 뚜렷한 몸을 가진 동물들의 행동을 가능하게 하려고 존재하게 된 것이기 때문이다.

지금까지의 논의는 우리가 공간 속에서 어떤 형태와 경계를 지니는지에 관한 것이었다. 이제 이 논리의 흐름을 시간의 축으로 확장하여, 우리가 그 속에서 어떻게 자리매김하는지를 살펴보려 한다. 곧 말하게 될 내용 가운데 일부는 이론적으로 논쟁의 여지가 있지만, 이야기는 다음과 같이 전개될 것이다.

우리와 같은 동물의 번식에 있어서 핵심적인 사실은, 각 개체가 반드시 한 개의 세포라는 '병목 지점'을 거쳐 태어난다는 점이다. 우리는 세대마다 처음부터 다시 몸이 재구성된다. 이는 어떤 면에서는 낭비처럼 보인다. 자라면서 커져야 한다면, 왜 가능한 한 가장 작은 상태에서 시작할까? 그러나 단세포 단계는 개체의 발생과 진화에 있어 매우 중요한 역할을 한다. 매번 처음부터 다시 만들어지는 이 새로운 시작은, 단 하나의 세포에 생긴 작은 돌연변이가 세포 분열을 거쳐 새 개체의 모든 세포에 퍼져나갈 수 있게 한다. 작은 변화 하나가 신체 전체에 영향을 미칠 수 있는 것이다.

산호와 같은 많은 동물은 번식 과정에서 이러한 병목 현상을 가끔씩만 겪는다. 대부분의 시간 동안 자신의 복제품을 만드는 방식으로 증식하다가 가끔 유성생식이 시작되는 단계에서 한 세포로 되돌아간다. 유성생식을 할 때 한세포 단계는 부모 양쪽의 유전적 기여를 하나로 통합하는 역할도 한다.

이러한 구조는 우리와 같은 동물에서 각 생명의 시작이 뚜렷하게 구분되도록 만든다. 동시에 이는 노화와 쇠퇴에도 영향을 미친다. 경쟁이나 외부의 위협과 같은 여러 이유로 인해, 번식이라는 과업을 제대로 수행할 수만 있다면 늦게보다는 일찍 성장해서 번식 능력을 갖추는 것이 진화적으로 타당하다. 심지어 초기 단계에서 성공할 수 있다면, 나중의 삶에서 치러야 할 대가를 기꺼이 감수할 가치도 있다. 이것이 바로 많은 동물에게서 번식이 끝난 후, 거의 정해진 시간표를 따라 자연스러운 쇠퇴가 나타나는 이유다.

지나치게 단순화하고 싶지는 않다. "불멸의 해파리"라고 알려진 홍해파리*turritopsis*는 발달의 특정 단계에 이르면 방향을 틀어 더 어린 상태로 거슬러 올라갔다가, 다시 방향을 바꾸어 앞으로 나아갈 수 있다. 그러나 여기에는 일반적인 패턴이 있다. 감각 경험이 가능한 동물은 행동적으로 복잡하고 움직임이 많으며, 따라서 단일형 조직을 갖고 있고, 단세포 시기라는 병목을 거쳐 번식하며, 삶의 시작과 끝이 비교적 분명하다. 감각 경험이 우리와 같은 몸, 그리고 우리와 같은 출생에서 죽음으로 이어지는 경로와 연결되어 있다는 사실은 우연이 아니다.

이 모든 것이 미래에 새로운 기술로 인해 달라질 수 있을까? 설령 우리 삶과 죽음의 형태가 이러한 방식으로 설명 가능하고 생물학적으로 납득된다고 해도, 우리는 한 발짝 물러서 이 구성에 대해 어떻게 생각할지를 다시 물을 수 있다. 우리는 이 삶의 형태를 받아들여야 할까? 아니면 맞서 싸워, 다른 방향을 모색해야 할까?

유리 터널에서 탁 트인 공간으로

여기 삶과 죽음을 이야기한 두 철학자가 있다. 먼저 데릭 파핏Derek Parfit이다. 그는 전형적인 괴짜 학자로, 언제나 같은 흰 셔츠 차림으로 영국과 미국의 여러 대학을 오가며 자아, 윤리, 정체성의 문제에 매달렸다. 그는 2017년에 세상을 떠났다.

파핏이 철학에 관심을 가지게 된 계기는 앞장에서 다룬 "분리뇌" 사례였다고 한다. 그의 1984년 저서 『이성과 인격Reasons and Persons』은 우리가 어떤 존재인지, 특히 시간 속에서 어떤 식으로 이어지는 존재인지에 관한 탐구를 바탕으로 윤리적 질문과 행위 선택의 문제를 파고든 긴 책이다. 예컨대 미래에 아주 효율적인 이동 수단이 개발되어 지구에서 몸이 완전히 소멸된 뒤, 거의 동시에 화성에 똑같은 몸이 재구성된다고 하자. 그런데 어느날 기계가 제대로 작동하지 않아서 원래의 몸이 파괴되지 않는 바람에 당신은 두 장소에서 동시에 깨어나게 된다. 나는 지금 "당신"이 깨어난다고 말했지만, 만약 두 명이 깨어났다면 그들 모두를 당신이라 부를 수 있을까? 이런 상황은 SF 작가들도 자주 다루곤 하는데, 파핏은 이와 관련된 자아에 대한 철학적 질문을 매우 철저하게 파고들었다. 그는 철학자 중에서도 유난히 인내심이 깊은 인물이었다. 영원히 같은 질문으로 돌아가면서도 끈질기게 사유를 이어나갔다.

그는 결국 자아와 정체성의 개념을 해체하여 그 위상을 끌어내리는, 즉 기존의 관념을 뒤흔드는 수정주의적 관점을 주장하기에 이르렀다. "이 시나리오에서 누가 진짜 나인가?"와 같은 질문에는 애초에 답이 없다는 것이다. 매 순간, 당신에게는 믿음, 기억, 소망, 그리고 삶의 과업들이 있다. 당신은 그때그때 좋아 보이는 과업을 추구할 뿐이다. 현재의 당신과 미래의 '같은' 당신 사이에는 시간을 가로지르는 심리적 연결 고리와 연속성이 존재할 수는 있다. 물리적인 몸 역시 대개 연속되지만, 파핏은 그 사실이 심리적 측면에 비하면 전혀 중요하지 않다고 생각했다. 결국 우리가 몸을 보든, 느껴지는 경험을 보든, 시간이 흘러도 변치 않는 영속적인 정체성으로서의 '나다움'이라는 심층적인 실체는 존재하지 않는다. 있는 것이라고는, 현재의 경험과 미래의 경험을 잇는, 뇌가 만들어 내는 다양한 심리적 연결 고리뿐이다. 그래서 그는 우리가 성찰하고 결정할 때, 바로 이 경험과 기억의 연결 고리 외에는 아무것도 신경 쓸 필요가 없다고 생각했다. 따라서 지금의 결정이 미래의 어떤 특정한 '나'에게 어떤 영향을 미칠지 과도하게 걱정할 필요가 없다는 결론에 이른다. 앞서 언급한 순간 이동 같은 특이한 경우, 현재의 한 정신은 미래의 여러 정신과 강한 심리적 연속성을 가질 수도 있다. 그래도 괜찮다. 둘 중 누가 진짜 '나'인지는 고민할 필요가 없다. 그것은 더 이상 중요한 문제가 아니기 때문이다.

　이 모든 것을 깊이 생각한 끝에, 파핏은 생존과 죽음을 다르게 바라보게 되었다. 그는 일종의 해방감, 혹은 사고의 확장을 경험했고, 죽음을 덜 나쁜 것으로 느끼게 되었다.

"내 존재가 이토록 더 깊은 사실이라고 믿었을 때, 나는 내 자신 안에 갇힌 것처럼 느꼈다. 내 삶은 마치 유리 터널 같았고, 나는 매년 그 터널을 더 빨리 통과하고 있었으며, 그 끝에는 어둠이 있었다. 그런데 내가 관점을 바꾸자, 유리 터널의 벽이 사라졌다. 나는 이제 탁 트인 공간 속에 살고 있다. 내 삶과 다른 사람들의 삶 사이에는 여전히 차이가 있지만, 그 차이는 줄어들었다. 다른 사람들이 더 가까워졌다. 나는 내 남은 삶에 대해 덜 걱정하고, 다른 사람들의 삶에 더 깊이 마음을 쓰게 되었다."

그가 이 인용문의 첫머리에서 말하는 '더 깊은 사실'이란, 모든 정신적 변화의 기저에 여전히 버티고 있는 고정된 정체성, 즉 '파핏다움'이 실재한다는 생각이다. 그는 이런 종류의 믿음을 포기했는데, 그 이유는 그렇게 느끼고 싶어서가 아니라 철학적 논증 때문이었다. 그렇게 해서 그는 일종의 평온함에 이르게 되었다.

토머스 네이글 또한 죽음, 불멸, 그리고 자아란 무엇인지에 대해 글을 써 온 철학자다. 네이글은 철학의 주요 흐름이 우리를 지나치게 경직되고 환원적인 방향으로 이끌었다고 보고, 이에 대해 오랫동안 회의적인 태도를 견지해 왔다.

네이글은 생존과 죽음에 대한 파핏의 관점을 전면적으로 반대한다. 그는 이 영역의 사실이 무엇인지에 관한 파핏의 견해를 거부하며, 우리 각자가 시간에 걸쳐 갖는 지속적 정체성에 대해 더 깊은 사실이 반드시 존재해야 한다고 주장한다. 만약 자신이 파핏의 인간관을 받아들인다면, 파핏이 말하는 해방감을 느끼기보다는 오히려 우울감을 느꼈을 것이라고 기록했다.

"[죽음]은 거대한 저주이며, 우리가 그것과 정면으로 마주한다면 죽음으로써 더 큰 악을 막을 수 있다는 지식 외에는 그 어떤 것도 그것을 견딜 만하게 만들 수 없다. 그렇지 않다면, '5분 뒤에 죽을지 일주일 더 살지' 선택하라면 나는 언제나 일주일을 더 살기를 택할 것이다. 그리고 일종의 수학적 귀납법을 통해, 나는 기꺼이 영원히 살 것이다."

수학적 귀납법이란 이런 식으로 작동한다. 어떤 순서를 가진 항들의 집합(첫 번째, 두 번째, 세 번째...)이 있다면, 그 집합이 무한하더라도 각 항이 특정한 성질을 가진다는 것을 증명할 수 있다. 먼저 첫 번째 항이 그 성질을 가지고 있음을 보여 주고, 이어 어떤 항이 그 성질을 가진다면 그 다음 항도 그 성질을 가진다는 것을 보여 주는 것이다. 이것만으로 그 수가 무한하더라도, 모든 항이 같은 성질을 가진다는 것이 증명된다. 이것은 일종의 '귀납'이지만, 우리가 일상적으로 사용하는 불확실하고 잠정적인 귀납이 아닌 논리적으로 확정적인 증명이다. 여기서 네이글은 자신에게 계속해서 "계속 살고 싶은가?"라는 질문이 주어진다고 상상한다. 그는 지금 당장도 살고 싶고, 시간이 흘러도 매번 그 질문을 받는다면 항상 조금 더 살고 싶을 것이라 생각한다(계속 사는 것이 특별히 고통스럽지 않다면). 지금 살고 싶고, 미래에도 이 질문이 주어질 때마다 살고 싶을 것이라 생각하기 때문에 결국 그는 '영원히 살고 싶다'는 결론에 이르게 되는 것이다.

이 논증에 대한 하나의 반론은 철학자 버나드 윌리엄스Bernard Williams의 사상을 적용한다. 먼 미래의 선택을 바라볼 때, 그것이 어떤 의미에서는 여전히 '나'의 선택이라고 확신하더라도, 그 시점의 나는 지금의 나와 심리적으로 매우 달라져 있을 가능성이 크다. 그 사이에 어떤 변화든 일어날 수 있다. 이 점은 네이글이 "각 시점마다 나는 계속 살기를 선택할 것이다"라고 말하는 대목에 의문을 제기하는 근거로 볼 수 있다. 그때 나는 어떤 선택을 하게 될지 누가 알겠는가? 혹은, 윌리엄스가 실제로 말하고자 한 것에 더 가깝게는

"심리적으로 매우 달라진 미래의 내가 그런 선택을 할 것이라는 사실이, 왜 지금 네이글에게 그렇게 중요한가?"라고 되물을 수도 있다. 긴 시간이 흐르고 심리적 변화가 누적된 뒤에는, 선택을 하는 존재가 네이글인지, 아니면 전혀 다른 사람이 각자의 방식으로 '계속 살아갈지'를 선택하는 것인지, 이 둘 사이에 어떤 실질적인 차이가 있을까?

나 또한 파핏처럼, 네이글이 믿는 그런 종류의 깊은 동일성이 실재한다고 생각하지 않으며, 이러한 인식이 생존과 죽음에 대한 우리의 관점을 바꿀 수 있다고 본다. 사실 파핏과 유사한 태도는, 생물학적 관점에서 거리를 두고 사유할 때에도 도달할 수 있는 경지이다. 특히 생명체와 그 정신이 지구 위에서 태어나고 사라지는 방식을 숙고할 때 그렇다. 어떤 면에서 여기서의 메시지는 다르다. 파핏의 관점 전환은 하나의 '자아'를 구성하는 여러 단계 사이의 결속을 느슨하게 함으로써 이루어졌다면, 내가 말하고자 한 바는 우리 자신을 먼저 분해하려는 것이 아니라, 오히려 우리의 물질적 연속성과 지구 위 다른 생명들과의 유대감, 그리고 개체들이 나타나고 사라지는 순환의 의미에 직접 주목하는 것이다.

이러한 성찰은 기술을 통해 개인의 정신적 삶과 경험이 끝없이 지속될 가능성과 어떤 관련이 있을까? 우리는 문자 그대로 "끝없는" 연속이라는 생각은 제쳐 두어야 한다. 우주의 규모에서 벌어지는 사건들이 그것을 허용하지 않을 수도 있기 때문이다. 하지만 수백만 년에 걸쳐 이어지는 삶을 생각해 보는 것은 충분히 가능하다.

그렇다면 여러 가지 시나리오를 고려해 볼 수 있는데, 그중에는 한 사람이 한 세기를 더 살아갈 때마다 희소한 자원을 차지하는 경우도 있고, 그렇지 않은 경우도 있다.

먼저, 당신이 네이글 방식으로 계속 살아가기로 선택할 때마다, 새로운 도착자에게 공간을 내주는 대신 그 "자리"를 차지하기로 선택한다고 가정해 보자. 당신은 정말 항상 계속 살아가고 싶은가? 나는 그렇지 않다. 만약 당신이 계속 살아가는 것이 다른 이들에게 자리를 빼앗는 일이 아니라면 어떨까? 당신의 정신은 소프트웨어로 업로드되고, 이를 유지하는 연산은 거대한 태양광 패널을 이용해 매우 저비용으로 이루어진다고 하자. 우리 대부분은 기계 속에서 동시에 존재할 수 있으며 당신은 누구의 자리를 빼앗지도 않는다.

먼저 말하자면, 나는 이것이 많은 사람들이 생각하는 것처럼, 쉽고 가까운 미래에 가능하리라고 보지 않는다. 우리의 정신이 소프트웨어의 형태로 변환되어 적절한 기계에서 무한정 실행될 수 있다고는 생각하지 않는다는 말이다. 당신이나 다른 누구의 정신이 계속 유지되기 위해서는 '적절한 생물학적 기반'이 반드시 갖춰져야 한다. 6장에서 그려본 의식에 대한 관점은 이러한 결론을 함의한다.

이러한 지속의 시나리오가 실제로 가능하다고 하더라도, 어떤 형태는 나에게 다소 공허하게 느껴진다. 세상의 일에 물리적으로 관여하는 몸이 없다면, 많은 것이 빠져 있을 것이다. 하지만 사회적 관계는 어떤 방식으로든 계속될 수 있을지도 모른다. 상대가 원하기만 한다면, 당신의 파트너와 영원히 함께할 수도 있다.

지지금까지의 논의한 여러 지점에서 나는 한 사람이 무한히 지속됨으로써 다른 삶들의 가능성을 밀어낼 수 있다고 상상해 보았다. 하지만 인류의 인구는 머지않아 정점을 찍고 감소할지도 모른다. 이는 세계 여러 나라에서 진행 중인 인구학적 전환demographic transition, 즉 경제 발전과 여성의 전통적 역할로부터의 해방으로 인해 출산율이 감소하는 현상 때문이다. 그렇다면 물질에 기반한 불멸은 결국 다른 이들에게 비용을 전가하지 않는 형태일 수도 있지 않을까?

만약 인간의 개체수가 충분히 줄어든다면 불멸(또는 극도로 연장된 삶)에 대한 내 생각도 실제로 달라질 수 있다. 나는 인간이라는 과업이 사라지는 상황을 걱정하고, 개개인의 삶을 가능한 한 길게 늘려야 할 필요성을 느끼게 될 수도 있다. 이 말을 하면서, 나는 우리가 앞 장에서 논의한 방식으로 지구를 돌보는 데 있어 더 나은 방향으로 나아가고 있다고 가정한다. 그러나 인류가 많은 미래이든 적은 미래이든, 나는 동일한 사람들이 끝없이 계속 살아가는 세상보다는 새로운 삶이 계속 태어나는, 세대가 교체되는 세계를 더 원한다. 거의 모든 경우에 나는 내 자리를 내려놓고 다음 주자에게 바통을 넘기고 싶다.

나는 끝없고, 육체가 없으며, 비용도 들지 않는 정신의 영속이라는, 현실과 동떨어진 시나리오를 깊이 파고드는 것의 의미를 이해한다. 내 존재의 물리적 기반이 지금과 완전히 다르다고 상상하면, 나 역시 순환과 종말이라는 관념을 다르게 볼 수 있을 것이다. 어쩌면 네이글이 원하는 것과 비슷한 무언가를 바라게 될지도 모른다. 하지만 우리는 우리의 육신이라는 현실을 온전히 껴안고, 더 현실적인 방식으로 우리의 상황을 사유할 수도 있다. 이 관점에서 우리는 정신을, 육신에 잠시 깃들었다 떠도는 유령 같은 존재가 아니라, 진화와 지구의 발전 과정 속에 깊이 뿌리내린 물질 세계 전체의 일부로 여긴다. 우리의 본성을 이처럼 바라볼 때, 여전히 죽음에 한사코 저항하는 태도를 취할 수도 있지만, 이 오고 감의 흐름 속에서, 무대에 등장했다가 퇴장하는 그 과정 속에서 오히려 집과 같은 아늑함을 느낄 수도 있다. 우리 존재의 생물학적 측면을 파고드는 일이 '달리 살 방도가 없으니 우리의 운명을 받아들이자'는 식의 쉬운 체념을 위한 것은 아니다. 내가 말하려는 바는 그것이 아니다. 오히려 이 '등장과 퇴장'이야말로, 그 모든 창조적 특성과 더불어 지구 역사의 본질적인 한 부분이다. 그리고 나는 순환과 재생, 새로운 생명에게 자리를 내주기 위해 떠나는 장엄한 흐름을 포함한 그 과정 전체와 나 자신을 동일시한다.

이 책의 맨 앞에 월트 휘트먼의 시를 실었다. 이 시는 소멸과 재생에 관한 성찰로, 미국 남북전쟁 당시 쓰인 것이다. 휘트먼은 북군 소속 자원 간호사로 일했다. 남북전쟁에 관한 그의 시집 『드럼 탭스 Drum-Taps』는 전쟁이 막 끝난 1865년에 출간되었다. 휘트먼의 시에서는 이 책의 몇 가지 중심 주제, 즉 순환, 연속성, 재사용되는 원자들, 그리고 그 원자들이 새로운 삶으로 나아가는 과정을 압축적으로 볼 수 있다.

제사에는 전체 시의 일부만을 발췌했다(전문은 미주에 실려 있다). 이 시의 미학에는 "만물의 어머니"가 죽음에 대해 갖는 애정이 담겨 있다. "오, 나의 죽은 이들이여, 달콤한 향기여!" 이 구절은 단순히 죽은 이들에 대한 애정이 아니다. 물론 "내 젊은이들의 아름다운 육체들"에서 드러난 종류의 애정도 이 시의 한 부분이긴 하지만 그것만은 아니다. 그러나 여기서 더 나아가, 휘트먼은 '죽음 자체'를 "달콤한 죽음"이라고 노래한다. 나는 그런 생각까지 책 앞머리에 담고 싶지는 않았다. 죽음에 대한 이런 관능적인 이끌림 없이도, 휘트먼이 묘사하는 재생에 대해 경외감을 가질 수 있다.

휘트먼은 또한 어떤 것들을 양립시키려 애썼다. 그는 순환과 재생에 대한 감탄과는 별개로, 개인적이고 영적인 불멸에 대한 갈망을 지녔던 듯하다. "불멸이 없다면 모든 것은 가장 비극적인 의미에서 거짓과 희롱일 뿐이다." 이 말은 시에 등장하는 문장이 아니라, 그의 전기 작가인 호레이스 트라우벨Horace Traubel과의 대화에서 나온 말이다. 휘트먼이 실제로 어떤 생각을 품었는지는 차치하더라도("나는 무수한 존재를 품고 있다"는 그의 유명한 말을 떠올려보라), 우리까지 굳이 양쪽 입장을 동시에 지닐 필요는 없다. 왜 죽음과 재생, 즉 새로운 존재들이 새롭게 빚어내는 아름다움의 연속이 '거짓'일 수밖에 없다는 말인가? 휘트먼이 시에서 표현했듯이, 우리는 이 변화를 기꺼이 이해하고 찬미할 수 있다 "단 하나의 원자도 잃지 않게 하라!" 우리는 활기 넘치는 지구에서 벌어지는 이 과정들, 곧 삶을 불어넣는 지구의 활동과 자신을 동일시할 수 있다. 우리와 같은 존재에게, 이 과정은 하나의 여정으로서 펼쳐진다. 자연의 에너지로 존재에 이끌려 온 다음, 다시 그 에너지로 흩어져 돌아간다. 우리보다 먼저 그 길을 걸었던 이들처럼.

끝과 시작

2022년은 내가 자주 찾던 호주 동쪽 해안의 잠수 지점들 어디에서도 스쿠버다이빙이 불가능한 시기였다. 그해는 폭우와 홍수가 잇따랐고, 그밖에도 온갖 재난이 이어졌다. 어느 날, 나는 친구들을 만나기 위해 시드니 북쪽의 캐비지트리 베이로 향했다. 이 만은 특히 문어나 갑오징어 같은 동물들과 자주 조우하던 곳이자, 『아더 마인즈』, 『후생동물』, 그리고 이 책까지 3부작의 밑그림을 그린 장소다. 나는 바로 이곳에서, 진화의 길목 어딘가에서 우리와 멀어진 동물들의 삶과 정신에 대해 생각하기 시작했다.

언덕을 따라 내려갔다. 얼마 전까지만 해도 탁한 녹색이던 바닷물이 놀라울 만큼 맑고 고요하게 빛나고 있었다. 수면 위를 스치는 잔잔한 물결 아래 생명으로 가득 찬 세계가 숨어 있는 듯했다. 가마우지 한 마리가 공중과 바다를 오가는 여정을 잠시 멈추고, 바위 위에서 햇볕을 쬐고 있었다. 스쿠버 장비는 없었지만 늦은 오후에 아내의 스노클링 마스크와 꽉 끼는 웨트슈트 조끼, 그리고 『아더 마인즈』를 쓸 때 사용했던 낡은 카메라 장비를 찾았다.

나는 바다로 천천히 몸을 밀어 넣었고, 이내 호주참갑오징어 giant cuttlefish와 마주쳤다. 아무리 많이 봤어도, 마치 우주선처럼 생긴 여덟 개의 팔을 지녔으며 계속 몸의 색을 바꾸는 생물은 늘 나를 놀라게 한다. 덩치 큰 수컷들이 해안을 따라 돌며 몸을 과시하고 있었고, 나는 그들을 따라 움직이며 몸 전체를 길게 늘이는 동작과 끊임없이 붉은빛에서 주황빛으로 바뀌는 색의 흐름을 지켜보았다. 일요일이었고, 바다는 사람들로 붐볐다. 장비를 갖춘 프리다이버, 조심스레 살피는 관광객, 어린아이, 깜짝 놀라 지나가는 수영객까지 있었지만, 누구 하나 갑오징어를 방해하지 않았다. 대여섯 명쯤 되는 스노클러들이 적당한 거리에서 잠시 머물다 갔는데, 갑오징어는 어리둥절한 표정이었지만 불편해 보이지는 않았다. 내가 마주친 모두가 이 동물을 존중하고 있었고 아마도 적잖은 경외심도 함께 품고 있었던 것 같다.

우리는 그곳에 있었다. 햇볕에 그을린 노년의 지역 주민부터 바다를 처음 접한 어린아이들까지, 다양한 세대가 함께 지구에서 살아가고 있었다. 이 작은 만은 약 20년 전 해양 보호구역으로 지정된 이래 바다 생명을 되살리고 동물들에게 보금자리를 마련해 주는 데 거의 기적적인 성공을 거두었다.

나는 바위 근처에서 몇 마리의 갑오징어를 따라다니며, 그들이 색을 바꾸는 모습을 한 시간 남짓 지켜보았다. 너무 작은 조끼 안에서 몸이 점점 얼어붙기 시작할 때까지. 그러다 나는 갑오징어 한 마리를 따라 나섰다. 그는 팔을 몸에 바짝 붙이고, 해수욕장 근처의 북적이는 구역을 빠져나와, 암초를 지나 느긋하고 기묘한 미사일같이 뒤로 물살을 뿜으며 헤엄쳐갔다. 그를 따라가는 건 나뿐이었다. 그는 바다로, 더 깊은 곳으로 향했다.

이윽고 모래 바닥이 사라지고, 아래로는 드문드문 바위 몇 개만이 보였다. 갑오징어는 수면과 바닥 사이 어딘가, 수층의 한복판을 가로지르며 여전히 뒤로 헤엄치고 있었다. 나는 잔잔히 밀려드는 파도 속에서 머리를 들어 주변을 둘러보았다. 우리가 생각보다 훨씬 멀리 나와 있었던 것이다. 고래상어와 쥐가오리, 그리고 저 깊은 곳의 생명들이 살아가는, 태평양이 시작되는 그 지점까지. 나는 멀어져가는 갑오징어를 향해 손을 흔들고, 몸을 돌려 해안 쪽으로 헤엄쳐 돌아왔다.

미주

이 책에는 두 종류의 주석이 있다. 아래의 미주는 이 책을 쓰는 데 정보를 제공한 일부 과학 및 철학 연구에 대한 기본적인 참고문헌과 함께 의견과 성찰을 담고 있다. 다른 종류의 주석은 온라인(https://petergodfreysmith.com/living-on-earth-online-notes)에서 볼 수 있다. 온라인 노트에는 추가적인 참고문헌이 있으며, 일부 철학적, 과학적 경로를 더 깊이 파고든다. 온라인 노트는 이 간략한 미주의 모든 내용을 포함하며, 인터넷 링크를 포함한 학술지 논문과 서적에 대한 전체 인용 정보를 제공한다. 아래에서는 학술지 논문을 학술지와 연도만으로 참조한다.

1. 샤크 베이

p12 약 30억 년 전, 이들이나 이들의 조상쯤 되는 생물들은"
초반 장들은 팀 렌튼과 앤드루 왓슨의 책 *Revolutions That Made the Earth* (2011)에서 종종 정보를 얻었다. 남세균에 대해서는 다음을 참조하라. Patricia Sánchez-Baracaldo and Tanai Cardona, "On the Origin of Oxygenic Photosynthesis and Cyanobacteria," *New Phytologist*, 2020.

p16 그 수심을 넘어서면, 산소 자체에 중독될 수 있다."
수심이 깊어질수록 산소가 화학적으로 농축되는 것은 아니지만, 깊은 곳에서 숨을 쉴 때마다 더 많은 산소를 포함한 모든 것을 더 많이 들이마시게 되어 몸속으로 밀어 넣는다. 이런 식으로 압력에 의해 들어오는 물질 중 일부는 많은 양이라도 큰 해가 없지만, 산소는 그 "활성 산소" 때문에 해가 된다.

2. 생명이 깃든 지구

p28 "우리가 알기로 우주의 나이는"
당연히 약간의 논란이 있다. NASA가 발표한 우주의 나이는 약 138억 년이다.
https://lambda.gsfc.nasa.gov/education/graphic_history/age.html

p28 "동물의 역사는 약 6억 5천만 년으로 추정하는데"
이 책에서 논의된 다른 경우와 마찬가지로, 여기에서도 화석 기반 추정치와 분자 유전 데이터 기반 추정치 사이에 간극이 존재한다. 동물의 경우 최초의 화석은 약 5억 7500만 년 전의 것이지만, 분자 유전학에 근거한 기원 추정치는 8억 년 전 또는 그 이전까지 거슬러 올라간다. 나의 몇몇 통신인들은 분자 유전학적 추정치에 대해 점점 더 회의적이 되어가고 있다. 이 책에서 내가 사용하는 연대는 대체로 타협이 이루어진 것이다. 동물의 사례에 관해서는 다음을 참조하라. Ross Anderson et al., "Fossilisation Processes and Our Reading of Animal Antiquity," *Trends in Ecology and Evolution*, 2023.

p29 "이 과정이 시작되었을 법한 한 가지 환경은 해저 열수구 주변이다."
Eugene Koonin and William Martin, "On the Origin of Genomes and Cells Within Inorganic Compartments," *Trends in Genetics*, 2005을 참조하라.

p30 "찰스 다윈은 생명이 시작된 장소로 따뜻한 연못을 상상했고"
다음을 참조하라. Graham Cairns-Smith, *Seven Clues to the Origin of Life: A Scientific Detective Story* (1985). 다윈의 추측은 1871년 조지프 후커에게 보낸 편지에 담겨 있다.

p31 "생명의 기원 시나리오를 비교했기 때문에 '물질대사 우선' 시나리오와 "복제자 우선" 시나리오 사이의 선택 문제로 보일 수 있다."
"물질대사 우선"과 "복제자 우선" 시나리오에 대한 논의는 다음을 참조하라. Freeman Dyson, *Origins of Life* (2nd ed., 2010).

p32 "이블린 폭스 켈러가 "유전자의 세기"라고 부른 *20*세기의 집착에서 비롯되었으리라는 의심을 품어 왔다."

켈러의 책 『유전자의 세기는 끝났다(*The Century of the Gene*)』(이한음 옮김, 지호, 2002)를 참조하라.

p33 "이 구분을 통해 일종의 상보성, 즉 상호 보완적인 역할이 나타났다."

나는 처음에 "상보성"이라는 단어를 사용하는 것을 주저했는데, 이는 양자역학의 선구자 중 한 명인 닐스 보어의 물리학과 철학에서 이 단어가 갖는 역사 때문이다. 보어에게 상보적 속성이란 하나의 대상이 가진, 동시에 측정하거나 관찰할 수 없는 속성들을 말하며, 이는 내가 염두에 둔 것과는 다르다. 하지만 여기서 이 용어를 사용하는 것이 최선이다. 보어에게 상보성은 한 대상의 두 속성 사이의 관계이지만, 여기서는 유기체와 환경, 자아와 타자라는 서로 얽힌 존재들 사이의 관계를 말한다.

p34 "이 모호한 경계를 볼 수 있는 장소는 산호초다."

여기서는 J. Scott Turner의 책 *The Extended Organism* (2000)을 참조한다.

p35 "나는 집 마당에 앉아 있다. 검은 셔츠를 입으니"

이 영역 역시 렌튼과 왓슨의 책 *Revolutions That Made the Earth*와 요헨 브룩스와의 논의에서 도움을 받았다.

p36 "초기 생명을 연구하는 하버드 대학의 생물학자 앤드루 놀은

놀의 논문 "The Geological Consequences of Evolution," *Geobiology*, 2003을 참조하라.

p37 "제임스 바버는 물 분자를 분리하는 그토록 어려운 단계가 그야말로"

다음을 참조하라. Barber, "A Mechanism for Water Splitting and Oxygen Production in Photosynthesis," *Nature Plants*, 2017.

p37 "박테리아와 식물에 있는 빛을 수확하는 분자들은 들어오는 많은 광자로부터 에너지를 흡수하고 축적하여"

다음을 참조하라. Minik Rosen et al., "The Rise of Continents—An Essay on the Geologic Consequences of Photosynthesis," *Palaeogeography, Palaeoclimatology, Palaeoecology*, 2006.

p38 "이 변화는 지금은 '산소 대폭발'이라고 이름 붙여질 만큼 중요했다."

렌튼과 왓슨의 책 Revolutions를 참조하라. 초기 단계에는 산소 농도가 일시적으로 훨씬 더 높았던 "산소 과잉(oxygen overshoot)" 현상이 있었을 수 있다. 이는 여전히 논쟁의 여지가 있다. 여기와 이 장의 다른 부분들에서 앤드루 놀과 요헨 브록스의 도움을 받았다.

p39 "새로운 종류의 광물, 이른바 광물 종이 나타났다."

다음을 참조하라. Robert Hazen et al., "Mineral Evolution," *American Mineralogist*, 2008.

p40 "열대우림은 지구의 허파라고들 말한다."

이 부분을 모두 명확히 이해하려면 다음을 참조하라. Scott Denning, "Amazon Fires Are Destructive, but They Aren't Depleting Earth's Oxygen Supply," *The Conversation*, August 26, 2019. 유사한 논조의 또 다른 글이 있다. Jean-Pierre Gattuso et al., "Humans Will Always Have Oxygen to Breathe, but We Can't Say the Same for Ocean Life," *The Conversation*, August 12, 2021. 이 두 글은 광합성이 즉시 중단되고 우리가 계속 숨을 쉬어야 하는 사고 실험에 대해 각기 다른 수치를 제시한다. Gattuso의 기사는 우리가 수천 년 동안 괜찮을 것이라고 말하고, Denning의 기사는 수백만 년 동안 괜찮을 것이라고 말한다. 그들은 각기 다른 시나리오를 염두에 두고 있다. 나는 이 경로를 온라인 노트에서 계속 탐색한다.

p41 "이렇게 더욱 느리게 진행되는 탄소 순환에도 생명이 관여한다."

James Kasting, "The Goldilocks Planet? How Silicate Weathering Maintains Earth 'Just Right,'" *Elements*, 2019를 참조하라.

p44 "어떤 산호 속에서는 남세균이 '맨몸으로' 살아가는 모습이"
다음을 참조하라. Michael Lesser et al., "Discovery of Nitrogen-Fixing Cyanobacteria in Corals," *Science*, 2004.

p44 "이후 산소 농도가 증가하면서, 그들은 활동성을 얻었다."
다음을 참조하라. Douglas Fox, "What Sparked the Cambrian Explosion?," *Nature*, 2016.

p46 "우리 또한 과거의 존재들의 물질적 연속이다."
철학자 Jim Griesemer는 이 점의 중요성을 강조한다. 특히 다음을 참조하라. "The Informational Gene and the Substantial Body: On the Generalization of Evolutionary Theory by Abstraction," *Poznan Studies in the Philosophy of the Sciences and the Humanities*, 2005.

p46 "1970년대에 제임스 러브록과 린 마굴리스는 '가이아 가설'을 소개했다."
다음을 참조하라. Lovelock and Margulis, "Atmospheric Homeostasis by and for the Biosphere: The Gaia Hypothesis," *Tellus*, 1974, and Lovelock's *Gaia: A New Look at Life on Earth* (1979).

p48 "1960년대 거의 잊혀졌던 이 아이디어를 구해 낸 이가 바로 마굴리스였다."
이 독창적인 논문은 그녀가 린 세이건(Lyn Sagan)이라는 이름을 사용할 때 출판되었다. "On the Origin of Mitosing Cells," *Journal of Theoretical Biology*, 1967.

p48 "가이아의 초기 비판자 중 한 명인 포드 두리틀조차도"
다음을 참조하라. Doolittle, "Is Nature Really Motherly?," *The CoEvolution Quarterly*, 1981.

p49 "하지만 연구자들은 그 물의 염도가 너무 높다고 보았다."
화성 물의 염분에 대해서는 다음을 참조하라. Nicholas Tosca et al., "Water Activity and the Challenge for Life on Early Mars," *Science*, 2008.

p49 "러브록은 『가이아』 초판에서, 호주의 그레이트 배리어 리프가"
Gaia 6장을 참조하라. 러브록은 이 책에서 거의 모든 유기체가 견딜수 있는 염도의 상한선이 6%라고 말했지만, 이는 아마도 과장이었을 것이다. 샤크 베이의 스트로마톨라이트 주변 물의 염도는 약 6%이며, 그곳에는 꽤 많은 생명체(내가 본 물고기 포함)가 살고 있다. 보통 바닷물의 염도는 약 3.5%이다. 자세한 내용은 온라인 노트를 참조하라.

p50 "생물학자 데이비드 퀄러와 조안 슈트라스만은 협력과 갈등이라는 두 가지 차원을 사용해 시스템을 분류함으로써"
다음을 참조하라. Queller and Strassmann, "Beyond Society: The Evolution of Organismality," *Philosophical Transactions of the Royal Society B*, 2009.

p51 "보다 '느슨한' 협력의 예로는 개미와 아카시아 나무의 공생을"
나는 이 사례들을 다음 논문에서 논의한다. "Agents and Acacias: Replies to Dennett, Sterelny, and Queller," *Biology and Philosophy*, 2011.

p52 "이 점은 진화생물학자들의 반발을 불러왔다."
다음을 참조하라. Doolittle, "Is Nature Really Motherly?" and Richard Dawkins, *The Extended Phenotype*(1982).

p54 "가이아 이야기는 우리가 지구에게 시간을 주면 스스로를 돌볼 것이라고 생각하게 만든다."
같은 맥락에서 다음과 같은 논점을 추가할 수 있다. 지구의 여러 과정에는 실제로 생명 친화적인 피드백이 상당수 존재하는 것으로 보인다. 만약 지구가 유기체가 아니라면, 생명 친화적 피드백 과정이 하나 발견되더라도 그것이 또 다른 피드백

의 존재를 암시하지는 않는다. 일반적인 패턴을 기대할 근거가 전혀 없는 셈이다. 하지만 지구가 유기체와 유사하다면 이야기는 달라진다. 유기체와 같다면 지구는 어느 정도 스스로를 유지하는 능력을 갖추도록 진화했을 것이기 때문이다. 따라서 우리는 어떤 패턴을 기대할 수 있다. 물론 그 패턴에 예외가 없거나 빈틈이 많을 수는 있겠지만, 바로 그런 패턴의 존재 자체를 예상할 수 있게 되는 것이다.

p55 "단지 지구 시스템 내의 생물과 무생물 사이의 연결을 강조하기 위해 가이아라는 말을 쓰고 싶어 한다."

'약한' 가이아와 "강한" 가이아에 대한 간단한 논의는 Ian Enting의 다음 글을 참조하라. "Gaia Theory: Is It Science Yet?," *The Conversation*, February 12, 2012. 가이아의 여러 버전에 대해서는 다음을 참조하라. Tim Lenton and David Wilkinson, "Developing the Gaia Theory: A Response to the Criticisms of Kirchner and Volk," *Climatic Change*, 2003. 내가 앞서 가이아 비판자로 언급했던 포드 두리틀은 이 문제를 재고하며, 생존이나 지속성에 기반한 선택 과정을 통해 가이아를 다원주의적으로 설명할 가능성을 옹호한다. 두리틀은 가이아를 다소 유기체적으로 보고 있다. 그의 글을 참조하라. "Making Evolutionary Sense of Gaia", *Trends in Ecology & Evolution*, 2019. 반면, 나는 과학자들이 설령 지구-유기체 관점을 거부하더라도 러브록과 그가 도입한 관점의 확장에 대한 경의의 표시로 '가이아'라는 용어를 유지하는 예시도 보았다.

p56 "기온이 상승하면 더 많은 비가 내리고"

이 피드백 과정에 대해서는 렌튼의 책 *Earth System Science: A Very Short Introduction*(2016)을 참조하라. 생명이 풍화에 미치는 영향에 대해서는 다음을 참조하라. David Schwartzman and Tyler Volk, "Biotic Enhancement of Weathering and the Habitability of Earth," *Nature*, 1989.

p56 "바다의 소금은 어떤가?"

여기서는 Eelco Rohling, *The Oceans: A Deep History*(2017)를 참조한다. 피드백의 존재 여부와 불확실성에 대한 질문에 대해, Stephanie Olson et al., "The

Effect of Ocean Salinity on Climate and Its Implications for Earth's Habitability," *Geophysical Research Letters*, 2022의 다음 구절은 주목할 만하다. "지구 해양의 염분 변화는 아직 명확히 규명되지 않았지만, 시간이 흘러도 일정한 염분은 놀라운 우연이거나 현재로서는 알려지지 않은 피드백 메커니즘의 존재를 암시할 것이다." 염분이 완전히 일정했다고 생각하지는 않겠지만, 실제로 상당히 좁은 범위 내에서 유지되었을 수 있다.

p58 "렌튼은 아마 대부분이 소행성에 실려 왔을 것이라고 말한다."
렌튼과 왓슨의 책 *Revolutions*를 참조하라. Eelco Rohling은 *The Oceans*에서 이 점을 덜 명확하게 보는데, 행성이 형성될 때 상당한 양의 물이 이미 존재했을 수 있기 때문이다.

p61 "아드레날린 분비 같은 일은 우리가 의식적으로 그것을 생산하기로 결정하지 않아도 우리 몸 안에서 목적을 가진다."
이 예시는 Ruth Millikan이 그녀의 고전적인 책 *Language, Thought, and Other Biological Categories*(1984)에서 자주 사용한다.

p63 "미국 철학자 래리 라이트의 아이디어들을 활용하고 거기에 내 의견을 더해 보완하려고 한다."
그의 책 *Teleological Explanations*(1976)을 참조하라. 나는 이 책에서 라이트의 아이디어를 많이 활용했다. Ruth Millikan의 *Language, Thought, and Other Biological Categories* 역시 중요하다. 내가 이러한 개념들을 넓게 적용하는 방식은 대니얼 데닛의 "설계 의도(design stance)" 개념을 연상시키지만, 나는 그의 접근이 더 도구주의적이라고 본다. 데닛에게 목표와 기능이라는 언어는 복잡한 현상을 해석하는 하나의 입장, 즉 패턴을 식별하는 데 도움이 된다면 정당화되는 방식을 제공한다. 그 틀이 명확한 메커니즘의 집합으로 이해될 필요는 없다. 그의 책 『다윈의 위험한 생각(Darwin's Dangerous Idea: Evolutions and the Meanings of Life)』(신광복 옮김, 바다출판사, 2025)를 참조하라.

p64 "이 복원 작업은, 무언가가 자신의 기능을 수행하는 것이 도덕적 의미에서 선하다는 생각까지 되살리지는 않았다."

전통적인 목적론적 개념 사용 방식에서, 어떤 것의 기능은 그것이 '해야 할 일'이며, 만약 그 효과를 내지 못하면 무언가 '잘못된' 것이다. 이 연결은 도덕 이론으로 가는 다리로 볼 수 있다. 나는 그런 종류의 추론을 전혀 지지하지 않는다.

p67 "여기 또 하나의 경계선상에 있는 희미한 사례가 있다."

이 경계 사례 중 일부는 래리 라이트의 생물학적 기능 분석에 대한 문제로 논의되었다. 다음을 참조하라. Chris Boorse, "Wright on Functions," *Philosophical Review*, 1976. 이것들은 문제로 여겨졌는데, 왜냐하면 라이트가 기능이 없는 경우에도 생물학적 기능이 존재한다고 말하는 데 얽매이는 것처럼 보였기 때문이다. 나는 나의 첫 논문 중 하나인 "A Modern History Theory of Functions," *Noûs*, 1994에서 이것을 문제로 논의했다. 나는 이 흥미로운 사례들을 이런 식으로 접근한 것을 후회한다. 그것들을 어떻게 분류할지 걱정하기보다는, 경계선상에 있거나 주변적인 사례들을 그 자체로 탐구할 기회였다.

p67 "진화 이론가 윌리엄 해밀턴과의 대화에서 영감을 받아"

다음을 참조하라. Lenton et al., "Selection for Gaia Across Multiple Scales," *Trends in Ecology and Evolution*, 2018.

p68 "걷잡을 수 없이 차가워진 지구는 행성 규모의 눈덩이 또는 얼음 슬러시 상태가 되었다."

시행착오를 통한 더 강력한 학습 방식에서는, 학습자가 자신이 가진 것의 좋은 요소를 유지하면서 단계적으로 개선을 추가한다. 눈덩이 지구 사건은 붕괴 후 새로운 주사위 던지기에 더 가까워 보인다—개별적 이점을 만드는 특성에 대해서가 아니라, 전체로서의 생명에 도움이 되는 특성에 대해서 말이다. 나는 온라인 노트에서 이를 더 깊게 탐구했다.

3. 숲

p71 "젊은 찰스 다윈은 *1830*년대에 비글(HMS Beagle)호의 항해 중 이 지역을 지나갔는데,"

이 내용은 『탐사 일지』로도 알려진 그의 『비글호 항해기(*The Voyage of the Beagle*)』에 실려 있다. 이 표현은 1845년 제2판에서 가져온 것이다. 1839년 초판(*Journal and Remarks*)은 인용문 중 '험준한 해안선' 구절과 매우 유사하지만, 지질학적 추측은 담겨 있지 않다.

p72 "스코틀랜드 출신의 지질학자 찰스 라이엘의 연구에서 핵심적인 위치를"

그의 결정적인 저작은 *Principles of Geology: Being an Attempt to Explain the Former Changes of the Earth's Surface, by Reference to Causes Now in Operation* (3권, 1830 – 33)이었다. 다윈은 자신의 비글호 관련 저서 제2판을 라이엘에게 헌정했다.

p73 "지질학자 찰스 윌킨슨은"

다음을 참조하라. J. L. Pickett and J. D. Alder, *Layers of Time: The Blue Mountains and Their Geology* (1997), and J. Milne Curran, *The Geology of Sydney and the Blue Mountains: A Popular Introduction to the Study of Geology* (1899). 다윈: "이러한 골짜기들을 현재의 – 작용의 결과로 보는 것은 터무니없는 일일 것이다." 『비글호 항해기』, 제2판, 19장.

p73 "테드 휴스는 그의 시 「슈거 로프」에서"

1962년 *The Atlantic*에 "Sugar-loaf"로, 1967년 *Wodwo*에 "Sugar Loaf"로 발표됐다.

p74 "우리가 식물이라 부르는 나무껍질 궁전

"본 대학의 마이어는 분자 운동에 기초하여, 세포 내용물의 가장 작은 과립들을 식물을 자신들의 거처로 삼아 짓는 동물적 생명을 가진 개체(생물권)로 간주한다. '하마드리아스처럼 이 민감한 모나드들은 우리가 식물이라 부르는 나무껍질 궁전의 비밀스러운 홀에 거주하며, 여기서 조용히 춤을 추고 향연을 벌인다.'"

Alexander Braun, *The Vegetable Individual, in Its Relation to Species* (C. F. Stone 번역, 1855).

p74 "이런 종류의 숲은"
다음을 참조하라. Graeme Lloyd et al., "Dinosaurs and the Cretaceous Terrestrial Revolution," *Proceedings of the Royal Society B*, 2008; Jose Barba-Montoya et al., "Constraining Uncertainty in the Timescale of Angiosperm Evolution and the Veracity of a Cretaceous Terrestrial Revolution," *New Phytologist*, 2018.

p74 "육상 식물은 조류 군체에서 생겨났다."
다음을 참조하라. Karl Niklas, *The Evolutionary Biology of Plants* (1997), and Tais Dahl and Susanne Arens, "The Impacts of Land Plant Evolution on Earth's Climate and Oxygenation State—An Interdisciplinary Review," *Chemical Geology*, 2020.

p75 "새로운 그룹인 속씨식물은"
속씨식물로 이어진 진화 계통은 아마 이보다 훨씬 이전에 다른 계통들로부터 갈라져 나왔지만, 그 시기는 논란의 여지가 있다. 그중 한 논의는 다음을 참조하라. Daniele Silvestro et al., "Fossil Data Support a Pre-Cretaceous Origin of Flowering Plants," *Nature Ecology and Evolution*, 2021.

p76 "육상 화석 기록으로 보면 곤충은"
분자 유전학을 이용한 연대 측정은 곤충의 기원을 약 4억 7900만 년 전으로 추정하지만, 화석 기록은 그보다 훨씬 나중에 시작된다. Bernhard Misof et al., "Phylogenomics Resolves the Timing and Pattern of Insect Evolution," *Science*, 2014를 참조하라.

p77 "오늘날에도 동물 종의 약 85퍼센트가 육상에서 살아간다."
Geerat Vermeij and Richard Grosberg, "The Great Divergence: When Did Diversity on Land Exceed That in the Sea?," *Integrative and Comparative Biology*,

2010을 참조하라. 85%는 그들의 낮은 추정치이며, 95%까지 높을 수도 있다. 이 수치에는 미생물이 포함되지 않는다.

p77 "하지만 강은 비나 샘물이나 지형의 영향만으로 지금과 같은 모습이 된 것은 아니다."

식물의 진화가 강의 형태에 미치는 극적인 영향이 화석 기록에 나타나는 것으로 보인다. 다음을 참조하라. Neil Davies and Martin Gibling, "Paleozoic Vegetation and the Siluro-Devonian Rise of Fluvial Lateral Accretion Sets," *Geology*, 2010, and the more recent Alessandro Ielpi et al., "The Impact of Vegetation on Meandering Rivers," *Nature Reviews Earth and Environment*, 2022. 이에 대한 의견을 준 마크 웨스토비에게 감사한다. 토양 역시 식물과 균류의 산물이었다.

p79 "이 목록으로 동물이 하는 모든 일을 분류할 수는 없다."

물웅덩이에서 물을 마시는 것은 어떨까? 나는 그것을 먹이 섭취에 포함시킨다. 배설과 같은 "배출" 행동이나, 몸단장과 자신을 청소하는 것과 같은 자기 지향적 행동은 제외한다. 상처 돌보기는 다른 맥락으로 중요하다. 그것은 감각된 고통의 증거이다. 이 책의 주제에 가장 중요한 몇 가지 범주에 초점을 맞추기 위해 목록을 가능한 한 단순하게 유지하려 한다. 분명히 말하지만, 나는 "네 가지 F(feeding, fighting, fleeing, mating)" 요약으로는 충분하지 않다고 생각한다.

p80 "이 모든 행위의 형태들은 아마도 매우 오래되었을 것이며"

단세포 유기체의 건축에 대해서는 마이크 한셀의 *Built by Animal*(2007)에서 디플루기아(Difflugia coronata)에 대한 부분을 참조하라. 단세포 생물에서 내가 확신하지 못하는 사례는 정보 수집을 목적으로 하는 행위다. 원생동물이 정보 효율적인 방식으로 사냥하며 환경을 샘플링하는 사례는 있다. 다음을 참조하라. Scott Coyle et al., "Coupled Active Systems Encode an Emergent Hunting Behavior in the Unicellular Predator Lacrymaria olor," *Current Biology*, 2019. 이것은 정보 수집을 유일하거나 주된 목적으로 하는 행동과는 다르다. 하지만 아마도 이런 종류의 사례가 있을 것이다.

p81 "이제 세포는 기어다니고, 빠르게 헤엄치며"

이같은 힘을 가진 사이토스켈레톤(세포골격)은 보통 진핵생물의 혁신으로 여겨지지만, 여기에도 선구자가 있었다. 고세균은 박테리아와 유사한 유기체 그룹이며, 희귀한 종류인 아스가르드 고세균(Asgard archaea)은 우리 세포 내부의 것과 유사한 내부 골격을 가지고 있다. 이 고세균들은 몸에서 긴 촉수 같은 돌기가 뻗어 나오는 모습으로 관찰된다. 다음을 참조하라. Thiago Rodrigues-Oliveira et al., "Actin Cytoskeleton and Complex Cell Architecture in an Asgard Archaeon," *Nature*, 2023. 박테리아도 일종의 세포골격을 가지고 있다. 또한, 박테리아에서 삼키는 행위가 전혀 없는 것은 아니다. 다음을 참조하라. Takashi Shiratori et al., "Phagocytosis-Like Cell Engulfment by a Planctomycete Bacterium," *Nature Communications*, 2019.

p81 "'지위 구축'이라는 용어"

다음을 참조하라. John Odling-Smee, Kevin Lala, and Marcus Feldman, *Niche Construction: The Neglected Process in Evolution* (2003).

p82 "몇몇 작은 벌레들이 다른 동물을 사냥하는 정도였을 것이다."

나는 이 내용을 『후생동물』 3장에서 더 자세히 논의한다. 또한 다음을 참조하라. James Gehling and Mary Droser, "Ediacaran Scavenging as a Prelude to Predation," *Emerging Topics in Life Sciences*, 2018.

p82 "이는 영국 생물학자 니콜라스 버터필드의 주장이다."

다음을 참조하라. 그의 "Animals and the Invention of the Phanerozoic Earth System," *Trends in Ecology and Evolution*, 2011.

p83 "'생태계 엔지니어'라는 문구는"

다음을 참조하라. Clive Jones, John Lawton, and Moshe Shachak, "Organisms as Ecosystem Engineers," *Oikos*, 1994.

p83 "지렁이는 생태계 엔지니어라고 불린다."

다음을 참조하라. Renée-Claire Le Bayon et al., "Earthworms as Ecosystem Engineers: A Review," in *Earthworms: Types, Roles and Research* (edited by Clayton Horton, 2017).

p85 "육지와 바다에서의 행위는 다르다."

다음을 참조하라. Geerat Vermeij, "How the Land Became the Locus of Major Evolutionary Innovations," *Current Biology*, 2017. 나는 이 아이디어들을 『후생동물』 9장에서 논의했다.

p86 "『2001: 스페이스 오디세이』의 작가 아서 C. 클라크도"

이것은 그의 1956년 저서 *The Coast of Coral*과 다양한 전기(예: https://www.imdb.com)에 나온다. 영화 "2001: 스페이스 오디세이(*2001: A Space Odyssey*)"의 시나리오는 스탠리 큐브릭 감독과 클라크가 클라크의 단편들, 특히 「파수꾼(The Sentinel)」(1951)을 바탕으로 공동 집필했다.

p86 "초기 해양 동물의 몸체 구조는 원반이나 접시, 고리 같은 방사형이었고"

이에 대해서는 『후생동물』 3장에서 더 자세히 다룬다. 육지에는 방사대칭형 동물이 없다고 말할 때, 조간대에 사는 말미잘은 제외한다.

p87 "흰개미는 보통 탑 안이 아닌 그 아래 땅속에 사는데"

Turner의 *The Extended Organism*과 Lisa Margonelli의 *Underbug: An Obsessive Tale of Termites and Technology* (2018)를 참조하라.

p87 "물론 관을 만드는 벌레나, 안테나 기둥 같은 돛대를 만들고 그 위에 웅크리고 있는 새우 비슷한 동물도 있다."

단각류에 대해서는 Nikolai Neretin, Anna Zhadan, and Alexander Tzetlin, "Aspects of Mast Building and the Fine Structure of 'Amphipod Silk' Glands in Dyopedos bispinis (Amphipoda, Dulichiidae)," *Contributions to Zoology*, 2017

을 참조하라. 딱총새우에 대해서는 마이크 한셀의 *Built by Animals*와 그가 제시한 참고문헌을 보라(온라인 노트 참조). 복어는 흰점박이 복어(Torquigener albomaculosus)이다. 다음을 참조하라. Hisoshi Kawase et al., "Spawning Behavior and Paternal Egg Care in a Circular Structure Constructed by Pufferfish, Torquigener albomaculosus(Pisces: Tetraodontidae)," *Bulletin of Marine Science*, 2015.

p88 "'옥토폴리스'와 '옥틀란티스'에서는"
이 장소들은 나의 책 『아더 마인즈』와 『후생동물』에 자세히 설명되어 있다. 최근 몇 년간 폭풍과 홍수가 이 장소들이 있는 만에 영향을 미쳤다. 2023년 초에 마지막으로 옥토폴리스를 방문했을 때는 매우 조용했고, 문어는 두어 마리밖에 없었다. 그 여행에서 옥틀란티스는 더 활기찼고, 문어가 다섯 마리 있었지만, 우리가 거기서 본 최대치인 약 열다섯 마리에는 훨씬 못 미쳤다.

p90 "멍게와 같은 피낭동물에 속하는 오이코플레우라는"
한셀의 *Built by Animals*를 참조하라.

p92 "왜 나는 터널이 있다고 생각했을까?
일본 오키나와에 있는 매우 가까운 관련 종의 물고기에 대한 연구에 의존하고 있다. 다음을 참조하라. Takeshi Takegaki and Akinobu Nakazono, "The Role of Mounds in Promoting Water-Exchange in the Egg-Tending Burrows of Monogamous Goby, Valenciennea longipinnis(Lay et Bennett)," *Journal of Experimental Marine Biology and Ecology*, 2000.

p93 "도구 사용의 본질은 간접성이다."
앞서 행위의 범주를 논의하면서, 행위의 목표가 사슬처럼 연결될 수 있다고 언급한 바 있다. 가령 다른 사람과 상호작용하기 위해 움직이고, 궁극적으로는 그 상호작용을 통해 환경을 바꾸는 식이다. 그리고 이런 경우 나의 분류는 그 사슬의 첫 번째 목표를 따른다고 설명했다. 여기서 이런 질문이 나올 수 있다. '어떤 경우

에는 도구 사용 자체가 첫 번째 목표가 될 수 있지 않은가? 그렇다면 도구 사용은 책 속의 목록에 추가되는 여섯 번째 요소가 되어야 하지 않을까?' 물론 그렇게 체계를 세울 수도 있겠지만, 나는 다른 방식도 충분히 가능하다고 생각한다. 이 책에서 나는 도구 사용을 그 자체로 독립된 목표라기보다는, 다른 목표를 추구하기 위한 하나의 '방식'이자 수단으로 다루고 있다.

p94 "데이비드 쉴로부터 들은 멋진 사례도 있다."
그는 이메일로 이 내용을 보내주었다.

p94 "뉴칼레도니아 까마귀는 작은 부품들을 결합하여 복합적인 도구를 만들고"
뉴칼레도니아 까마귀의 복합적 도구 및 "메타 도구" 사용에 대해서는 다음을 참조하라. Auguste von Bayern et al., "Compound Tool Construction by New Caledonian Crows," *Scientific Reports*, 2018, and Alex Taylor et al., "Spontaneous Metatool Use by New Caledonian Crows," *Current Biology*, 2007.

p94 "바다 생물 중 도구를 사용하는 이들의 목록은 짧다."
개관에 대해서는 다음을 참조하라. Janet Mann and Eric Patterson, "Tool Use by Aquatic Animals," *Philosophical Transactions of the Royal Society B*, 2013. 문어는 목록에 있다. 『아더 마인즈』에서 처음 언급된 문어의 투척물 사용에 대한 우리의 연구는 출판되었다. Godfrey-Smith et al., "In the Line of Fire: Debris Throwing by Wild Octopuses," *PLoS ONE*, 2022. 또 다른 주목할 만한 사례는 코코넛 껍데기 반쪽을 보호용으로 들고 다니며 다른 물체들과 조립하는 것이다. 다음을 참조하라. Julian Finn, Tom Tregenza, and Mark Norman, "Defensive Tool Use in a Coconut-Carrying Octopus," *Current Biology*, 2009.

p96 "신경과학자이자 공학자인 맬컴 맥아이버는"
다음 및 다른 논문들을 참조하라. Malcolm MacIver and Barbara Finlay, "The Neuroecology of the Water-to-Land Transition and the Evolution of the Vertebrate Brain," *Philosophical Transactions of the Royal Society B*, 2022.

p98 "그럼에도 나는 맥아이버가 뭔가 중요한 점을 포착했다고 생각한다."
육상 뇌와 해양 뇌의 차이에 대해 고려해야 할 또 다른 요소는 온혈성이다. 맥아이버가 논의하는 모든 계획-사용 동물에서 볼 수 있는 온혈성은 더 고성능의 뇌를 존재가능하게 한다. 육지에서 더 고성능의 뇌가 더 필요하다고 말할 수도 있고, 이것은 사실일 수 있지만, 온혈성은 바다보다 육지에서 달성하기가 더 쉽다. 나는 이것을 『후생동물』 9장에서 살펴보았다.

p103 "이 관점은 뵈른 브렘스, 죄르지 부자키, 프레드 카이저 등 내 연구에 영향을 미친 여러 사상가들에게 깊은 인상을 주었다."
이 틀은 컴퓨터 과학과 로봇 공학에 영향을 준 20세기 중반의 제어 시스템과 피드백 이론인 사이버네틱스의 영향을 받았다. 이 이론은 윌리엄 파워스에 의해 개발되었다. 최근의 설명과 옹호에 대해서는 다음을 참조하라. Timothy Carey, "Consciousness as Control and Controlled Perception—A Perspective," *Annals of Behavioral Science*, 2018.

p104 "새로운 접근인 "예측 처리" 이론은 지각에 대한 연구에서 출발한다."
다음을 참조하라. Karl Friston, "The Free-Energy Principle: A Unified Brain Theory?," *Nature Reviews Neuroscience*, 2010; Andy Clark, *Surfing Uncertainty* (2015). 그리고 아닐 세스의 책 『내가 된다는 것(*Being you*)』(장혜인 옮김, 흐름출판, 2022)을 참고하라.

p105 "이 이론의 맹점은 "어두운 방 반론"이라는 잘 알려진 반론으로 드러난다."
이 점은 많은 곳에서 논의된다. 앤디 클라크의 책 *Surfing Uncertainty*를 참조하라.

p107 "바로 야콥 폰 윅스퀼의 『동물들의 세계와 인간의 세계』이다."
그의 정치적 측면을 더 자세히 다루는 책이 나왔다. Gottfried Schnödl and Florian Sprenger, *Uexküll's Surroundings: Umwelt Theory and Right-Wing Thought* (translated by Michael Taylor and Wayne Yung, 2021).

p108 "그의 연구는 생물학뿐 아니라 철학계에도 깊은 영향을 주었다."

하이데거는 『형이상학의 근본 개념들: 세계, 유한성, 고독(*The Fundamental Concepts of Metaphysics: World, Finitude, Solitude*, 1929-30 강의)』에서 윅스퀼을 칭찬하고, 『존재와 시간(*Being and Time*)』에도 움벨트에 대해 언급한다. 메를로퐁티는 Collège de France에서의 두 번째 자연 강의 과정에서 윅스퀼에 대해 논한다.

p114 "이러한 곤충의 상황을 두고 사람들은 때로 "곤충의 종말"이라는 말을 쓴다."

나비에 대해서는 이 글을 참조하라라 Martin Warren et al., "The Decline of Butterflies in Europe: Problems, Significance, and Possible Solutions," *PNAS*, 2021. 자동차 앞유리 효과에 대해서는 이 글을 참조하라. Anders Møller, "Parallel Declines in Abundance of Insects and Insectivorous Birds in Denmark Over 22 Years," *Ecology and Evolution*, 2019, and Damian Carrington, "Car 'Splatometer' Tests Reveal Huge Decline in Number of Insects," *The Guardian*, February 12, 2020 숲에 대해서는 https://ourworldindata.org/deforestation을 참조하라.

4. 오르페우스

p117 "갈라(Galah)라고도 하는 붉은관유황앵무는"

조류학은 논쟁을 불러일으키는 특별한 경향이 있는 것 같다(아마 이 장 서두의 새들을 따라가는 듯하다). 이는 명명과 대문자 사용에까지 이어진다. 어떤 이들은 다른 동물과 달리 새는 공식적인 일반명을 가지고 있기 때문에 첫 글자를 대문자로 쓰는 것이 적절하다고 말한다(https://ornithology.com/upper-case-bird-names/). 다른 이들은 이를 거부한다. 나는 출판사의 선호를 따른다.

p118 "새의 진화는 공룡 시대의 중반기 쯤인 약 *1억 6천만 년 전*"

나는 다음을 사용한다. Stephen Brusatte, Jingmai O'Connor, and Erich Jarvis, "The Origin and Diversification of Birds," *Current Biology*, 2015.

p121 "소통은 그 경계를 명확히 긋기 어려워서"

이 내용의 상당 부분은 Ronald Planer와 나의 논문 "Communication and Representation Understood as Sender-Receiver Coordination", *Mind and Language*, 2020에서 논의된다. 이 논문은 David Lewis의 관습적 신호 모델을 부활시킨 Brian Skyrms의 연구(그의 책 *Signals*, 2010 참고)와 Ruth Millikan의 *Language, Thought, and Other Biological Categories*(1984)에서 비롯된 방대한 최신 문헌들을 인용하고 있다.

p122 예를 들어, 버빗원숭이는 서로에게 경고 신호를 보낼 때"

다음을 참조하라. Robert Seyfarth, Dorothy Cheney, and Peter Marler, "Monkey Responses to Three Different Alarm Calls: Evidence of Predator Classification and Semantic Communication," *Science*, 1980.

p123 "거의 모든 것이 다른 거의 모든 것을 가리키는 기호로 사용될 수 있다는 생각"

자의성에 대한 고전적인 논의는 페르디낭 드 소쉬르의 『일반 언어학 강의(*Cours de Linguistique Générale*)』(1916)를 참고하라.

p124 "박테리아는 화학적 소통을 이용해 주변에 같은 종류의 세포가 얼마나 있는지 파악한다."

다음을 참조하라. Steven Rutherford and Bonnie Bassler, "Bacterial Quorum Sensing: Its Role in Virulence and Possibilities for Its Control," *Cold Spring Harbor Perspectives in Medicine*, 2012. 이 주제에 대한 논문은 이밖에도 많다.

p125 "옥토폴리스와 옥틀란티스 같은 고밀도의 문어 서식지에서는"

다음을 참조하라. David Scheel, Peter Godfrey-Smith, and Matthew Lawrence, "Signal Use by Octopuses in Agonistic Interactions," *Current Biology*, 2021. 이 논문은 노스페라투 행동을 그 이름으로 부르지는 않지만 논의한다.

p129 "현존하는 가장 오래된 두 편의 오페라는 모두 오르페우스에 대한 이야기이며"

이들은 Jacopo Peri와 Ottavio Rinuccini의 "에우리디체(*Euridice*)"(1600)와 Claudio Monteverdi와 Alessandro Striggio의 "오르페오(*L'Orfeo*)"(1607)이다. Peri의 1597년 작 "다프네(*Dafne*)"는 대부분 소실되었지만, 최초의 오페라로 여겨지기도 한다.

p129 "조류학자 리처드 프럼은"

나는 특히 그의 논문 "Coevolutionary Aesthetics in Human and Biotic Artworlds," *Biology and Philosophy*, 2013과 그의 저서 『아름다움의 진화(*The Evolution of Beauty*)』(양병찬 옮김, 동아시아, 2019)를 참조한다.

p132 "하지만 곤충과, 그들이 속씨식물과 맺는 중요한 관계까지 고려한다면"

곤충의 의식은 더 이상 소수의견이 아니다. 다음을 참조하라. Andrew Barron and Colin Klein, "What Insects Can Tell Us About the Origins of Consciousness," *PNAS*, 2016, and Matilda Gibbons et al., "Motivational Trade-Offs and Modulation of Nociception in Bumblebees," *PNAS*, 2022.

p133 "하지만 이제는 깃털의 초기 역할의 일부는"

이는 Brusatte, O'Connor, and Jarvis, "The Origin and Diversification of Birds" 및 많은 다른 논문에 나와 있다.

p134 "산호초의 푸른색, 분홍색, 청록색은 대부분"

다음을 참조하라. Jörg Wiedenmann and Cecilia D'Angelo, "Revealed: Why Some Corals Are More Colourful Than Others," *The Conversation*, January 30, 2015, 그리고 (같은 연구의 더 전문적인 버전), John Gittins et al., "Fluorescent Protein-Mediated Colour Polymorphism in Reef Corals: Multicopy Genes Extend the Adaptation/Acclimatization Potential to Variable Light Environments," *Molecular Ecology*, 2015. 또한 Alya Salih et al., "Fluorescent Pigments in Corals Are Photoprotective," Nature, 2000. 이 부분에 도움을 준 Meryl Larkin에게 감사한다.

이 사이트에 더 많은 정보가 있다: https://www.gbrbiology.com/knowledge-and-news/how-corals-get-their-colour/ 일부 산호 색이 물고기의 시각에 맞춰져 있을 가능성을 제기하는데, 이는 산호 색이 보여지기 위해 생성된 것이 아니라는 주장을 수식할 수 있다. 또한 다음을 참조하라. Mikhail Matz, Justin Marshall, and Misha Vorobyev, "Are Corals Colorful?," *Photochemistry and Photobiology*, 2006.

p135 "해마는 짝과 오랜 시간 동안 유대 관계를 형성하며
다음을 참조하라. Amanda Vincent and Laila Sadler, "Faithful Pair Bonds in Wild Seahorses, Hippocampus whitei," *Animal Behaviour*, 1995.

p137 "현재 학계에서는 거대한 집단인 참새목 전체와 명금류가"
이 부분은 팀 로우의 훌륭한 책 *Where Song Began* (2014)을 자주 참조한다.

p141 "한 연구에 따르면, 다른 새들조차 금조가 흉내낸 소리와 자기 종의 진짜 울음소리를 항상 구분해 내지는 못한다고 한다."
Anastasia Dalziell and Robert Magrath, "Fooling the Experts: Accurate Vocal Mimicry in the Song of the Superb Lyrebird, Menura novaehollandiae," *Animal Behaviour*, 2012. 암컷도 울음소리를 내고 흉내 낸다. 그들의 울음소리 기능은 덜 명확하지만, 둥지 방어와 번식 영역을 둘러싼 암컷 간의 경쟁에서 역할을 할 수 있다. 다음을 참조하라. Anastasia Dalziell and Justin Welbergen, "Elaborate Mimetic Vocal Displays by Female Superb Lyrebirds," *Frontiers in Ecology and Evolution*, 2016. 내가 들었을 때 암컷들이 수컷보다 더 부드럽게 노래하는 것 같았다.

p142 "작은 무리에는 지난 장에서 우리가 분류했던 행위의 관점에서 특히 주목할 만한 새들이 있다."
이 무리에는 나무타기새(treecreepers)도 포함된다(나의 계통수에는 포함되지 않음). 이러한 초기 분기들은 약간의 논란을 불러일으키는 것 같다. 나는 다음을 사용한다. Carl Oliveros et al., "Earth History and the Passerine Superradiation," *PNAS*, 2019.

p143 "수컷 바우어새는 땅 위에 둥지 같은 구조물을 짓지만"

이 부분에서 나는 클리포드 프리스와 돈 프리스의 *Bowerbirds: Nature, Art and History*(2008)와 좀 더 학술적인 *The Bowerbirds*(2004)를 참조했다. 찰스 다윈은 3장에서 묘사한 블루마운틴 방문 중에 새틴바우어새를 관찰했고, 이는 그의 성선택 이론에서 암컷의 선택의 중요성을 깨닫는 데 영향을 주었다.

p144 "파란색 선호에 대한 한 가지 유력한 가설은 희귀성이다."

Gerald Borgia, Ingrid Kaatz, and Richard Condit, "Flower Choice and Bower Decoration in the Satin Bowerbird Ptilonorhynchus violaceus: A Test of Hypotheses for the Evolution of Male Display," *Animal Behaviour*, 1987을 참조하라. 프럼은 이 견해를 지지하지 않는다. 나는 몇몇 전문가에게 이메일로 이에 대해 물었고, 그들은 명확한 패턴이 나타나지 않았다며 신중한 입장이었다. 파란색 물건에 대한 "문명과 멀리 떨어진"이라는 언급에 대해 제럴드 보르지아에게 감사한다. 나는 이런 바우어들을 더 가까이에서만 보았다. 내가 본 큰바우어새는 짙은 녹색 장식물을 가지고 있었다.

p145 "재러드 다이아몬드는 뉴 기니 산맥에서 화려한 바우어를 만드는 한 종"

그의 논문을 참조하라. "Animal Art: Variation in Bower Decorating Style Among Male Bowerbirds Amblyornis inornatus," *PNAS*, 1986. 또한 다음을 참조하라. Joah Madden, "Do Bowerbirds Exhibit Cultures?," *Animal Cognition*, 2008.

p147 "그들의 구애 행위를 보고 있노라면"

새들은 자외선 영역을 볼 수 있고, 수컷의 몸 각 부분이 다르게 반사되기 때문에, 우리에게는 꽤 균일한 청흑색 새가 특이한 방식으로 춤추는 것처럼 보이는 것이 암컷에게는 더 환각적으로 보일 수 있다.

p147 "바우어새들을 폭넓게 연구한 제럴드 보르지아는 그 기원에 대해 흥미로운 가설을 제안했다."

"Why Do Bowerbirds Build Bowers?," *American Scientist*, 1995.

p148 "생물학계에서는 이런 특징을 두고 오랫동안 팽팽한 논쟁이 이어져 왔다."
이 논쟁은 프럼의 책 『아름다움의 진화』의 핵심이다.

p151 "1964년, 그곳의 금조들은 분명히 그 소리를 재현하고 있었다."
다음을 참조하라. F. Norman Robinson and Sydney Curtis, "The Vocal Displays of the Lyrebirds (Menuridae)," *Emu—Austral Ornithology*, 1996. 채찍새에 대한 이야기가 나온 김에 덧붙이면, 그들의 채찍 같은 소리에는 파트너의 화답이 따르는데, 마치 명랑한 인사 같다. 때때로 금조는 그 화답 소리까지 흉내 내기도 한다.

5. 인간이라는 존재

p155 "우리가 처음 마주친 고릴라들은 이기샤라는 명칭의 대가족에 속한 이들로"
이 고릴라들은 르완다의 볼케이노 국립공원에 서식한다. 온라인 노트에는 공원, 퀴톤다(Kwitonda) 및 이기샤(Igisha) 그룹에 대한 자료 링크와 기타 자료가 포함되어 있다. 이들은 다이앤 포시가 그녀의 책 『안개 속의 고릴라(*Gorillas in the Mist*)』(최재천, 남현영 옮김, 승산, 2007)와 동명의 영화에서 연구했던 바로 그 고릴라들이다. 투어 운영은 무척 인상적인데, 각 고릴라 그룹마다 하루에 한 번, 한 시간 동안만 소규모 인간 그룹의 방문을 허용한다.

p157 "포유류는 공룡이 지배하던 시절에 처음 등장했다."
스티브 브루사테의 『경이로운 생존자들(*The Rise and Reign of the Mammals*)』(김성훈 옮김, 위즈덤하우스, 2025)을 참고하라.

p158 "영장류의 한 갈래는 약 1500만 년 전에 나타난 대형 유인원, 즉 사람이다."
다음을 참조하라. Sergio Almécija et al., "Fossil Apes and Human Evolution," *Science*, 2021.

p158 "약 500만 년 전 어느 시점, 한 영장류의 갈래가 숲을 떠나"
여기서부터 조지프 헨릭의 책 『호모 사피엔스(*The Secret of Our Success*)』(주명진, 이병권 옮김, 21세기북스, 2024)를 참조하기 시작한다.

p159 "영장류학자 새라 허디는 이를 생생하게 묘사하는 사고 실험 하나를 제시한다."
그녀의 책 『어머니, 그리고 다른 사람들(*Mothers and Others*)』(유지현 옮김, 에이도스, 2021)를 참조하라.

p160 "이 의미에서 문화란 유전이 아닌 학습과 모방, 이끎과 가르침을 통해"
헨릭의 책뿐만 아니라, 로버트 보이드와 피터 리처슨의 선구적인 저서 *Culture and the Evolutionary Process*(1985)도 참조하라.

p161 "스터렐니에 따르면, 인간 사회는 아이들이 성장하며 의존하는 사회적, 물질적 발판을 끊임없이 재구축한다."
The Evolved Apprentice(2012) 뿐만 아니라, 이 장의 후반부 주제와 관련된 스터렐니의 *The Pleistocene Social Contract*(2021)도 참조하라.

p162 "그러나 이제는 이 생각이 틀린 것으로 보인다."
다음을 참조하라. Andrew Whiten, "Blind Alleys and Fruitful Pathways in the Comparative Study of Cultural Cognition," 및 함께 실린 논평들, *Physics of Life Reviews*, 2022. Andrew Whiten의 논문은 다소 공격적인 어조이지만, 전체 모음집은 가치가 있다. 꿀벌에 대해서는 특히 다음을 참조하라. Sylvain Alem et al., "Associative Mechanisms Allow for Social Learning and Cultural Transmission of String Pulling in an Insect," *PLOS Biology*, 2016.

p163 "이미 우리 계통에서 자리잡고 있었던 협력적인 사회생활 방식이"
협력에 대한 제안은 방금 위에서 언급한 Andrew Whiten의 논문에 대한 스터렐니의 논평에서 제기되었다.

p164 "아이들은 일상적인 행동에서 위반이나 일탈을 유난히 잘 발견한다."
초기 연구 중 하나는 다음을 참조하라. Marco Schmidt et al., "Eighteen-Month-Old Infants Correct Non-Conforming Actions by Others," *Infancy*, 2019. 더 많은 연구가 온라인 노트에 기술되어 있다. Cecilia Heyes는 이 연구 중 일부에 비판적이다. 그녀의 논문을 참조하라. "Rethinking Norm Psychology," *Perspectives on Psychological Science*, 2023.

p167 "꽤 많은 전통 사회는 해로운 주술을 행하는 자들을 색출하고 처단하는 관습에 막대한 사회적 자원을 쏟아붓는다."
다음을 참조하라. Ron Planer and Kim Sterelny, "The Challenge of Sorcery"(출간 예정).

p169 "이 관점을 주도한 사람은 미국 언어학자 노엄 촘스키였다."
그의 책 *Rules and Representations*(1980)를 참조하라.

p169 "다양한 분야의 연구 결과로 언어가 점진적인 단계를 거치며 발생했을 가능성에 설득력이 생겼다."
특히 다음을 참조하라. Michael Tomasello, *Origins of Human Communication* (2008). 또한 다음도 참조하라. Ron Planer and Kim Sterelny, *From Signal to Symbol* (2021).

p171 "1600년대 후반, 존 로크는 언어를 우리의 정신적 삶의 사적인 영역을 이어 주는 매개체로 보았다."
존 로크의 『인간오성론(*An Essay Concerning Human Understanding*)』(1689)을 참조하라.

p172 "철학자 조시 암스트롱의 표현을 빌리자면, 언어 사용은 "마음으로 하는 의사소통"의 한 형태이다."
그의 "Communication Before Communicative Intentions," *Noûs*, 2021을 참조하라.

p173 "석기 도구의 첫 흔적은 약 *340*만 년 전으로 거슬러 올라간다."
이 부분에서는 헨릭의 『호모 사피엔스』를 따른다.

p174 "괴베클리 테페의 규모는 상당하다."
데이비드 그레이버와 데이비드 웬그로의 매혹적인 책 『모든 것의 새벽』(김병화 옮김, 김영사, 2025)은 이 장의 이 시점 이후의 많은 주제에 대해서도 많은 것을 말해준다.

p175 "특히 원주민 사회를 둘러싼 고정관념이 뿌리 깊고 해로웠던 호주에서는"
브루스 파스코의 책 *Dark Emu* (2014)는 이 논의에 영향력 있는 기여를 했다. 파스코는 일부 호주 원주민 그룹이 농사를 짓고 정착 사회에서 살았다고 주장한다. *Farmers or Hunter-Gatherers? The Dark Emu Debate* (2021)에서 피터 서튼과 케린 윌시는 이 책을 비판하는데, 이는 호주 원주민의 삶이 단순하고 "원시적"이었다는 옛 관점을 재주장하기 위해서가 아니라, 호주의 "옛 사람들"이 대부분 복잡한 수렵-채집인("수렵-채집인-플러스")이었다고 주장하기 위함이다.

p176 "정치학자 제임스 스콧이 이 주제에 관해 쓴 책 『농경의 배신』에는"
그레이버와 웬그로의 『모든 것의 새벽』은 스콧의 책과 대조되는 흥미로운 관점을 제시한다. 그레이버와 웬그로는 책의 말미에서 스콧을 논한다. 그들은 스콧이 제시하는 인과적 이야기와 전형적인 전환 과정에 대한 설명에 회의적인데, 예를 들어 많은 초기 국가들이 불평등의 증가로 특징지어지지 않았다고 주장한다. 자세한 내용은 온라인 노트를 참조하라. 여기서 내가 개괄하는 관점은 스콧과의 서신 교환을 통해 알게 된 정보들로 인해 다소 스콧에 가깝다.

p176 "고대 수렵-채집인 성인 유골의 치아 상태가 현대의 기준으로도 꽤 양호했다는 사실을 처음 알았을 때 놀랐던 기억이 있다."
이 내용은 재러드 다이아몬드의 『제3의 침팬지(The Third Chimpanzee)』(김정흠 옮김, 문학사상사, 2015)에 나온다. "수천 년 전 중앙아메리카에서 처음 재배된 옥수수는 서기 1000년경 그 계곡들에서 집약 농업의 기반이 되었다. 그때까지 인디

언 수렵-채집인들은 한 고병리학자가 불평했듯이 '너무 건강해서 작업하기엔 다소 의욕이 꺾이는' 해골을 가지고 있었다. 옥수수가 들어오자…평균 성인의 입안에 있는 충치의 수는 한 개 미만에서 거의 일곱 개로 급증했고, 치아 상실과 치주 농양이 만연하게 되었다."(원문을 한국어로 옮김)

p179 "역할놀이 같은 명시적인 가정을 포함하는 놀이는 어린 아이들에게 매우 이른 시기에 나타난다."

다음을 참조하라. Alison Gopnik, "What Good Comes from Pretending?," The *Wall Street Journal*, January 19, 2023. 영장류에 대해서는 다음을 참조하라. Juan-Carlos Gómez, "The Evolution of Pretence: From Intentional Availability to Intentional Non-Existence," *Mind and Language*, 2008, and Tetsuro Matsuzawa, "Pretense in Chimpanzees," *Primates*, 2020.

p182 "레비스트로스가 지적하듯, 인간 생활에서 가장 중요한 전환은 대부분 글쓰기 없이, 그리고 글쓰기가 등장하기 훨씬 전에 일어났으며

여기서 나는 올리비에 모랭의 연구, 특히 "The Piecemeal Evolution of Writing," *Lingue e Linguaggio*, 2022, and Olivier Morin, Piers Kelly, and James Winters, "Writing, Graphic Codes, and Asynchronous Communication," *Topics in Cognitive Science*, 2020을 참조한다. 고유명사와 소리 기반 부호에 대한 제안은 모랭에게서 나왔다.

p183 "'기억의 궁전' 또는 '장소 기법'이라는 정신적 기술이 널리 가르쳐지고 사용되었다."

Frances Yates의 *The Art of Memory* (1966)를 참조하라.

p184 "호주의 원주민 문화에서 사용된 오래된 암기 전통은"
David Reser et al., "Australian Aboriginal Techniques for Memorization: Translation into a Medical and Allied Health Education Setting," *PLoS ONE*, 2021을 참조하라. 호주 원주민 사회 및 다른 사회의 기억술에 대해서는 Lynn Kelly의

Knowledge and Power in Prehistoric Societies(2015)를 참조하라. 메시지 스틱 기술은 다음에서 논의된다. Piers Kelly, "Australian Message Sticks: Old Questions, New Directions," *Journal of Material Culture*, 2020.

p186 "문자 언어는 송신자-수신자 간 상호작용과 엔지니어링의 단순한 결합 이상의 의미를 지닌다."

이 구절은 Olivier Morin, Piers Kelly, James Winters "Writing, Graphic Codes, and Asynchronous Communication"(*Topics in Cognitive Science*, 2020)에서 인용했다. "문자 체계는 구어의 풍부함과 다재다능함에 필적할 수 있는 유일한 그래픽 부호이며, 학습 가능할 만큼 충분히 생산적이다(여러 방식으로 재결합될 수 있는 작은 요소들로 조직되었다). 문자가 이를 달성하는 유일한 방법은 자연 언어를 부호화하여, 말하자면 메타-부호로 작동하는 것이다."

p187 "20세기 생물학자 리처드 르윈틴은 이를 사유하는 여러 철학적 성격의 글을 썼는데"

이 글은 리처드 레빈스와 리처드 르윈틴의 *The Dialectical Biologist*(1985)에서 찾을 수 있다. 루프에 대해, 프레드 카이저, 가스파르 예켈리와 나는 "Reafference and the Origin of the Self in Early Nervous System Evolution," *Philosophical Transactions of the Royal Society B*, 2021에서 그 현상이 얼마나 일반적일 수 있는지 썼다. 컴퓨터 과학자 더글러스 호프스태터도 이 주제에 대해 많은 글을 썼다. 그에게 "이상한 루프"란 관찰자가 자신을 관찰하거나, 문장이 자신에 대해 말하거나, 혹은 이처럼 마음을 뒤틀고 거꾸로 뒤집는 성격을 가진 다른 자기 지향성이 있는 루프다. 호프스태터는 어릴 적 실시간으로 스크린에 이미지를 전송하는 최초의 비디오 카메라를 파는 가게에 가서 카메라를 스크린 자체에 겨누려고 하자 "안 돼!"라는 말을 들었다고 한다. 그의 *I Am a Strange Loop*(2007)를 참조하라.

p188 "그리스 철학자 소크라테스는 기원전 400년 무렵, 독서와 글쓰기에 과도하게 의존하는 것에 대해 경고했다."

소크라테스의 글쓰기에 대한 언급은 플라톤의 『파이드로스』에 나온다. 소크라테스와 그의 사상은 역사가 크세노폰과 극작가 아리스토파네스에 의해서도 글로 묘사되었다.

p189 "특히 문해력은 뇌에 중요한 영향을 미친다."
다음을 참조하라. Stanislas Dehaene et al., "Illiterate to Literate: Behavioural and Cerebral Changes Induced by Reading Acquisition," *Nature Reviews Neuroscience*, 2015. 또한 문화가 우리 뇌에 미치는 많은 영향을 강조하는 세실리아 헤이즈의 책 『인지 도구(Cognitive Gadgets)』(고현석 옮김, 형주, 2023)도 참조하라.

p190 "프랑스 작곡가 올리비에 메시앙은 제2차 세계대전 중 독일 포로수용소에서 '세상의 종말을 위한 사중주'를 작곡했는데"
프랑스 작곡가 올리비에 메시앙이 새소리를 다룬 첫 작품은 바로 이 "세상의 종말을 위한 사중주"였다. 메시앙은 수용소에서 있었던 초연을 매우 극적으로 회상했지만, 그 기억의 일부는 당시 함께 있었던 다른 사람들의 증언과 엇갈린다. 예를 들어 악기의 상태나 청중의 규모 같은 세부적인 부분에서 기억의 차이를 보이는 것이다. 관련 내용은 다음을 참조하라. Rebecca Rischin, *For the End of Time: The Story of the Messiaen Quartet* (2003).

p191 "호주 소설가 리처드 플래너건의 인터뷰 내용이 떠오른다."
이는 Malcolm Knox, "After the Booker: Why Richard Flanagan Isn't Playing Safe," *Sydney Morning Herald*, September 22, 2017에서 가져온 것이다.

p192 "스티븐 제이 굴드는 캄브리아기 시점으로 '진화의 테이프'를 되감아"
이는 굴드의 『원더풀 라이프(Wonderful Life)』(김동광 옮김, 궁리, 2018)에 나온다. 또한 Simon Conway Morris의 *The Crucible of Creation*(1998)도 참조하라.

p193 이와 달리 킴 스터렐니는 무리 확대가 위협보다는 협동 사냥에서 얻는 이익을 위해 진행되었다고 본다."
그의 책 *The Evolved Apprentice*를 참조하라.

p194 "또 다른 생물학자인 안톤 마르티뉴-트러스웰은 조류와 우리를 비교하면서"
그의 책 *The Parrot in the Mirror*(2022)에서.

p196 "돌고래는 큰 뇌를 지닌 동물이고
다음을 참조하라. Ann Weaver and Stan Kuczaj, "Neither Toy nor Tool: Grass-Wearing Behavior Among Free-Ranging Bottlenose Dolphins in Western Florida," *International Journal of Comparative Psychology*, 2016.

p198 "문득 문어는 어떨까 하는 의문이 들었다."
Ray Naylor의 *The Mountain in the Sea*(2022)는 경로 변경에 대한 상상력 풍부한 탐구를 제공한다.

p199 "이 중 시간 여행자는 미래에 갔다가 막 돌아온 참인데"
마이크 한셀의 책 첫 장에 나온다.

p200 "그리스 신화와 이를 해석한 후대의 사상가들은"
니체의 *The Birth of Tragedy(Die Geburt der Tragödie aus dem Geiste der Musik*, 1872)를 참조하라.

6. 의식

p201 "우리라는 존재로 살아간다는 것은 그 자체로 어떤 느낌을 동반한다."
이 유명한 문제는 토머스 네이글의 논문 "박쥐가 된다는 것은 어떤 느낌일까?(What Is It Like to Be a Bat?)" *Philosophical Review*, 1974에서 공식화했다.

p202 "내 기본적 관점에 대한 자세한 논증은 나의 다른 책에 맡기고"
더 자세한 논의와 몇 가지 주장에 대해서는 나의 책 『후생동물』과 "Gradualism

and the Evolution of Experience," *Philosophical Topics*, 2020, "Evolving Across the Explanatory Gap," *Philosophy, Theory, and Practice in Biology*, 2019를 참조하라.

p203 "신경계는 처음에 이 다루기 어려운 신체들을 하나로 묶어"
Fred Keijzer의 연구와, Fred Keijzer, Marc van Duijn, Pamela Lyon이 공동 저술한 논문 "What Nervous Systems Do: Early Evolution, Input-Output, and the Skin Brain Thesis," *Adaptive Behavior*, 2013의 영향을 받았다. 또한 다음을 참조하라. Gáspár Jékely, Fred Keijzer, and Peter Godfrey-Smith, "An Option Space for Early Neural Evolution," *Philosophical Transactions of the Royal Society B*, 2015.

p204 "하지만 실제로 우리의 뇌에서 벌어지는 일은"
여기서 나는 Rosa Cao의 영향을 받았다. 그녀의 "Multiple Realizability and the Spirit of Functionalism," Synthese, 2022를 참조하라. 아닐 세스와 네드 블록의 견해도 관련이 있다. 아닐 세스의 『내가 된다는 것』과 네드 블록의 "Comparing the Major Theories of Consciousness," in Michael Gazzaniga (ed.), *The Cognitive Neurosciences* (2009)를 참조하라.

p204 "한 가지 예로, 우리 뇌의 전기적 활동으로 만들어지는 진동이 있다."
이에 대한 더 자세한 내용은 『후생동물』에 있다. 또한 Wolf Singer, "Neuronal Oscillations: Unavoidable and Useful?," *European Journal of Neuroscience*, 2018을 참조하라.

p205 "수십 년 전, DNA 구조 발견으로 잘 알려진 프랜시스 크릭과 크리스토프 코흐가 속한 연구진은 이러한 대규모 동적 패턴이 인간의 시각적 경험에 중요한 역할을 한다고 주장하기 시작했다."
다음을 참조하라. Francis Crick and Christof Koch, "Towards a Neurobiological Theory of Consciousness," *Seminars in the Neurosciences*, 1990; and Lucia Melloni et al., "Synchronization of Neural Activity across Cortical Areas Correlates with Conscious Perception," *The Journal of Neuroscience*, 2007.

p205 "하지만 크릭과 코흐가 주목한 이 대규모 리듬 패턴은 인간만이 가진 특이한 요소가 아니다."

예를 보려면 다음을 참조하라. Bruno van Swinderen, "The Remote Roots of Consciousness in Fruit-Fly Selective Attention?," *BioEssays*, 2005.

p205 "1960년대, 신경생물학자 맥 파사노는 히드라라는 해파리와 비슷한 단순한 동물에서 보이는 대규모 전기적 리듬을 관찰하고 기술했다."

그의 논문 "Primitive Nervous Systems," *PNAS*, 1963을 참조하라.

p208 "이같은 뇌의 리듬 활동은 신경계가 만들어질 때 자연스럽게 함께 발생하는 것일 수도 있다."

Wolf Singer의 "Neuronal Oscillations: Unavoidable and Useful?"를 참조하라.

p210 "하지만 매우 빠르게 발전 중인 또 다른 기술에서는 상황이 다르다."

이 연구의 한 예는 다음과 같다. Ranmal Samarasinghe et al., "Identification of Neural Oscillations and Epileptiform Changes in Human Brain Organoids," *Nature Neuroscience*, 2021.

p212 "예컨대 쥐는 마치 지도 같은 표상을 활용해 자신이 지나온 길을 기억할 뿐 아니라, 새로운 경로를 계획할 수 있다.":

존 오키프와 린 네이덜의 *The Hippocampus as a Cognitive Map*(1978)과 (최근의 많은 연구들 중에서) H. Freyja Ólafsdóttir 등의 논문 "Hippocampal Place Cells Construct Reward Related Sequences Through Unexplored Space," *eLife*, 2015를 참고하라. 철학적 논의에 대해서는 Nicholas Shea의 *Representation in Cognitive Science*(2018)를 참고하라.

p212 "2022년에 발표된 한 연구에 따르면 까마귀는"

Diana Liao et al., "Recursive Sequence Generation in Crows," *Science Advances*, 2022을 참조하라.

p212 "인간의 정신이 우리가 실제로 사용하는 언어와 구별되는 여러 '내적 코드'를 활용한다고 주장했다."

이 논문은 Dehaene et al., "Symbols and Mental Programs: A Hypothesis About Human Singularity," *Trends in Cognitive Sciences*, 2022이다. 이 논문은 '인간의 특이성'에 관한 것이다—"우리는 인간이 [내적] 코드 덕분에 특이성을 갖게 되었다고 제안한다." 위 주석의 까마귀 논문은 이에 대해 약간의 반론을 제기할 수 있다.

p212 "언어, 특히 말하기는 우리 뇌의 한쪽에 편재되어 있는데"

이 부분을 통해 마이클 가자니가, 레슬리 로저스, 조르조 발로르티가라의 연구를 활용한다. 다음은 몇 편의 논문이다(온라인 노트에서 더 많은 논문 목록을 볼 수 있다). Michael Gazzaniga, "Shifting Gears: Seeking New Approaches for Mind/Brain Mechanisms," *Annual Review of Psychology*, 2013; Lesley Rogers, "A Matter of Degree: Strength of Brain Asymmetry and Behaviour," *Symmetry*, 2017; Giorgio Vallortigara, Lesley Rogers, and Angelo Bisazza, "Possible Evolutionary Origins of Cognitive Brain Lateralization," *Brain Research Reviews*, 1999.

p212 "나는 이전 책들에서 이 예사롭지 않은 사례를 통해 동물과 인간 정신의 수수께끼를 풀어 보려 했다."

『아더 마인즈』 5장과 『후생동물』 6장을 참조하라.

p214 "이를 보여 주는 간단하지만 인상적인 연구가 있다."

Victoria Bourne, "How Are Emotions Lateralised in the Brain? Contrasting Existing Hypotheses Using the Chimeric Faces Test," *Cognition and Emotion*, 2010. 이 논문은 가설 검토뿐 아니라 효과를 보여 주는 좋은 사진 시리즈를 담고 있다.

p215 "뇌량이 절단되면 우리 좌우 뇌의 차이는 더 뚜렷하게 드러난다."

다음을 참조하라. Michael Gazzaniga, "Cerebral Specialization and Interhemispheric Communication: Does the Corpus Callosum Enable the Human Condition?," *Brain*, 2000.

p216 "한 실험에서, 연구진은 환자의 우뇌에는 "종"이라는 단어를, 좌뇌에는 "음악"이라는 단어를 보여 주었다."

이 사례는 마이클 가자니가의 "Cerebral Specialization and Interhemispheric Communication"에 나온다.

p217 "몇몇 추가 실험에서, 연구진은 분리뇌 환자들에게 일상적인 사건을 담은 사진을 몇 장 보여주고"

다음을 참조하라. Elizabeth Phelps and Michael Gazzaniga, "Hemispheric Differences in Mnemonic Processing: The Effects of Left Hemisphere Interpretation," *Neuropsychologia*, 1992.

p218 "사람들은 이 모든 현상을 통합하고 해석할 수 있는 여러 진화적 서열을 제시해 왔다."

가자니가, 로저스, 발로르티가라의 연구뿐만 아니라, 이언 맥길크리스트의 *The Master and His Emissary*(2009)를 참조하라.

p218 "뇌의 기능 분화를 연구하는 레슬리 로저스는 의식 경험과 관련된 한 가지 재미있는 차이를 지적한다."

다음을 참조하라. Rogers, "A Matter of Degree: Strength of Brain Asymmetry and Behaviour," *Symmetry*, 2017.

p219 "조금 전 언급한 기억 실험에서는 좌우 뇌 사이에 뚜렷한 경향 차이가 드러났다."
다음을 참조하라. Michael Miller and Michael Gazzaniga, "Creating False Memories for Visual Scenes," *Neuropsychologia*, 1998.

p220 "그것은 바로 의식적 사유, 특히 잠시 멈추어서 하는 성찰이다."
여기서 우리는 인지(cognition)에 대한 "이중 체계(dual system)" 관점의 영역에 도달한다. 대니얼 카너먼의 『생각에 관한 생각(*Thinking, Fast and Slow*)』(이창신 옮김, 김영사, 2018)를 참조하라.

p221 "프랑스의 인지과학자 위고 메르시에와 당 스페르베르는 그들의 저서 『이성의 진화』에서

메르시에와 스페르베르의 『이성의 진화(*The Enigma of Reason*)』(최호영 옮김, 생각연구소, 2018)를 참조하라. 나는 Kritika Yegnashankaran과 함께 쓴 짧은 글 "Reasoning as Deliberative in Function but Dialogic in Structure and Origin," *Behavioral and Brain Sciences*, 2011에서 그들의 견해 초기 버전에 대해 논평했다.

p222 "우리 모두가 저지르기 쉬운 오류의 한 예는 확증 편향

메르시에와 스페르베르는 이 현상이 이 용어로 다소 잘못 기술되었다고 주장한다—차라리 "내편 편향(myside bias)"이라고 부르는 것이 더 나을 것이다.

p223 "바로 자아의 본질을 형성하는 과정에 관여하는 것이다."

Daniel Dennett, "The Self as a Center of Narrative Gravity," in *Self and Consciousness* (edited by Frank Kessel et al., 1992)와 아닐 세스의 책 『내가 된다는 것』을 참조하라.

p225 "30여 년 전, 지오츠나 베이드와 마하라즈 싱은"

그들의 "Asymmetries in the Perception of Facial Affect: Is There an Influence of Reading Habits?," *Neuropsychologia*, 1989를 참조하라.

p225 "한편, 얼굴을 바라볼 때 좌측 편향을 보이는 동물도 있다."

다음을 참조하라. Kun Guo et al., "Left Gaze Bias in Humans, Rhesus Monkeys and Domestic Dogs," *Animal Cognition*, 2009. 또한 다음도 참조하라. Lesley Rogers, Giorgio Vallortigara, and Richard Andrew, *Divided Brains: The Biology and Behaviour of Brain Asymmetries* (2012).

p225 "조르조 발로르티가라는 물고기, 파충류, 새와 같이 좌뇌와 우뇌의 분화가 더 뚜렷한 동물들에 대해 글을 쓰며

"Comparative Neuropsychology of the Dual Brain."

p227 "이런 연출 방법은 영화계에서 반쯤은 암묵적으로 내려오는 구전 지식이다."
다음을 참조하라. Matthew Egizii et al., "Which Way Did He Go? Film Lateral Movement and Spectator Interpretation," *Visual Communication*, 2018; Roger Ebert, "How to Read a Movie," RogerEbert.com, 2008.

p227 "이 연구에서 아랍어 사용자들은 오른쪽에서 왼쪽으로 넣은 골을 왼쪽에서 오른쪽으로 넣은 골보다 더 강하고, 더 빠르며, 더 아름답다고 평가했다."
다음을 참조하라. Anne Maass, Damiano Pagani, and Emanuela Berta, "How Beautiful Is the Goal and How Violent Is the Fistfight? Spatial Bias in the Interpretation of Human Behavior," *Social Cognition*, 2007. 저자들이 말했듯, 이는 일반적인 종 전체에 걸친 반구 비대칭이 사람들이 행동 해석에서 만드는 좌/우 구분의 배후에 있다는 생각에 반대된다. 그러나 그들은 이것이 두 반구 간의 다른 처리 방식의 역할이 불가능하다는 의미는 아니라고 덧붙인다. 혹시 우리 뇌 반구가 사회화 과정에서 발달하는 방식이 자신의 문화에서 언어가 처리되는 방식에 영향을 받을까? 언어 이외의 것을 인식하는 방식에 영향을 미치는 다른 좌/우 차이가 거기서 비롯될 수 있다. 여기에 상황을 복잡하게 만드는 또 다른 연구가 있다. Anne Maass, Caterina Suitner, and Faris Nadhmi, "What Drives the Spatial Agency Bias? An Italian–Malagasy–Arabic Comparison Study," *Journal of Experimental Psychology: General*, 2014: "문자 방향(이탈리아어는 왼쪽에서 오른쪽, 아랍어는 오른쪽에서 왼쪽)과 주어-목적어 순서(이탈리아어와 아랍어는 주어-동사-목적어, 마다가스카르어는 동사-목적어-주어)가 다른 3개 언어 공동체(이탈리아어, 마다가스카르어, 아랍어)를 비교한 결과, 두 메커니즘이 모두 행동 인식 방식의 차이에 기여한다는 가정을 뒷받침하는 증거를 제공한다."

p229 "우리는 남들이 믿지 못할 법한 이야기를 스스로에게 들려줄 수 있다."
존 듀이의 *Experience and Nature*(1925)에 나온다.

p230 "2002년에 발표된 논문 하나가 새로운 연구 흐름을 촉발했다."
P. Read Montague et al., "Hyperscanning: Simultaneous fMRI During Linked Social Interactions," *NeuroImage*, 2002.

p231 "그러나 실제로는 그보다 앞선 실험이 1965년에 발표되었다."
T. D. Duane and Thomas Behrendt, "Extrasensory Electroencephalographic Induction Between Identical Twins," *Science*, 1965.

p232 "뇌전도 기법 자체도 한스 베르거가 텔레파시를 찾는 연구의 일환으로 도입한 것이었다."
나는 이 일화를 『후생동물』 7장에서 논의한다.

p232 "이 연구는 매우 비공식적으로 이루어졌고, 통계적 분석도 포함되어 있지 않았다."
듀안과 베렌트는 15쌍의 쌍둥이를 관찰했다. 실험에서 한쪽 쌍둥이는 불이 켜진 방에서 눈을 감았다. 눈을 감으면 뇌에서 알파 리듬이 유도되는 경향이 있다. 다른 방에 있는 다른 쪽 쌍둥이도 같은 뇌파 패턴을 보일까? 다른 쪽 쌍둥이는 약 6미터 떨어져 있었다. 연구자들은 15쌍 중 2쌍이 그렇게 할 수 있었고, 나머지는 그렇지 못했다고 말했다. 한쪽 뇌가 알파 리듬을 시작하면 다른 쪽 뇌도 시작했다. 이를 할 수 있었던 쌍둥이들은 계속 그렇게 했다. 관련 없는 개인들로 이루어진 쌍은 결코 그런 현상이 나타나지 않았다. 논문에는 통계나 심지어 상세한 수치도 없다. 저자들은 단지 기록지를 보고 알파 패턴이 보이는지, 언제 시작되는지를 확인했다. 이 실험은 신중하게 수행되어야 했을 것이다. 대부분의 쌍둥이가 효과를 보이지 않는다는 사실이 결과를 무효화할 수는 없다. 만약 몇몇 특별한 쌍이 반복적으로 해낼 수 있었다면, 그것은 대단한 사건이었을 것이다. 비판에 대한 답변에서 저자들은 좀 더 자세한 내용을 제시했다. 쌍둥이 사이의 채널은 양방향으로 작동했으며, "성공한 쌍둥이에서는 뇌파의 전달이 항상 일어나는 것처럼 보였다." 다음을 참조하라. Charles Tart, George Robertson, Thomas Duane, and Thomas Behrendt, "More on Extrasensory Induction of Brain Waves," *Science*, 1966.

p232 "1992년에 발표된 이 실험은 뇌전도 스캔을 활용해"

다음을 참조하라. Jacobo Grinberg-Zylberbaum et al., "Human Communication and the Electrophysiological Activity of the Brain," *Subtle Energies and Energy Medicine*, 1992. 그린버그-실버바움의 연구와 그의 실종에 대해 내가 찾은 가장 상세한 설명은 최근의 것이다. Ilan Stavans, "The Grinberg Affair: One of Mexico's Most Curious Missing-Persons Cases Involves a Scientist Who Dabbled in the Mystical Arts," *The American Scholar*, 2023.

p233 "이때 사용되는 스캔 방식은"

본문에 기술된 뇌전도와 fMRI 외에도, 뇌자도(magnetoencephalography, MEG)와 기능적 근적외선 분광법(functional near-infrared spectroscopy, fNIRS)이 있다. 뇌자도는 뇌전도처럼 전기적 패턴을 포착하지만, 자기적 영향을 이용한다. 기능적 근적외선 분광법은 fMRI처럼 산소 사용량의 변화를 보지만, 빛을 이용한다. 최초의 "하이퍼스캔" 실험은 기능적 fMRI를 사용했지만, 이 방법은 시간적 패턴의 미세한 동기화를 포착할 수 없다.

p233 "그렇게 해서 드러난 그림은 놀라웠다."

온라인 노트에 많은 참고문헌이 있을 것이다. 여기 몇 가지만 소개한다. Yan Mu, Cindy Cerritos, and Fatima Khan, "Neural Mechanisms Underlying Interpersonal Coordination: A Review of Hyperscanning Research," *Social and Personal Psychology Compass*, 2018; Edda Bilek et al., "Information Flow Between Interacting Human Brains: Identification, Validation, and Relationship to Social Expertise," *PNAS*, 2015; Adrian Burgess, "On the Interpretation of Synchronization in EEG Hyperscanning Studies: A Cautionary Note," *Frontiers in Human Neuroscience*, 2013.

p234 "기타 이중주를 연주하는 두 사람의 뇌파가 동기화되기도 하지만"

팀워크에 대해서는 다음을 참조하라. Caroline Szymanski et al., "Teams on the Same Wavelength Perform Better: Inter-Brain Phase Synchronization Constitutes a Neural Substrate for Social Facilitation," *NeuroImage*, 2017. 칵테일 파티 효과에

대해서는 다음을 참조하라. Bohan Dai et al., "Neural Mechanisms for Selectively Tuning In to the Target Speaker in a Naturalistic Noisy Situation," *Nature Communications*, 2018.

p235 "내가 아는 한, 이에 대한 가장 급진적인 설명은 인지과학자 아나 루시아 발렌시아와 톰 프로제가 제시한 관점이다."
다음을 참조하라. Ana Lucía Valencia and Tom Froese, "What Binds Us? Inter-Brain Neural Synchronization and Its Implications for Theories of Human Consciousness," *Neuroscience of Consciousness*, 2020.

p237 "발렌시아와 프로제는 이와 관련하여 인지과학자 앤디 클라크가 제시한 주장을 함께 검토한다."
다음을 참조하라. Andy Clark, "Spreading the Joy? Why the Machinery of Consciousness Is (Probably) Still in the Head," *Mind*, 2009.

p239 "17세기에 우연히 시작된 오래된 실험이 하나 있다."
다음을 참조하라. Burgess, "On the Interpretation of Synchronization in EEG Hyperscanning Studies."

p240 "이 모든 이야기는 논쟁의 최전선에 있다."
다음을 참조하라. Antonia Hamilton, "Hyperscanning: Beyond the Hype," *Neuron*, 2021, and Clay Holroyd, "Interbrain Synchrony: On Wavy Ground," *Trends in Neurosciences*, 2022.

p241 "바로 인간 삶의 독특한 부분인 공유된 의도, 혹은 "우리-의도"라는 개념이다."
마이클 토마셀로의 *Becoming Human* (2021)을 참조하라.

p242 "이 복잡한 진화의 덤불은 완전히 해석하기 어려웠지만"
다음을 참조하라. James Tarver et al., "The Interrelationships of Placental

Mammals and the Limits of Phylogenetic Inference," *Genome Biology and Evolution*, 2016.

p243 "카렌 블릭센의 말처럼 긴 줄기 위에 핀 꽃처럼 걷는 기린이 있고
블릭센의 책 『아웃 오브 아프리카(*Out of Africa*)』(민승남 옮김, 열린책들, 2009)에 나오는 표현이다. 그녀는 이 책을 Isak Dinesen이라는 필명으로 썼다.

7. 다른 생명들

p249 "나는 이 문제를 먼저 생물량, 즉 다양한 생물종에 존재하는 살아 있는 물질의 총량이라는 관점에서"
여기와 그 이후로도 종종 나는 이 흥미로운 논문을 사용한다. Yinon Bar-On, Rob Phillips, and Ron Milo, "The Biomass Distribution on Earth," *PNAS*, 2018.

p249 "(나는 여기서 많은 철학자들이 하듯 '윤리적'과 '도덕적'이라는 용어를 거의 구분 없이 사용할 것이다. 다만 이 맥락에서는 '윤리적'이라는 표현을 더 선호한다.)"
어떤 사람들은 타인에 대한 해악, 평등 등과 관련된 문제에 대해 '윤리적'이라는 용어를 사용하고, 더 개인적인 질문(성 도덕)에 대해서는 '도덕적'이라는 용어를 사용한다. 하지만 나는 그 두 의미를 바꿔서 구분하는 사람들도 보았다. 용어는 매우 혼란스럽다.

p249 "이러한 논쟁의 저변에는 더 근본적인 갈래들이 자리잡고 있다."
이 영역에서 나는 사이먼 블랙번의 *Ruling Passions* (1998)에 영향을 받았지만, 블랙번의 견해는 나의 견해보다 전통적인 "정서주의(expressivism)"에 더 가깝다. 이는 윤리적 주장이 참이나 거짓일 수 있는 주장을 하기보다는, 화자의 감정적 반응이나 선호 같은 것을 표현한다는 견해이다. 크리스틴 코스가드의 연구 또한 내게 영향을 주었지만, 여기서는 의견 차이가 더 크기 때문에 주로 대조적인 역할을

했다. 그녀의 *The Sources of Normativity*(1996)와 *Fellow Creatures*(2018)를 참조하라. 이곳의 문헌은 방대하다.

p251 "이들은 협력적인 사회적 프로젝트가 착취로 인해 붕괴하지 않도록 보호하기 위해 규범이 생겨났다고 말한다."

필립 키처의 *The Ethical Project*(2011), Kim Sterelny and Ben Fraser, "Evolution and Moral Realism," *British Journal for the Philosophy of Science*, 2017, Kyle Stanford, "The Difference Between Ice Cream and Nazis: Moral Externalization and the Evolution of Human Cooperation," *Behavioral and Brain Sciences*, 2018을 참조하라.

p251 "사회심리학자 조너선 하이트와 동료들은 이러한 편협함을 지적하며 더 넓은 시각을 제공하는 하나의 틀을 개발했다."

Jonathan Haidt and Jesse Graham, "When Morality Opposes Justice: Conservatives Have Moral Intuitions That Liberals May Not Recognize," *Social Justice Research*, 2007을 참조하라. 이는 이 아이디어들에 대한 접근하기 쉬운 소개로서 하이트가 추천한 여러 논의 중 하나다. 여기서 그들은 해악/보살핌, 공정성/상호성, 내집단/충성심, 권위/존중, 순수성/신성함의 다섯 가지 범주를 사용한다. 최근 연구에서 하이트와 그의 동료들은 때때로 보살핌, 평등, 비례성, 충성심, 권위, 그리고 순수성의 여섯 가지 "도덕적 기반"을 인식하기도 한다(https://moralfoundations.org 참고).

p255 "나의 관점은, 앞서 언급했던 '발견된 것'과 '만들어진 것'이라는 구분 중 '만들어진 것' 쪽에 더 가깝다."

나는 이 견해에 대해 "Philosophers and Other Animals," *Aeon*, 2021에서 좀 더 이야기한다. 이 견해는 내가 위에서 인정한 블랙번의 견해와는 다른데, 나는 그의 견해가 "정서주의"나 "감정주의"에 너무 가깝다고 보기 때문이다. 나의 미발표된 화이트헤드 강연(하버드, 2022, 내 웹사이트에서 이용 가능)에서도 이 주제를 논의한다.

p257 "예컨대 미국에는 약 7300만 마리의 돼지가 존재하는데 그 대다수는 일생을 실내에 갇혀 지낸다."

수치는 항상 변하고 일부는 논란의 여지가 있다. 2022년 미국 농무부(USDA)가 제공한 돼지 개체수는 7300만 마리였다. 나는 휴메인 소사이어티의 보고서(https://www.humanesociety.org/resources/pigs 및 https://www.humanesociety.org/resources/poultry/)와 몇몇 다른 자료(https://sentientmedia.org/u-s-farmed-animals-live-on-factory-farms/)를 활용한다.

p259 "이런 형태의 집약적 축산 문제에 대한 서양 철학의 주요한 윤리 이론들은"

공리주의에 대한 고전적 옹호는 존 스튜어트 밀의 책『공리주의』에 잘 나타나 있고, 피터 싱어의『동물 해방(Animal Liberation)』(1975; 2023년 Animal Liberation Now로 개정. 김성한 옮김, 연암서가, 2024)은 공리주의적 관점에서 쓰였다. 수정된 칸트주의적 견해에 대해서는 크리스틴 코스가드의 *Fellow Creatures*(2018)를 참조하라. 이 모든 문제에 대한 입문서로는 로리 그루엔의 *Ethics and Animals*(2011)를 참조하라.

p260 "당신이 죽은 후 어떤 동물이 될지 직접 고를 수는 없지만 동물로 다시 태어나는 삶과 아예 다시 태어나지 않는 것 사이에서 선택할 수 있다고 상상해 보자"

나는 "If Not Vegan, Then What?," *Aeon*, 2023에서도 이 환생 테스트를 논의했다.

p265 "이는 축산의 영향을 받는 모든 존재(인간과 비인간 동물)의 전반적인 복지를 따져 보고, 그 복지에 심각한 해를 끼치는 일을 피해야 한다는 원칙이다."

이런 의미에서의 복지주의는 공리주의와 칸트주의 모두와 공통된 특징을 가지지만, 둘 다와는 다르다. 복지주의는 경험된 안녕에 초점을 맞춘다는 점에서 공리주의와 유사하지만, 다른 사람에 대한 이익을 통해 한 사람에 대한 해악을 정당화하려는 공리주의를 따르지 않는다. 전체적인 결과의 총합보다는 개인에 초점을 맞춘다는 점에서 복지주의는 칸트주의적 견해와 비슷하게 들린다. 그러나 칸트주의자와 복지주의자는 인도적 축산에 대해 의견이 다를 수 있다. 복지주의는 동물에 대한 일종의 가부장주의를 허용한다. 동물의 삶이 평화롭고 좋을 때 그들을 통제하는 것은 용납될 수 있다는 말이다. 그런 종류의 가부장주의는 자율성에 대한 칸트주의적 존중과 상충한다. 본문에서 강조했듯이, 이런 의미의 복지주의는 공리주의나 칸트주의와 나란히 서는 윤리 이론이 아니다. 왜냐하면 그것은 복지가 서로 충돌할 때, 그리고 상충 관계가 있을 때 무엇을 해야 하는지에 대해 (아직) 아무것도 말해주지 않기 때문이다.

p267 "바로 배신이라는 개념이다."
이 주제에 대해서는 다음을 참조하라. Steve Cooke, "Betraying Animals," *The Journal of Ethics*, 2019.

p268 "실제로 적지 않은 철학자들이 이와 비슷한 입장에 이르렀다."
폐지론자 및 다양한 복지주의적 견해에 대한 논의는 로리 그루엔의 *Ethics and Animals*를 참조하라. 게리 프랜시온은 저명한 폐지론자이다. 예를 들어 그의 글 "Are You a Vegan or Are You an Extremist?," *Think*, 2023을 참조하라.

p269 "동물권 활동가들은 종종 현대식 농장이나 공장식 축산 시설에서의 삶을"
나는 "If Not Vegan, Then What?"에서 한 예를 논의한다.

p272 "내면의 지도라는 아이디어는 *1940*년대에 심리학자 에드워드 톨먼이 동물의 행동만을 관찰하여 추측했던 것이다."
초기 연구는 E. C. Tolman, "Cognitive Maps in Rats and Men," *Psychological Review*, 1948이었다. 다음 단계의 핵심은 John O'Keefe and Lynn Nadel, *The Hippocampus as a Cognitive Map* (1978)이었다. 최근 연구로는 H. Freyja Ólafsdóttir et al., "Hippocampal Place Cells Construct Reward Related Sequences Through Unexplored Space," *eLife*, 2015가 있다.

p273 "쥐들에게 이 경험이 얼마나 나쁜지 확신할 수 없지만"
최근 뉴욕에서 열린 학회(ASSC 2023)에서, "내부 지도" 연구에 기여한 공로로 노벨상을 수상한 마이브리트 모세르는 강연 중 여러 차례에 걸쳐 실험실의 동물 복

지에 대한 관심을 강조했으며, 비디오 속 동물의 행동을 통해 그들이 충격적인 상황에 있지 않음을 시사했다.

p273 "이 장의 본문에서는 끔찍한 사례들을 일일이 다루지는 않겠지만, 자세히 살펴보고 싶은 사람들을 위해 비교적 최근의 자료를 미주에 링크로 덧붙일 예정이다."
여기 몇 가지 예가 있다. 미국에서는 매년 수만 마리의 개가 산업 화학물질과 같은 잠재적으로 유해한 물질을 시험하는 데 사용되며, 개들도 이 물질들을 다양한 방식으로 강제로 섭취하게 된다. 또한 질병 연구에도 사용되며, 질병이 유발된다. 2019년, 미국 농무부 보고서에 나타난 개체수는 약 58,000마리의 개였으며, 대부분이 비글이었다. 이러한 연구 중 일부는 수 개월 동안 매일 유해 물질을 강제로 투여하는 것을 포함한다. 개들은 좁은 우리에 갇혀 있다. 예를 들어, 몸 길이가 75cm인 개는 바닥 면적이 90×90cm인 우리에 갇혀 있어도 합법이다. 우리가 약간 더 크면(130×130cm, 바닥 면적 두 배) 개를 운동시키기 위해 우리 밖으로 내보낼 필요도 없다. 자세한 내용은 다음을 참조하라. Glenn Greenwald and Leighton Woodhouse, "Bred to Suffer: Inside the Barbaric U.S. Industry of Dog Experimentation," *The Intercept*, May 17, 2018.

배신이라는 주제에 관해서는 *Intercept* 기사와 Maya Trabulsi, "Used, Reused or Euthanized: A Dog's Life in Animal Research," *KPBS*, August 12, 2022를 참조하라. "'비글의 온순한 성격이 그들을 희생자로 만듭니다,' 전 동물 연구원이었던 캐슬린 콘리가 말했다." 쥐와 생쥐에서는 항우울제를 시험하기 위해 "강제 수영"이 널리 사용된다. 탈출구가 없는 물이 채워진 원통에 동물을 넣고 헤엄쳐서 숨을 쉴 수 있도록 노력하는 모습을 관찰한다. 결국, '행동적 절망'이라고 불리는 상태에 도달하여 포기한다. 항우울제는 동물이 더 오래 수영하게 하는 경향이 있다. 몇몇 연구는 쥐에게 '악몽'을 만들어 내는 것을 살펴보았다. 이는 발에 전기 충격을 경험하거나 다른 쥐가 충격을 경험하는 것을 인지함으로써 야기되었다(쥐가 비명을 지를 만큼 강한 충격). 이 경험이 한참 지난 후, 쥐들은 충격 장소로 돌아왔을 때 얼어붙었고, 일부는 악몽을 시사하는 수면 패턴을 보였다. Bin Yu et al., "Different Neural Circuitry Is Involved in Physiological and Psychological Stress-Induced PTSD-Like 'Nightmares' in Rats," *Scientific Reports*, 2015; and see David Peña-

Guzmán, *When Animals Dream* (2022)을 참조하라. 하버드의 마거릿 리빙스턴 연구실은 뇌의 시각 영역 발달을 연구하기 위해 두 마리의 새끼 마카크원숭이의 눈꺼풀을 첫 해 동안 봉합하고, 다른 네 마리의 새끼를 어미와 떨어뜨려 얼굴 경험이 거의 없도록 키웠다—인간 관리자들은 모두 용접 마스크를 썼다. 다음을 참조하라. Michael Arcaro et al., "Anatomical Correlates of Face Patches in Macaque Inferotemporal Cortex," *PNAS*, 2020. 이 프로젝트는 2022년에 리빙스턴이 모성 결속에 대한 일부 관찰을 PNAS에 발표했을 때 논란이 일었고, 수백 명의 과학자들이 연구 중단을 요구했다. 다음을 참조하라. David Grimm, "Harvard Studies on Infant Monkeys Draw Fire," *Science*, October 2022.

p274 "분명히 지각 능력이 있는 동물들로 초점을 옮겨 보자."

어떤 동물이 고통을 느끼고 괴로워할 수 있는가? 이것들은 다르다—스트레스는 신체적 고통을 수반할 필요가 없는 고통이며, 논쟁의 여지는 있지만, 일부 신체적 고통은 그다지 신경 쓰이지 않을 수 있다. 이 장의 식품 논의에서 논의된 모든 동물은 아마도 신체적 고통을 느낄 것이다(그리고 적어도 많은 경우 다른 형태의 고통도). 거기서 우리는 포유류, 몇몇 조류, 그리고 물고기를 살펴보았다. 더 긴 논의에는 갑각류도 포함될 것이다. 실험의 경우, 많은 연구가 파리, 벌레 등 불확실한 영역에서 이루어진다. 사람들은 경계선, 즉 누가 지각 능력이 있고 누가 없는지에 대한 경계선을 찾는 경향이 있다. 파리는 어느 쪽에 있는가? 그 질문은 첫 번째 움직임으로 이해할 수 있지만, 더 가능성 있는 상황은 명확한 경계가 없는 상황이다. 지각 능력의 존재는 단순한 예/아니오 문제가 아니라, 등급이 매겨지고 불확실한 경우가 있을 것이다. 동물 고통에 대한 논문들은 종종 문제와 관련된 특징들의 목록을 담은 꽤 유사한 차트와 표를 사용한다—결정적이지는 않지만 관련이 있다. Lynne Sneddon "Comparative Physiology of Nociception and Pain," *Physiology*, 2017의 목록에는 회피 학습, 다른 종류의 이익과 해악 사이의 상충 관계 만들기, 상처 돌보기, 진통 화학 물질에 대한 반응성 등 몇 가지 다른 특징들이 포함된다. 그러나 많은 경우, 이러한 능력은 명확한 형태뿐만 아니라 경계선상, 겨우 보이는, 또는 반쯤 보이는 버전으로도 발견된다. 학습과 관련된 특성들이 바로 그렇다. 작고 단순한 신경계를 가진 편형동물은 "조건화된 장소 선호"를 보일 수 있고,

불리한 조건을 만난 장소를 피하는 등의 행동을 할 수 있다. 나는 더 많은 것을 배운다고 해서 예와 아니오 사례 사이에 명확한 선이 나타날 것이라고 의심한다.

p275 "20세기 초 인슐린의 당뇨병 치료 기능에 대한 연구를 예로 들어왔다."
필립 키처의 "Experimental Animals," *Philosophy and Public Affairs*, 2015와 코스가드의 *Fellow Creatures*를 포함한 예시들이 있다.

p277 "철학자 필립 키처는 한 에세이에서"
이것 역시 그의 글 "Experimental Animals"에 있다.

p278 "몸집이 작은 마카크원숭이는 여전히 연구에 꽤 널리 사용되고 있다."
2018년, 미국 농무부에 따르면 미국에서 70,000마리 이상의 비인간 영장류가 연구에 사용되었다. 이들 대부분은 마카크원숭이일 것이다.

p278 "몇몇 단체들은 실험동물을 위한 은퇴 시설을 마련하고 지원하는 시도를 해왔다."
미국에서는 Chimp Haven, Chimpanzee Sanctuary Northwest, Primates Incorporated 등이 있다.

8. 야생 자연

p283 "자연을 보고 그림을 그리는지를 묻는 질문에 잭슨 폴록은 이렇게 말했다.""
이는 스미소니언 협회, 미국 미술 아카이브에 있는 "리 크래스너와의 구술사 인터뷰, 1964년 11월 2일~1968년 4월 11일" 녹취록에서 가져온 것이다. 녹취록에는 "am"이 강조되어 있지 않았지만, 녹음을 들어보면 명확하게 강조한다.

p285 "이 이야기를 따라가다 보면 우리의 행위를 포함한 모든 과정이 마치 "자연스러운" 순서인 듯 느껴질 수도 있다."
제임스 러브록은 *A Rough Ride to the Future* (2014)에서 때때로 이런 말을 하려는 것처럼 보이지만, 나는 그가 그렇게 했다고 생각하지는 않는다.

p287 "마사 누스바움은 이제 야생 자연은 존재하지 않는다고 주장한다."
그녀의 *Justice for Animals: Our Collective Responsibility* (2023)와 특히 "A Peopled Wilderness," *The New York Review of Books*, 2022년 12월 8일자를 참조하라.

p289 "오늘날 우리가 살고 있는 시대는 "인류세"라는 새로운 지질시대로 불린다."
이 용어는 지금과는 약간 다른 의미로 먼저 사용되기도 했지만, Paul Crutzen과 Eugene Stoermer이 최초로 도입한 것으로 여겨진다("The 'Anthropocene,'" *Global Change Newsletter*, 2000).

p289 "나는 제임스 러브록이 제시한 구분 방식이 마음에 든다."
이 내용도 A Rough Ride to the Future(2014)에 나와 있다.

p290 "숲이 형성되던 백악기의 기온은 현재보다 섭씨 5~10도가량 더 높았고"
Jessica Tierney et al., "Past Climates Inform Our Future," *Science*, 2020을 보라.

p291 "이는 껍질을 만드는 해양무척추동물들에게 특히 큰 위협이 된다."
앞서 나는 느린 "지질학적" 탄소 순환이 부분적으로 바다생물들이 자신의 껍질에 탄소를 가두어 두는 것을 통해 작동하며, 이 껍질들이 결국 석회암이 된다고 말했다. 만약 바다가 너무 산성화되어 이런 생물들 중 많은 수가 기능하지 못하게 된다면, 석회암에 탄소가 침전되는 과정이 느려질 수 있다. 완전히 멈추지는 않을 것으로 보이지만 말이다. James Kasting, "The Goldilocks Planet? How Silicate Weathering Maintains Earth 'Just Right,'" *Elements*, 2019을 보라.

p291 "새의 경우, 미국과 캐나다를 조사한 최근 보고서에 따르면"
Kenneth Rosenberg et al., "Decline of the North American Avifauna," *Science*, 2019을 참조하라.

p291 "6장에서 다룬 치타는 겨우 7천여 마리만이 남아 있다"
치타의 수치는 국제자연보전연맹 멸종위기종 적색목록 2021년 판에서, 호금조의 수치는 세계야생동물기금에서 가져왔다. 세계야생동물기금에 따르면, 마운틴고릴라는 1천여 마리를 조금 넘는 수만이 생존하고 있다. 더 자세한 내용은 온라인 주석을 참조하라.

p291 "현 시대를 '여섯 번째 대멸종'이라고 이르며 백악기 말의 대재앙 같은 사건들과 비교하기도 한다."
Peter Brannen, "Earth Is Not in the Midst of a Sixth Mass Extinction," *The Atlantic*, June 13, 2017.

p292 "그러나 이는 과장이다. 과거의 대멸종은"
Peter Brannen, "Earth Is Not in the Midst of a Sixth Mass Extinction," *The Atlantic*, June 13, 2017.

p292 "놀랍게도 지금 지구는 전체적으로 보면 과거보다 약간 더 푸르러졌다."
다음을 참조하라. Abby Tabor, "Human Activity in China and India Dominates the Greening of Earth, NASA Study Shows," NASA, Feb 11, 2019.

p292 "이산화탄소가 식물 생장을 촉진하는 '이산화탄소 시비 효과'는 최근 기후 변화의 충격을 어느 정도 완화하는 역할을 했다."
다음을 참조하라. Zaichun Zhu et al., "Greening of the Earth and Its Drivers," *Nature Climate Change*, 2016.

p297 "나는 많은 사람들이 기후 변화에 대해 느끼는 불안을 이해한다."
내가 이동을 해결책의 일부로 이야기할 때, 이동의 스트레스와 비용을 최소화하려는 의도는 없다. 장소감, 즉 고향에 대한 감각은 많은 사람들의 삶에서 목적과 안녕의 중심적인 원천이다. 공동체 패턴의 상실, 물리적 환경에서의 생활 방식의 상실은 실질적이고 중요하다.

p298 "1972년 이른바 '청정수법'으로 불리는 법률이 통과되고 50여 년이 지난 지금"
John Waldman, "Once an Open Sewer, New York Harbor Now Teems with Life. Thank the Clean Water Act," *The New York Times*, December 30, 2022.

p299 "이 산호초는 규모는 작지만 열렬한 보존 활동 덕분에 간신히 살아남았다."
다음을 참조하라. Ann Jones and Gregg Borschmann, "Harold Holt, the Poet and 'the Bastard from Bingil Bay': How Reef Conservation Began," *ABC Science*, August 11, 2018.

p301 "최근에는 곤충 또한 이런 종류의 경험을 할 가능성이 기존의 통설보다 훨씬 더 높다는 견해가 힘을 얻고 있다."
어떤 종류의 동물에게 주관적 경험이 존재한다면, 그것은 일반적으로 어떤 '목적'을 가져야 한다. 그것은 그 동물들이 세상을 헤쳐나가는 데 도움이 되는 일부여야 한다. 만약 고통이 전혀 유용한 역할을 하지 않는 종이 있다면—그것이 동물이 더 나은 것을 향해 나아가도록 결코 이끌 수 없다면—우리는 진화가 계속됨에 따라 이런 종류의 경험이 사라질 것으로 예상할 수 있다. 그 사실은 아마도 자연 세계에서 부정적인 경험의 정도를 제한할 것이다. 하지만 그다지 많이는 아니다. 고통이 유용하기 위해 선택적이어야 하더라도, 동물 생활에서 극도로 흔할 수 있다.

p301 "일부 동물들의 경험에는 이러한 긍정적인 면이 아예 존재하지 않을 수도 있을까?"
헤더 브라우닝과 월터 비트는 이 주제에 대해 여러 논문을 썼다. 특히 "Positive Wild Animal Welfare," *Biology and Philosophy*, 2023을 참조하라.

p302 "다음 단계는 야생 동물들의 삶에서 좋은 경험과 나쁜 경험을 총체적으로 어떻게 가늠할 것인가에 대한 문제로 이어진다."
이 주제에 대해서는 이전 주석에서 인용한 브라우닝과 비트의 논문을 참조하라.

p303 "인간의 삶이 좋은 삶인지를 판단하는 데는"
이 주제에 대해서는 다음도 참조하라. J. David Velleman, "Well-Being and Time," *Pacific Philosophical Quarterly*, 1991.

p306 "이들은 나무 구멍에 둥지를 마련했다."
이 두 마리는 (아마도—확실한 식별은 아니지만) 둥지를 마련하는 동안 다른 새들과 물리적인 싸움을 벌이기도 했다. 나는 이 에피소드들을 나의 블로그(metazoan.net)에 기술했다.

p307 "덧붙이자면, 최근 여러 비인간 동물들이 일정한 자기통제 능력을 보인다는 연구 결과가 나오고 있다."
매우 흥미로운 사례와 이 분야에서 보여진 것에 대한 간략한 조사에 대해서는 다음을 참조하라. Alex Schnell et al., "Cuttlefish Exert Self-Control in a Delay of Gratification Task," *Proceedings of the Royal Society B*, 2021.

p311 "철학자 제프 맥마한은 많은 고통을 유발하는 포식자에게 개입할 가능성을 진지하게 검토해야 한다고 주장해 왔다."
다음을 참조하라. "The Moral Problem of Predation," in *Philosophy Comes to Dinner* (edited by Andrew Chignell et al., 2015).

p312 "철학자 로리 그루엔은 맥마한의 논의에 대한 비판으로 이 점을 강조했다."
이는 그녀의 Ethics and Animals에 있으며, 맥마한은 이전 주석에서 인용한 논문에서 이에 대해 응답한다.

p312 "누스바움의 동물 대우에 관한 관점은"

그녀의 책 『동물을 위한 정의(*Justice for Animals*)』(이영래 옮김, 알레, 2023)를 참조하라. 마사 누스바움의 관점에 나 역시 동의하는 지점이 있다. 그녀는 최근 저서에서, 포식자가 다른 동물을 죽이는 장면을 구경거리로 삼는 '사파리' 관광을 날카롭게 비판한다. 그녀는 이러한 관광이 야생 자연을 대하는 인간의 잘못된 태도를 드러낸다고 보았다. 나 역시 생태관광 중에 그런 순간을 마주한다면, 차라리 고개를 돌리는 편이 옳다고 생각한다.

p319 "맥마한은 철학자 토머스 네이글이 제시한 '고통의 특별한 중요성'이라는 관점을 가져온다."

맥마한은 네이글과 레건의 이 구절들을 인용한다. 다음을 참조하라. Thomas Nagel, The View from Nowhere (1986), and Tom Regan, *The Case for Animal Rights* (1983, updated edition 2004). 맥마한은 레건의 두 판본을 비교한다.

p322 "특정 시점에 살아 있는 닭, 돼지, 소의 개체수는"

여기서 나는 Rachael Banks의 박사학위 논문("Experimental and Theoretical Studies of Non-Equilibrium Systems: Motor-Microtubule Assemblies and the Human-Earth System," Caltech, 2023)과 다른 자료들(https://ourworldindata.org 포함)을 참조했다.

p322 "이들 동물 대부분은 넓은 의미에서 공장식 축산 체계 안에서 살아간다."

74%라는 수치는 Sentience Institute(https://www.sentienceinstitute.org/global-animal-farming-estimates)에서 나온 것이다. 그들의 추정은 부분적으로 다양한 규모의 농업 운영 내 동물 수에 기반한다. 그들이 지적하듯이, 동물들은 'CAFO' 기준을 충족하지 않는 시설 내에서도 잔인한 방식으로 갇힐 수 있다. 본문에서 나는 '공장식 축산'의 패러다임 사례로 현대 닭과 돼지 농업을 강조한다. 자세한 내용은 온라인 노트를 참조하라. 나는 여기서 어류 양식이나 다른 형태의 수산 양식을 많이 논의하지 않는다. 일부 수치와 주장에 대해서는 다음을 참조하라. Becca Franks, Christopher Ewell, and Jennifer Jacquet, "Animal Welfare Risks of

Global Aquaculture," *Science Advances*, 2021. 2018년부터: "양식 수생 동물의 톤수는 2500억에서 4080억 개체에 해당하며, 이 중 590억에서 1290억이 척추동물이다(예: 잉어, 연어류)."

p323 "대체로 몸집이 아주 작은 야생 포유류는 사육되는 포유류보다 약 *18*배 더 많은 것으로 보인다."

다음을 참조하라. Lior Greenspoon et al., "The Global Biomass of Wild Mammals," *PNAS*, 2023. 조류의 경우 상황은 비슷하지만, 관계 변화가 포유류만큼 극단적이지는 않다. 대부분의 야생 조류는 사육 조류보다 작지만, 그 차이는 포유류만큼 크지 않다. 야생 조류 개체군에 대한 두 가지 최근 추정치는 500억 마리(Corey Callaghan, Shinichi Nakagawa, and William Cornwell, "Global Abundance Estimates for 9,700 Bird Species," *PNAS*, 2021)와 1000억 마리(2018년 생물량 분포 논문)이다. 사육 조류는 약 250억 마리이다. 나는 여기서 해양 포유류를 논의하지 않지만, 그들의 생물량은 크다. "The Global Biomass of Wild Mammals"를 참조하라.

p323 "몸무게가 *1*킬로그램이 넘는 포유류로 한정한다면, 야생 동물과 사육 포유류의 개체 수는 약 *40*억에서 *50*억 마리 정도로 대략 비슷할 것이다."

"The Global Biomass of Wild Mammals"를 참조하라.

p326 "현재 시점에서 *1*억 년 단위로 미래를 내다보면"

온라인 노트에 더 많은 자료가 있다. 다음을 참조하라. Jack O'Malley-James et al., "Swansong Biospheres: Refuges for Life and Novel Microbial Biospheres on Terrestrial Planets Near the End of Their Habitable Lifetimes," *International Journal of Astrobiology*, 2013. 설상가상으로, 우리는 산소도 잃을 것으로 보인다. 다음을 참조하라. Kazumi Ozaki and Christopher Reinhard, "The Future Lifespan of Earth's Oxygenated Atmosphere," *Nature Geoscience*, 2021.

9. 해산

p339 "신체가 결합된 쌍둥이의 경우"
특히 Tom Cochrane, "A Case of Shared Consciousness," *Synthese*, 2020에서 기술한 Tatiana와 Krista Hogan을 염두에 두고 있다.

p339 "지구나 다른 행성 생명체의 특성인 정신이"
스타니스와프 렘의 『솔라리스(*Solaris*)』(최성은 옮김, 민음사, 2022)가 이 주제를 탐구한다.

p340 "다세포 규모에서 생명체를 종류에 따라 크게 구분하는 방법이 있다."
나는 이 구분을 나의 책 Darwinian Populations and Natural Selection(2009)에서 논의하고, 그것을 "Individuality, Subjectivity, and Minimal Cognition," *Biology and Philosophy*, 2016에서 정신의 진화에 적용한다. 이 주제의 공간적, 시간적 차원에 대한 논의에 대해서는 Rebecca Mann과 그녀의 곧 나올 박사학위 논문, "Complex Individuality: The Spatial, Temporal, and Agential Dimensions of the Problem of Biological Individuality"에 빚을 졌다.

p343 "'불멸의 해파리'라고 알려진 홍해파리는"
다음을 참조하라. Stefano Piraino et al., "Reversing the Life Cycle: Medusae Transforming into Polyps and Cell Transdifferentiation in Turritopsis nutricula (Cnidaria, Hydrozoa)," *Biological Bulletin*, 1996.

p346 "이 모든 것을 깊이 생각한 끝에, 파핏은 생존과 죽음을 다르게 바라보게 되었다."
그의 *Reasons and Persons*(1984)를 참조하라. 유리 터널 구절은 13장에서 가져왔다.

p347 "네이글은 생존과 죽음에 대한 파핏의 관점을 전면적으로 반대한다."
이 자료는 그의 책 *The View from Nowhere*(1986)에서 가져온 것이다.

p348 "이 논증에 대한 하나의 반론은 버나드 윌리엄스의 사상을 적용한다."

그의 Problems of the Self(1973)에 실린 "The Makropulos Case: Reflections on the Tedium of Immortality"를 참조하라. 이 논의를 알려준 크리스틴 코스가드에게 감사한다.

p353 "(전문은 미주에 실려 있다)

이것은 1865년 원본 버전이다. 후기 버전에는 "나의 죽은 이들이 흡수한다(My dead absorb)"로 시작하는 행에서 "아름다운(beautiful)"이라는 단어를 삭제하는 등 작은 변경 사항이 있다.

> PENSIVE, on her dead gazing, I heard the Mother of All,
> Desperate, on the torn bodies, on the forms covering the battle-
> fields gazing;
> As she call'd to her earth with mournful voice while she stalk'd:
> Absorb them well, O my earth, she cried—I charge you, lose not
> my sons! lose not an atom;
> And you streams, absorb them well, taking their dear blood; And
> you local spots, and you airs that swim above lightly, And
> all you essences of soil and growth—and you, O my rivers'
> depths;
> And you mountain sides—and the woods where my dear
> children's blood, trickling, redden'd;
> And you trees, down in your roots, to bequeath to all future trees,
> My dead absorb—my young men's beautiful bodies absorb—
> and their precious, precious, precious blood;
> Which holding in trust for me, faithfully back again give me,
> many a year hence,
> In unseen essence and odor of surface and grass, centuries hence;
> In blowing airs from the fields, back again give me my darlings—

> give my immortal heroes;
> Exhale me them centuries hence—breathe me their breath—let
> not an atom be lost;
> O years and graves! O air and soil! O my dead, an aroma sweet!
> Exhale them perennial, sweet death, years, centuries hence.

p353 "휘트먼은 또한 어떤 것들을 양립시키려 애썼다."
휘트먼의 죽음에 대한 태도에 대한 이 논의는 데이비드 레이놀즈의 "Fine Specimens," The New York Review of Books, 2018년 3월 11일 자를 참조한다.

감사의 말

문어에 관한 책이 거의 모든 것에 관한 책으로 이어졌다. 그 결과 이 책을 쓰기 위해 많은 도움이 필요했고, 감사드릴 분들이 많다. 그중에서도 팀 렌튼을 특별히 언급해야 한다. 가이아에 대해 회의적인 나의 태도에 굴하지 않고, 내가 지구과학에 천천히 발을 들여놓는 동안 광범위하고 너그럽게 도움을 주었다. 같은 분야에서 요헨 브룩스, 앤드류 놀, 미니크 로징, 포드 두리틀에게 감사드린다.

캐서린 프레스턴은 숲에 관해, 킴 스터렐니는 인간에 관해 도움을 주었다. 글과 아이디어에 기여해 준 앤디 배런과 롭 베지미에니, 로랑 보프, 제럴드 보르지아, 니콜라스 버터필드, 팀 캐리, 마크 콜라드, 스콧 데닝, 우테 아이켈캄프, 마크 피셔, 클리프 프리스, 톰 프뢰제, 마이클 가자니가, 스티븐 그로스, 로리 그루엔, 로버트 헤이즌, 셀리아 헤이즈, 피터 히스콕, 캐서린 호바이터, 사라 홀랜드밧, 가스파르 예켈리, 프레드 케이저, 맷 로런스, 론 밀로, 야드란 미메카, 올리비에 모랭, 롭 필립스, 레슬리 로저스, 데이비드 쉘, 제프 세보, 닉 셰이, 아나 루시아 발렌시아, 조르조 발로르티가라, 로만 베르파코프스키, 캐롤라인 웨스트, 마크 웨스토비에게도 감사드린다. 대니얼 데닛은 이 책이 인쇄되는 동안 엄청난 경력을 뒤로하고 세상을 떠났는데, 그의 사고는 이 시리즈의 모든 책, 그중에서도 특히 『후생동물』에 영향을 미쳤다.

에나 알바라도는 여러 장의 사실 확인을 해주었고, 오류를 잡아낼 뿐 아니라 여러 다른 능숙한 제안들을 해 주었다. 특히 내가 에나의 조언을 전부 따른 것은 아니기 때문에, 남아 있는 사실상의 문제들은 그녀의 작업과 연관시켜서는 안 된다. 윌리엄 콜린스의 마일스 아치볼드에게는 지속적인 지원과 텍스트에 대한 상당한 개선 모두에 대해 감사드린다.

이 책은 리베카 겔런터(51, 91, 126, 146쪽 그림)와 카일리 브라운(120, 138, 159, 243쪽의 생명의 나무 도표), 린다 런논(216쪽의 키메라 얼굴)의 삽화 솜씨로 풍성해졌다. 다시 한번 내 책을 맡아 단순한 교열 이상으로 많은 것을 해 준 애니 고틀립에게 감사드린다.

나의 아프리카 여행은 게드와 테레사 캐딕의 테라 인코그니타 에코투어와 함께했고, 술라웨시와 솔로몬 제도 여행은 다이브 센터 맨리와 함께했다. 케냐의 리틀 거버너스 캠프, 르완다의 사비뇨 로지, 그리고 넬슨 베이의 다이빙 샵인 렛츠 고 어드벤처스와 피트 퍼스트 다이브의 모든 분들에게 감사드린다.

이 책에 등장하는 호주 지역의 전통적 관리인들에게 경의를 표한다. 블루 마운틴의 간당가라족, 포트 스티븐스 지역의 워리미족, 도리고 지역의 굼바잉기르족, 그리고 샤크 베이의 말가나족, 난다족, 잉가르다족들을 기린다. 부데리 국립공원을 지속적으로 돌보고 있는 렉 베이 원주민 공동체에게도 감사드린다.

내 아내 제인은 이 시리즈의 이전 책들에서도 매우 중요한 역할을 했지만 이 책에서는 그 역할이 더욱 눈에 띄며, 많은 중요한 이미지와 통찰을 제공해 주었다. 여기에는 8장의 잭슨 폴록 관련 인용문과 7장의 인간이 아닌 동물들이 과도함에 적응하는 능력에 대한 성찰이 포함된다. ("잠깐, 그게 이 책에서 가장 멋진 두 부분이야." 아마 그럴지도 모른다.)

와일리 에이전시의 사라 찰펀트와 동료들은 역시 탁월했다. 책의 주제 구성에 대한 리베카 네이글의 중요한 코멘트를 자주 떠올린다. FSG의 편집자인 알렉스 스타는 이 책의 일부 핵심 아이디어 발전과 편집에 깊이 관여했고, 이언 밴 와이는 이 책의 제작을 능숙하게 이끌었다. 이 프로젝트 전반에 걸쳐 나는 지속적으로 내 곁에 있는 훌륭한 협력자 팀의 존재를 느낄 수 있었다.

옮긴이의 말
- 피터 고프리스미스의 의식 탐구 3부작 번역을 마치며

우리 집에는 인간 두 명과 털 달린 포유류 한 마리가 살고 있다. 매일 아침 저녁으로 산책을 하고, 정해진 시간에 밥을 먹고, 뜨거운 사랑을 주고, 가끔 곤란한 일을 만들기도 하는 이 생명체를 보고 있으면 축축한 코와 깊은 눈빛 뒤에 어떤 세계가 펼쳐져 있을지 몹시 궁금해진다. 이따금 나는 강아지를 그저 조건과 반사로 움직이는 정교한 기계처럼 생각하기도 하고, 인간과 크게 다르지 않다는 생각이 들어서 복잡한 의사소통을 시도해 본 적도 있다. 어떤 순간에는 나와는 전혀 다른 방식으로 세상을 느끼고 경험하는 존재라는 생각이 들기도 한다. 하나의 다른 존재를 향한 여러 감정은 아마 반려동물과 함께 사는 많은 사람이 느껴 보았을 것이다.

2018년, 스쿠버다이빙을 하는 철학자 피터 고프리스미스의 『아더 마인즈』를 처음 만났을 때의 지적인 충격을 지금도 잊을 수 없다. 그는 나의 오랜 질문, 즉 '타자의 마음'이라는 심연을 탐험하기 위해 우리와 가장 먼 진화의 길을 걸어온 존재, 문어의 세계로 거침없이 뛰어들었다. 그의 글을 통해 나는 머리가 아닌 몸으로, 사유가 아닌 경험으로 다른 생명의 세계를 상상하는 법을 배웠다.

감사의 말에서 피터 고프리스미스는 3부작이 '문어에 관한 책이 거의 모든 것에 관한 책으로 이어진' 장대한 여정이라고 말한 바 있는데, 독자들을 위해 이 3부작의 내용을 간략히 소개한다.

첫 책 『아더 마인즈』에서 피터 고프리스미스는 우리와 먼 것처럼 보이면서도 매혹적인 지성인 문어를 통해 '정신의 기원'이라는 거대한 질문을 던진다. 우리와 무려 6억 년 전에 진화의 길에서 갈라선 무척추동물이면서도, 믿을 수 없을 만큼 복잡하고 지적인 행동을 보여 주는 문어는 '정신'이 인간 중심의 단일한 경로가 아니라, 진화의 역사 속에서 여러 번 독립적으로 탄생할 수 있다는 경이로운 사실을 보여 주는 살아 있는 증거였다. 저자는 중앙 뇌뿐만 아니라 여덟 개의 팔에도 고유한 신경계를 가지고 독립적으로 사고하는 듯한 문어를 통해, 척추동물 중심의 획일적인 지능관에서 벗어나 전혀 다른 형태의 의식을 상상하도록 우리를 초대했다. 관찰로 발생한 '타자의 마음'이라는 철학적 난제를 생생한 바닷속에서 건져와, 독자들에게 지적으로도 감성적으로도 좋은 자극을 준 탐험이었다.

두 번째 책 『후생동물』에서는 그 시야를 문어라는 단일 종에서 생명의 나무 전체, 즉 모든 후생동물Metazoa로 폭발적으로 확장했다. 이 책에서 저자는 '주관적 경험은 언제, 어떻게 시작되었는가?'라는 더욱 근원적인 질문을 던진다. 단순히 빛을 감지하고 반응하는 박테리아에서부터, 신경망을 통해 온몸으로 세계를 느끼는 해파리, 복잡한 사회를 이루며 소통하는 꿀벌을 거쳐, 마침내 자기 자신을 하나의 뚜렷한 관점으로서 인식하는 포유류에 이르기까지, 저자는 생명의 역사에 흩어진 단서들을 엮어 마음이 탄생하는 기나긴 경로를 재구성한다. 『후생동물』은 의식이 인간만의 전유물이 아니며, '느껴지는 경험'의 강도와 형태가 다를지언정 생명의 나무 곳곳에 그 씨앗이 뿌려져 있음을 설득력 있게 보여 주었다. 이로써 우리는 지구의 모든 생명체를 이전과는 다른 눈으로 바라보게 되었다.

그는 이 야심 찬 기획의 마지막 퍼즐인 『생명의 여정』을 통해 앞선 두 권의 책과는 전혀 다른 방향으로 시선을 돌린다. 앞선 두 권의 책을 통해 마음의 '내부'를 충분히 탐험한 저자는, 더 이상 다른 생물의 내면으로 파고들기를 멈추고 밖으로 눈을 돌려, 그 마음을 가진 생명들이 어떻게 자신들이 발 딛고 선 무대 자체, 즉 지구를 송두리째 바꾸어 왔는지를 말한다. 이 책에서 생명은 더 이상 환경에 적응하는 수동적인 '결과물'이 아니라, 대기의 성분을 바꾸고, 대륙의 지형을 빚고, 지구의 온도까지 조절해 온 능동적이고 강력한 '원인'으로 재탄생한다. 3부작의 마지막에 이르러 저자는 마침내 생명과 지구가 분리될 수 없는 하나의 거대한 공진화 시스템임을 선언하는 것이다.

『생명의 여정』은 크게 세 부분으로 나뉜다. 1부 "변형Transformation"

에서는 광합성을 하는 시아노박테리아가 지구 대기에 산소를 불어 넣어 대멸종과 새로운 생명의 폭발을 동시에 일으킨 사건부터, 동물의 출현이 어떻게 지구의 탄소 순환을 바꾸었는지에 이르기까지 생명이 지구 시스템의 거대한 동력이었음을 보여 준다. 생명의 역사를 새로운 주인공들이 차례로 등장하는 연극이 아니라, '새로운 배우가 등장해 무대 자체를 바꾸어 버리는' 역동적인 과정으로 재해석한다.

2부 "우리는 누구인가 Who we are"에서는 그 무수한 배우들 중 가장 강력하게 무대를 바꾸고 있는 존재, 바로 인간에게 초점을 맞춘다. 무엇이 우리를 이토록 특별하게 만들었을까? 저자는 유전자에 각인되지 않고 세대 간에 전달되는 모든 것, 즉 도구와 언어, 글쓰기를 모두 '문화'의 범주에 놓고 이 문화는 모든 동물에게 나타날 수 있지만, 우리 인간이 가장 많이 활용하고 영향을 미치고 있다고 말한다. 감각과 행동이 만나는 결절점으로서, 세상을 향한 '관점'을 가진 모든 동물은 각자 다른 정도의 감각 경험을 한다는 그의 주장은, 우리가 다른 생명을 바라보는 관점을 근본적으로 바꾸어 놓는다.

이러한 논의를 바탕으로 3부 "지구에서 사는 것 Living on earth"은 이 책의 심장이자 가장 개인적이고 용기 있는 목소리를 담고 있다. 생명이, 특히 인간의 마음이 지구를 형성하는 힘이라는 것을 알게 된 이상, 우리는 더 이상 순진한 관찰자로 남을 수 없다. 좋든 싫든 우리는 이 행성의 관리자가 되었다. 그렇다면 우리는 무엇을 해야 할까? 저자는 공리주의나 칸트 윤리학 같은 전통적인 틀을 넘어, '살 만한 삶a life worth living'이라는 자신만의 윤리적 잣대를 제안한다. 한 동물의 일생 전체를 고려했을 때, 과연 내가 그 동물로 다시 태어나고 싶은지를 묻는 이 소박하지만 강력한 리트머스 시험지를 통해 그는 공장식 축산의 비윤리성을 고발하고, 기후 변화와 종 보존의 문제에 정면으로 맞선다.

피터 고프리스미스의 책들은 결코 친절한 여행 안내서가 아니다. 특히 『생명의 여정』은 저자 스스로 "나무를 닮은 책"이라 칭했듯, 이 책은 하나의 굵은 줄기에서 수많은 가지가 뻗어 나가는 형태를 띤다. 생명-환경 공진화라는 핵심 주제를 따라가다가도, 어느새 인류가 수렵-채집 생활에서 어떻게 정착 사회로 넘어갔는지에 대한 인류학적 고찰로, 혹은 여러 사람의 뇌파가 협력 과제 중에 동기화되는 '뇌간 동기화'라는 첨단 과학의 영역으로 예고 없이 우리를 이끌고 간다. 마지막에는 윤리적 책임과 역할을 소구한다.

이 여정에서 때로는 길을 잃은 듯한 막막함을 느낄 수도 있다. 하지만 그 곁가지들을 따라 길을 잃을 용기를 낸다면, 피터 고프리스미스가 마침내 우리를 데려다 놓은 조망 지점에서 숭고한 풍경을 바라볼 수 있게 된다. 흩어져 있던 점들이 하나의 거대한 그림으로 완성되는 지적 희열, 바로 그것이 이 책이 선사하는 가장 큰 보상일 것이다.

책의 말미에서 저자는 야생 자연을 보존해야 하는 이유에 대해 이렇게 말한다. "우리 인간은 동물 진화의 나무에서 최근에 뻗어나온 가지에 해당하며, 그중에서도 전체를 조망할 수 있는 능력을 지닌 존재다. 그 과정에서 생명이 스러지고, 그 세계가 쪼그라들고, 다양성이 감소하도록 내버려두는 것은 배은망덕한 행동이다. 나는 우리가 이 창조의 엔진에 대해 어느 정도 책임을 지고, 그것이 지속되고 있음을 가치 있게 여겨야 한다고 생각한다." 이 문장에는 3부작 전체를 관통하는 저자의 진심이 담겨 있다. 우리는 자연과 대립하는 존재가 아니다. 이 책의 철학을 한 문장으로 요약하자면 '내가 곧 자연이다.' 우리는 모두 수십억 년에 걸쳐 엔트로피를 거슬러 잠시 피어난 '질서의 주머니들'이며, 우리를 존재하게 한 이 거대한 창조의 과정에 빚을 지고 있다.

피터 고프리스미스의 마지막 이야기는 단순한 과학 교양서를 넘어, 우리가 서 있는 이 자리의 유산과 미래를 이해하기 위해 반드시 읽어야 할 중요한 경고이자 지침서다. 이 책을 읽은 독자들이 부디 지구라는 거대한 시스템의 수동적 결과물이 아닌, 능동적이고 책임감 있는 관리자로서 자신의 역할을 되새겨 보는 계기를 얻기를, 그리고 우리 주변의 동료 생물들의 눈빛을 이해할 수 있게 되기를 바란다.

김수빈 번역가가 열어 젖힌 문어의 세계와 박종현 번역가가 탐험한 후생동물의 나무를 거쳐, 이 장대한 여정의 마지막을 함께하게 된 것은 큰 영광이자 무거운 책임이었다. 나에게 이 작업은 어떤 동물이든 나면서부터 갖고 있는 '과업project'과도 같았다. 수많은 번역서를 만들고 가볍게 몇 권을 번역했지만, 이번처럼 고통의 무게를 절감한 적은 없었다. 단순히 오역을 줄이기 위한 투쟁을 넘어, 저자의 깊은 사유와 마주할 때마다 내 얕은 지식과 이해의 한계를 정면으로 목격해야 하는, 마치 속내를 전부 드러내는 듯한 부끄럽고 고통스러운 경험이었다. 이 지난한 과정 속에서 『번역의 탄생』(이희재 지음, 교양인, 2009)이나 『번역의 공격과 수비』(안정효 지음, 세경, 2016) 같은 책을 계속 들춰 보며 이 길을 먼저 걸어간 선배 번역가들의 지혜에 기대고자 했다. 아이러니하게도, 이 고통은 편집자로서 원고를 보며 늘어놓았던 수많은 불평을 반성하는 계기가 되기도 했다. 지금은 이렇게 변명하고 싶다. 어떤 책이라도 어렵게 느껴진다면 그것은 자신만의 방대한 세계를 구축하고 이를 신나게 써 내려간 저자들의 탓일 것이라고.

2025년 9월
이송찬

찾아보기

ㄱ

가이아 가설 46-48, 53, 55
가치 평가 254-256
감각 경험 17-20, 202-211, 225, 228, 230, 237, 242, 302-311, 342-344
개체수 급감 291
게슈탈트 208
게슈탈트 전환 46
계통수 19, 137, 138, 157, 242
계획에 기반한 행동 96-97
곤충의 종말 114
공룡 27, 33, 74, 118, 132, 139, 142, 157, 200
공생 34, 38, 43, 51, 100-101, 134, 269, 332, 339
공생체 34, 332
공유된 의도 241
과시 64, 87, 92, 121-133, 143-149, 163, 355
　과시와 평가 128-130, 147-148, 163
과업 80, 83, 146, 166, 208, 222, 278, 305-316, 330, 337, 343-345, 351
관찰 선택 효과 59
광물 종 39

광합성 12, 35-38, 43, 44, 51, 75, 78, 134, 285, 326, 332, 334
　산소 발생형 광합성 36
괴베클리 테페 174-175
권리 312, 318, 336
규범 164-166, 179, 251-254
그레이트 배리어 리프 49, 299
그 자체로 목적 259
금조 137-163
기벽 22
기억의 궁전 183
기후 변화 248, 289-299
깔때기그물거미 105
꿀벌의 춤 170

ㄴ

나다움 345
남세균 11-15, 36-38, 44-48, 74-84, 338
"내가 곧 자연이다." 283
내적 코드 212
노래 125-129, 136-137, 141, 147, 151-152, 163, 184

422

노스페라투 125-127
노엄 촘스키 169-170
농경 사회 175
뇌 간 동기화 233, 241
뇌 오가노이드 210
뇌의 기능 분화 218
뇌전도 204-205, 230-235
눈덩이 지구 68
뉴칼레도니아 까마귀 94

ㄷ

단각류 89, 370
단공류 157-158, 215
단일형 생명 340-343
닭 258, 261, 269, 272, 280, 310, 322, 324
당 스페르베르 221-222, 391
대규모 동적 패턴 204-205, 230, 233
대왕쥐가오리 331
데릭 파핏 344-349
데이비드 쉴 94, 98, 127
데이비드 퀄러 50
도덕적 사실 249, 320
『동물의 건축』 198
『동물 해방』 259
돼지 242, 257-261, 280, 310, 322, 323

ㄹ

라자 암팟 329

래리 라이트 63-65
로리 그루엔 312
리처드 프럼 129, 132-133
린 마굴리스 46-48, 52, 55

ㅁ

마사 누스바움 287, 312-313
마운틴고릴라 155-156, 404
마이크 한셀 198-199
마이클 가자니가 215
마카크원숭이 278
만성성 194
맬컴 맥아이버 96-98
머머레이션 102, 136
명금류 120, 137-149, 157-158
목적 없는 아름다움 133-134
문해력 189, 191, 224-225
문화 145, 157-253, 284, 321, 333, 335
  물질 문화 160, 163
물질대사 31-32, 47, 53, 358
미학적 진화 129

ㅂ

바우어새 127, 138-147, 163
배신 176, 267, 274
백악기 육상 혁명 74, 114
버빗원숭이 122
베짜기새 172, 199

복지주의 265-268
분리뇌 212-217, 273
분투 309-313
불개입 268
붉은관유황앵무 95, 117, 306, 315
블루마운틴 71-77, 139
비글 274, 278, 281

ㅅ

산소 대폭발 39, 74
산소주의자 334-335
산호초 23, 34, 84, 90, 98-101, 133-134, 299-300, 329-330, 339
살 만한 삶 260-263, 268, 277, 282, 308
살파류 85-86
삶의 충만함 309
삼킴 38
상보성 33-34, 54, 60
새라 허디 159
생명의 나무 19, 120, 137-138, 157, 242-243
생물량 248-249, 321-323, 335, 339
생물학적 유아론 109
생태적 지위 구축 81, 84, 187, 197
생태계 엔지니어 830
샤크 베이 11, 36, 74, 86
서식지 황폐화 291
선율 117, 118, 214
세포골격 80
소음 117

소코가오리 136
소통 23, 78-79, 118-128, 149, 160, 169, 170, 195-196
속씨식물 75, 77, 114, 119, 130, 132
수렵-채집 생활 175
숙고 21, 220, 222, 333, 349
스캐폴딩 학습 161-162
스타니슬라스 드앤 212
스트로마톨라이트 12, 81, 86
스티븐 제이 굴드 192
슬리퍼 고비 91
습관에 기반한 행동 96
실험동물 272-278
심신 문제 17

ㅇ

아나 루시아 발렌시아 235
『아더 마인즈』 18, 242, 354
안톤 마르티뉴-트러스웰 194-197
앤드루 배런 334
야만인들의 황금시대 176
야생 자연 248, 283-287, 296-319, 336-337
야콥 폰 윅스퀼 107-115
약한 가이아 55
어두운 방 반론 105
언어 66, 123, 135, 169-184, 194, 211-230, 256, 308, 333-335
　문자 언어 186-187
엔지니어링 17, 78, 81-93, 121-124, 143, 163, 186, 199

리엔지니어링 83
여섯 번째 대멸종 291
역행 인과관계 66
연결점 18
영화 226-228
예측 처리 이론 104
오르페우스 128-129, 149-151
　　오르페우스 신화 128
오이코플레우라 90
오프로딩 186, 188, 190
옥토폴리스 88, 97, 125, 198
옥틀란티스 88, 125, 198
올리비에 메시앙 190
올리비에 모랭 183-185
욕구 80
우뇌 212-219, 224-226
움벨트 107-110
월트 휘트먼 352
위고 메르시에 221-222
위반 164, 253
유사 야생성 314
윤리의 다섯 기반 251
의례 126, 160, 163, 174, 184
의식 17-23, 61-66, 84, 97, 121, 177-179, 199-230, 237, 241-242, 340, 350
의식 경험 19-20, 65, 218
이끼벌레 99, 340-341
이산화탄소 12, 35, 39-42, 55-56, 285-292, 326
　　이산화탄소 농도 55-56, 290-292

이산화탄소 시비 효과 292
인구학적 전환 351
인류세 20, 289
인류의 멸종 321, 325
인지 기술 189
일탈 164, 381
일화 기억 307
읽고 쓰는 능력 182

ㅈ

자아 33-34, 196, 223, 304, 340-349
　　자아성 223
자연스러움 284-286
자의성 123
장소 기법 183
장소 세포 228, 272
재귀적 패턴 212
재야생화 269, 315-317, 336
전자 전달계 35
접촉음 124
정밀 그립 173
정신-육체 문제 17-18
정신적 유사-행위 220
제임스 러브록 46-49, 52, 55, 289
제임스 스콧 176,
제프 맥마한 311-316, 319-320
조너선 하이트 251
조류(새) 119-120, 137-138, 194-195, 248, 257, 271, 291, 305, 322, 335
조류(해양생물) 13, 38, 43-44, 51,

74-75, 248, 291, 322-324, 332, 338
조르조 발로르티가라 225
조성성 194
조지프 헨릭 162, 167-168, 193, 195
좌뇌 212-219, 224-226
좌우대칭형 86-87
주관성의 집중 203, 208
죽은 은유 65
증발지 49
지각 17, 22, 71, 103-113, 185, 188, 202, 205, 210, 260, 274
지각력 202
지각 효과 227
지각 통제 이론 103
지각-행위 순환 106
지렁이 83-84, 111-112, 209
지위 구축 81, 84, 187, 197
진수류 158
진정성 313, 316
진화적 로켓 197
집약적 동물 사육 시설 257
집행 기능 214

ㅊ

착취 251, 266-267, 288, 295
찰스 다윈 30, 71-72
  다윈주의 31, 52-53, 62, 67, 97, 105
참새목 119, 137, 195
청정수법 298

청중 효과 172
초능력 231
추론 209, 221-222
추리 221-222
축산 248, 257, 259-289, 302, 310-311, 321-324, 336
  공장식 축산 259-264, 267, 269, 270, 274, 280, 310, 321-324, 336
  기업형 축산 262
  인도적 축산 263-267, 270, 277, 310-311
충적 작용 72

ㅋ

칵테일 파티 효과 235
캄브리아기 대폭발 44, 74, 81
크리스티안 하위헌스 239
크리스틴 코스가드 260
클로드 레비스트로스 181-185
킴 스터렐니 141, 161, 193, 251

ㅌ

토머스 네이글 319, 347-352
톰 레건 319-320
톰 프로제 236
통사론 170
투쟁-도피 반응 61
티에라 델 푸에고 168
팀 렌튼 55, 58, 60, 67-68

ㅍ

파란색 130, 143-145
평가 109, 126-132, 146-148, 163,
　　177, 211, 220, 228, 255, 263, 275,
　　276, 304-305, 315
포식 100, 193-194, 300, 311-318
피터 싱어 259
필립 키처 251, 277-278

ㅎ

하이퍼스캔 230-238
항아리해면 330
해마 134-136, 274
해산 329
행위 15-18, 22-23, 38, 40, 44-46,
　　64, 66, 76-146, 160-188, 202-
　　203, 208, 218-230, 237, 248-249,
　　259-291, 312, 332-333, 341, 344
헉슬리적 생태계 314-315
협력과 갈등 50, 330
호흡 40
홍해파리 343
확증 편향 222
환생 테스트 261-265
『후생동물』 18, 19, 242, 272, 354

ABC

RNA 세계 가설 31